サンプルのダウンロードについて

サンプルファイルは秀和システムのWebページからダウンロードできます。

● サンプル・ダウンロードページURL

http://www.shuwasystem.co.jp/support/7980html/6192.html

ページにアクセスしたら、下記のダウンロードボタンをクリックしてください。ダウンロードが始まります。

ダウンロード

● 注　意
1. 本書は著者が独自に調査した結果を出版したものです。
2. 本書は内容において万全を期して制作しましたが、万一不備な点や誤り、記載漏れなどお気づきの点がございましたら、出版元まで書面にてご連絡ください。
3. 本書の内容の運用による結果の影響につきましては、上記2項にかかわらず責任を負いかねます。あらかじめご了承ください。
4. 本書の全部または一部について、出版元から文書による許諾を得ずに複製することは禁じられています。

● 商標等
・本書に登場するシステム名称、製品名は一般に各社の商標または登録商標です。
・本書に登場するシステム名称、製品名は一般的な呼称で表記している場合があります。
・本文中には©、™、®マークを省略している場合があります。

はじめに

Django3でPythonによるWeb開発をマスターしよう！

このところ、もっともよく耳にする言語といえば、なんといっても「Python」でしょう。
Pythonといえば、A.I.（機械学習）の分野で広く知られるようになった言語。まぁ、機械学習ってどういうものか、よくわからない人も多いでしょう。けれど、「なんだか最新技術の世界で注目されてるみたいだ」とPythonに目を向け、そして始めてみる人が急増しているのは確かなのです。この本を手にしたあなたも、そうでしょう？

でも、Pythonを覚えて、一体何を？　A.I.は、ちょっと難しすぎる。といって、自分で「こういうプログラムを作りたいんだ」なんて明確な目標があるわけでもない。せっかく学ぼうと始めたPython、何に役立てればいいんでしょう？

そんな疑問を持っている人に、ぜひ勧めたいのが「Web開発」です。実をいえば、Pythonには本格Webアプリケーションを開発するための素晴らしいソフトウェアが用意されているのですよ。

本書は、2018年に出版された「Python Django超入門」の改訂版です。2019年末にメジャーアップデートされた最新の「Django3」というWeb開発用フレームワークを使い、「PythonでWeb開発」を行うための基礎知識を一通り学びます。テンプレートという画面の表示を作る技術やデータベース利用の技術などをマスターし、最後に本格的なWebアプリケーションを作るところまで行います。

限られたページ数の中にそれだけ詰め込んでいるので、これ一冊でPythonとDjangoがマスターできる！……とはいかないでしょう。けれど、一通り覚えられたなら、ちょっとしたWebアプリケーションぐらいは自分で作れるようになります。

Django3で、Pythonによる最新のWebアプリケーション開発をぜひ体験してみて下さい。きっとPythonに対する認識がガラリと変わるはずですよ。「へぇ、Pythonってこんなこともできたんだ！」とね。

2020.05　掌田津耶乃

Contents

目 次

Chapter 1 Djangoを使ってみよう 1

1-1 PythonとDjangoを準備しよう 2
「パイソン」って、なに？ 2
Djangoってなに？ 3
Web開発に必要なものは？ 5
Pythonを準備しよう 6
Pythonの動作を確認しよう 12

1-2 Pythonの開発環境を整えよう！ 14
開発ツールは必要？ 14
VS Codeを用意しよう 16
VS Codeを日本語化する 20
VS Codeを起動する 22
フォルダを開くと？ 25
ターミナルについて 30

1-3 Djangoのプログラムを作ろう 32
Djangoをインストールする 32
Djangoプロジェクトを作る！ 34
VS Codeでプロジェクトを開く 35
Djangoプロジェクトの中身を見よう 36
Webアプリケーションを実行しよう 37
この章のまとめ 40

Chapter 2 ビューとテンプレート 43

2-1 Webページの基本を覚えよう 44
MVCってなに？ 44
プロジェクトとアプリケーション 45
アプリケーションを作ろう 46
helloアプリケーションをチェック！ 47
views.pyにページ表示を書く 49
views.pyで実行すること 50
urls.pyについて 52

| 目　次 |

アクセスしてみよう！ 53

helloにurls.pyを作成する.. 55

hello/urls.pyのスクリプト 57

クエリーパラメーターを使おう 58

request.GETの働き 60

パラメーターがないときどうする？ 61

スマートな値の送り方 63

パターンはいろいろ作れる！ 66

2-2　テンプレートを利用しよう 68

テンプレートってなに？ 68

アプリケーションの登録.. 69

テンプレートはどこに置く？ 71

index.htmlを作成する.. 73

urlpatternsの修正 74

indexの修正... 74

テンプレートに値を渡す 76

複数ページの移動.. 78

リンクのURLとurlpatterns 80

静的ファイルを利用する.. 81

Bootstrapを使おう 84

2-3　フォームで送信しよう 88

フォームを用意しよう 88

CSRF対策について... 90

ビュー関数を作成する 90

Bootstrapでデザインしよう 92

Djangoのフォーム機能を使う 93

forms.pyを作る... 95

Formクラスの書き方... 96

ビュー関数を作る.. 97

HelloFormを表示する.. 99

フィールドをタグで整える... 101

Bootstrapクラスを使うには？ 103

HTMLタグか、Formクラスか？ 105

ビュー関数をクラス化する... 106

HelloViewクラスを作る 108

クラスか、関数か？ 110

2-4　さまざまなフィールド 112

formsモジュールについて 112

さまざまな入力フィールド... 113

日時に関するフィールド 116

チェックボックス 118

3択の NullBooleanField 121

プルダウンメニュー（チョイス） 122

ラジオボタン 124

選択リスト 126

複数項目の選択は？ 127

この章のまとめ 131

3 モデルとデータベース 133

3-1 管理ツールでデータベースを作ろう 134

データベースってなに？ 134

データベースの設定をしよう 137

他のデータベースを使う場合は？ 139

データベースの構造について 140

テーブルを設計しよう 142

モデルを作成しよう 142

Friend モデルクラスの作成 144

マイグレーションしよう 145

マイグレーションファイルの中身って？ 148

3-2 管理ツールを使おう 150

管理ユーザーを作成しよう 150

Friend を登録しよう 151

管理ツールにログインする 152

管理ツール画面について 153

Friends テーブルを見てみる 155

利用者の管理ページ 157

利用者を追加してみる 159

本格開発に管理ツールは必須！ 163

3-3 レコード取得の基本と Manager 165

レコードを表示しよう 165

モデルの内容を表示する 166

モデルの表示を完成させよう 169

指定の ID のレコードだけ取り出す 170

ビュー関数を修正しよう 172

Manager クラスってなに？ 174

モデルのリストを調べてみる 175

valuesメソッドについて	......	176
特定の項目だけ取り出す	......	178
リストとして取り出す	......	179
最初と最後、レコード数	......	180
QuerySetの表示をカスタマイズ！	......	181

3-4 CRUDを作ろう 184

CRUDってなに？	......	184
Createを作ろう	......	185
ModelFormを使う	......	191
Updateを作ろう	......	195
Deleteを作ろう	......	199
ジェネリックビューについて	......	203
Friendをジェネリックビューで表示する	......	205
CRUDより重要なものは？	......	209

3-5 検索をマスターしよう 211

検索とフィルター	......	211
あいまい検索ってなに？	......	215
大文字小文字を区別しない	......	217
数値の比較	......	218
○○歳以上○○歳以下はどうする？	......	220
ＡもＢもどっちも検索したい！	......	223
リストを使って検索	......	225
この章のまとめ	......	227

Chapter 4 データベースを使いこなそう 229

4-1 データベースを更に極める！ 230

レコードの並べ替え	......	230
指定した範囲のレコードを取り出す	......	234
レコードを集計するには？	......	237
SQLを直接実行するには？	......	239
SQLクエリを実行しよう	......	242
SQLは非常手段？	......	248

4-2 バリデーションを使いこなそう 249

バリデーションってなに？	......	249
forms.Formのバリデーション	......	250
バリデーションをチェックする	......	251
CheckFormでバリデーションチェック	......	254

どんなバリデーションがあるの？	256
バリデーションを追加する	261
ModelForm でのバリデーションは？	263
チェックのタイミング	264
check で Friend モデルを利用する	265
モデルのバリデーション設定は？	268
モデルで使えるバリデータ	270
バリデータ関数を作る	274
フォームとエラーメッセージを個別に表示	277
ModelForm はカスタマイズできる？	279

4-3　ページネーション 283

ページネーションってなに？	283
Paginator クラスの使い方	284
Friend をページごとに表示する	285
ページの移動はどうする？	287
ページ移動リンクの仕組み	290

4-4　リレーションシップと ForeignKey 293

テーブルの連携って？	293
リレーションシップの設定方法	296
メッセージの投稿システムを考える	300
Message モデルを作ろう	301
マイグレーションしよう	302
admin.py の修正	306
管理ツールで Message を使おう	307
Message ページを作ろう	309
MessageForm を作る	309
message 関数を作る	310
message.html テンプレートを書こう	312
index に投稿メッセージを表示するには？	315
この章のまとめ	319

Chapter 5　本格アプリケーション作りに挑戦！ 321

5-1　ミニ SNS を作ろう！ 322

ミニ SNS の開発に挑戦！	322
Sns アプリケーションを追加しよう	330
アプリケーションを設計する	331
データベースを設計する	332

| 目 次 |

モデルを作成しよう 333

マイグレーションしよう 336

admin.py に sns のテーブルを登録する 337

管理ツールでユーザー登録！ 338

public グループを用意する 344

5-2 スクリプトを作成しよう 346

フォームを作る 346

GroupCheckForm について 348

GroupSelectForm について 350

FriendsForm について 351

PostForm について 351

urls.py の作成 352

views.py の修正 353

index 関数について 361

groups ビュー関数について 364

Friend の追加について 367

投稿とシェア投稿について 368

「いいね！」の処理 368

get_your_group_message が最大のポイント！ 369

5-3 テンプレートを作ろう 371

テンプレートのフォルダを用意する 371

layout.html を作る 373

index.html を作る 374

post.html を作る 379

share.html を作る 380

groups.html を作る 381

5-4 アプリケーションをテストしよう 383

テストってなに？ 383

TestCase クラスについて 384

テストの基本を覚えよう 385

値をチェックするためのメソッド 386

セットアップとティアダウン 389

データベースをテストする 389

データベースのテストを完成させる 392

ビューにアクセスしてテストしよう 395

SNS アプリケーションにアクセスする 396

これからさきはどうするの？ 399

| 目 次 |

Addendum Python超入門！ 401

A-1 Pythonの基本を覚えよう 402
Pythonの2つの動かし方 402
IDLEを実行しよう 403
スクリプトの書き方のポイント 405
値には種類がある！ 406
計算しよう！ 407
値のキャストについて 410
比較演算 412
変数ってなに？ 413

A-2 制御構文を使おう 417
条件分岐「if」 417
繰り返し「while」 421

A-3 多数の値をまとめて扱う 424
たくさんの値を保管する「リスト」 424
リストも計算できる！ 426
リストと繰り返し構文「for」 427
値を変更できない「タプル」 428
意外と使う「レンジ」 430
名前で値を管理する「辞書」 432

A-4 関数からクラスへ 435
決まった処理をいつでも実行！ 435
「組み込み関数」ってなに？ 436
関数の呼び出し方 437
スクリプトファイルを用意しよう 437
input関数で入力しよう 438
モジュールと関数 442
関数を作る 444
クラスってなに？ 447
クラスはどう作るの？ 448
クラスを作ってみよう 448
メソッドについて 449
クラスはインスタンスで利用する 450
初期化メソッドを利用しよう 451
名前付きの引数を使おう 453
継承は超便利！ 455
クラスメソッドについて 457
Pythonの基本はこれでおしまい！ 459

索引 461

Chapter

1

Django を使ってみよう

ようこそ、Djangoの世界へ！ Djangoは、Pythonという
プログラミング言語で動きます。まずは、Pythonと
Djangoを使う準備を整えましょう。そして実際にWebアプ
リケーションを作って動かしてみましょう。

Chapter 1　Djangoを使ってみよう

Section 1-1　PythonとDjangoを準備しよう

「パイソン」って、なに？

　　プログラミング言語の世界にも、流行があります。Webの開発という分野に限っても、さまざまな言語が流行ったり廃れたりしているのです。

　　Webの世界で、最初に流行ったのは「Perl（パール）」という言語。大勢のアマチュアがどっとWeb開発の世界に入ってきた頃には「PHP（ピーエッチピー）」という言語が流行りました。「MVCフレームワーク」という技術がWebの世界を席巻したときには「Ruby（ルビー）」が流行りましたし、凝ったWebページが急増した頃には「JavaScript（ジャバスクリプト）」が流行りました。

　　では、Web開発以外の分野も含め、現在もっとも流行っているプログラミング言語は何でしょうか？　これは、おそらくプログラミング関係の人間であれば誰もがこの言語を推すはずです。

　　「Python」

　　「パイソン」と呼びます。このPythonが一躍注目を集めるようになったのが、数年前よりはじまった「A.I.」ブームです。A.I.の技術で最近、もっとも注目されている機械学習のためのフレームワーク（ソフトウェアの一つです）がリリースされ、誰でも機械学習を試せるようになったのですが、このソフトが、Pythonで動くものだったのですね。

　　Pythonは、欧米ではかなり以前から広く使われていたのですが、日本ではそれまで注目されていませんでした。それがA.I.ブームのおかげで、日本でも急速に注目されるようになったのです。そして実際に触ってみて、これが実にユニークで「使える」言語であることが次第に知られるようになってきました。そうしてPythonの面白さに目覚めた人々が、今度はA.I.以外の分野でもPythonを使うようになり、更に普及に加速がかかる——今はその流れの真っ只中にいる、といってもよいでしょう。

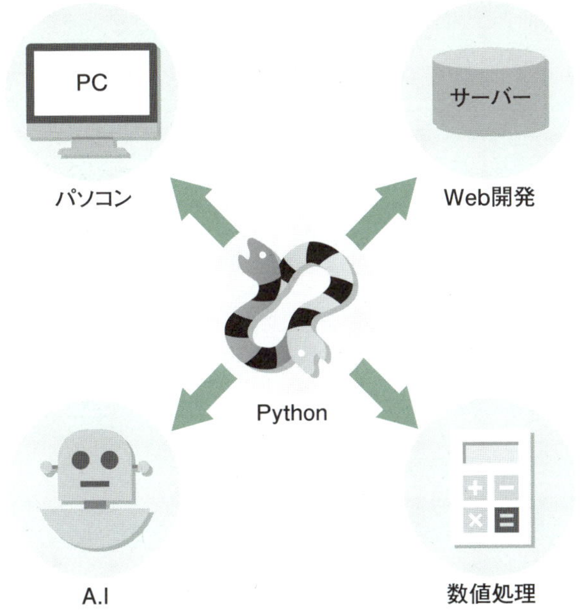

図1-1 Pythonは、パソコン、Web開発、A.I.、数値処理など幅広い分野で使われている。

Django ってなに？

このPythonは、Web開発用に設計された言語というわけではありません。もっと普通にパソコンでプログラムを動かしたりするのに使われていたのです。「じゃあ、Web開発では使えないのか？」というと、もちろんそんなことはありません。ただし、PythonでWeb開発を行なう場合、全部自分でプログラムを作っていくとなるとかなり大変なのは確かです。

このため、PythonによるWeb開発では「フレームワーク」と呼ばれるソフトウェアを利用するのが一般的です。フレームワークというのは、いろんな機能だけでなく「仕組み」そのものまで作成してあるソフトウェアのことです。フレームワークを使うことで、PythonによるWebアプリケーション作成の仕組みそのものまで用意されるんですね。

Python用のフレームワークとしてもっとも広く使われているのが「Django（ジャンゴ）」というソフトウェアです。

DjangoはPythonを代表するMVCフレームワーク！

Djangoは、「MVCフレームワーク」と呼ばれるものです。MVCというのは、Webアプリケーションの設計に関するもので、アプリケーション全体の制御やデータベースアクセスなどを容易に行なえるようにしてくれます（MVCについては後で詳しく説明します）。

このDjangoを使うことで、データベースを使った複雑なWebアプリケーションを個人で

も簡単に作成できるようになりました。Pythonでこうしたものを一から組み立てていくのは、結構しんどいのです。「Djangoのおかげで、Pythonを使ったWeb開発が誰でもできるようになった」といってもいいでしょう。

　このDjangoは、2019年12月に「Django3」という新しいバージョンがリリースされました。久々のメジャーバージョンアップであり、このDjango3の登場により、再びDjangoの世界が活気を帯びてきているように見えます。新たにDjangoを学ぼうという人にとって、今はまさに絶好のタイミングといえるでしょう。

　Djangoは、以下のWebサイトで公開されています。

https://www.djangoproject.com/

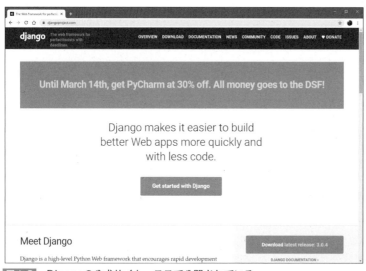

図1-2　Djangoの公式サイト。ここで公開されている。

　「じゃあ、ここにアクセスして、Djangoっていうソフトをダウンロードすればいいんだな」と思った人。いいえ！ Djangoは、「ソフトをダウンロードして使う」というやり方はしません。そもそも皆さん、まだPythonの準備もできてない人だって多いでしょう？ 慌てない慌てない。

　上記アドレスのサイトは、「Djangoのドキュメントとかを読みたくなったときに利用できる」というぐらいに考えておきましょう。

Python と Django を準備しよう | 1-1

Web 開発に必要なものは？

では、DjangoでWebの開発を行なうにはどうすればいいか、考えてみましょう。まず、どんなものを用意すればいいでしょうか。簡単に整理しましょう。

Python 言語

まずは、Pythonというプログラミング言語を用意しないといけませんね。これがないと、Djangoは動きませんから。

このPython言語は、実はいろいろな種類があるのです。大きく3つのものがあるといってよいでしょう。

CPython	オリジナルのPythonです。C言語で書かれており、WindowsやmacOS、Linuxなどに移植されています。
IronPython	これは、.net frameworkという実行環境で動くPythonです。
JPython	これは、Java仮想マシン(Javaの実行環境)で動くPythonです。

どれも言語仕様などは同じですから、同じバージョンのものならば動作は変わりません。が、IronPythonとJPythonは、それぞれ.net frameworkやJava仮想マシンといった特別な環境で動かすことを考えてのものです。「基本は、CPython」と考えていいでしょう。

Django

そして、Pythonで動くDjangoフレームワークが必要になります。これは、Pythonの環境が用意されていれば、その場で組み込み利用できるようになっています。ですから、別途ソフトなどをインストールする必要はありません。

開発環境

Pythonのプログラムは、普通のテキストファイルとして作成します。ですから、専用の開発ツールなどがなくとも、ただのテキストエディタがあればプログラミングはできるのです。

ただし！ Djangoなどのフレームワークを利用して開発をする場合、一度に多数のファイルを編集しなければいけません。ですから、1枚のファイルしか開けないような単純なテキストエディタでは開発はかなり大変でしょう。また、最近ではさまざまなプログラミング言語に対応したテキストエディタというのもあります。そうしたものを利用すると、入力を支

Webサーバー

Webの開発には、Webサーバープログラムが必要になるでしょう。開発をするのに、いちいちプログラムを修正しては、どこかのレンタルサーバーにアップロードして動作確認をして……なんてとてもやってられません。自分のパソコンでWebサーバーを動かし、その場で動作チェックを行ないながら開発を進めるのが一般的です。ただし、これもDjangoの場合は別途インストールする必要はありません。

Pythonを準備しよう

では、Pythonの準備を整えましょう。Pythonは、Pythonの本家サイトで公開されています。アドレスは以下になります。

```
https://www.python.org/
```

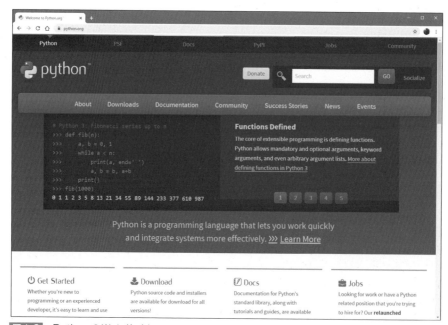

図1-3　PythonのWebサイト。

ここから必要なプログラムをダウンロードします。「Downloads」と表示されている部分にマウスポインタを持っていくと、そこから各プラットフォーム用のダウンロードページに

移動することができます。Windowsの場合は、表示される「Python 3.x.x」というボタン(x.xは任意のバージョン)をクリックすればインストーラをダウンロードできます。ただし、これは32bit版のPythonなので、64bit版を用意したい場合は「Downloads」で現れるパネルから「Windows」を選べば64bit版のインストーラをダウンロードできます。

図1-4　「Downloads」から「Python3.x.x」ボタンをクリックする。

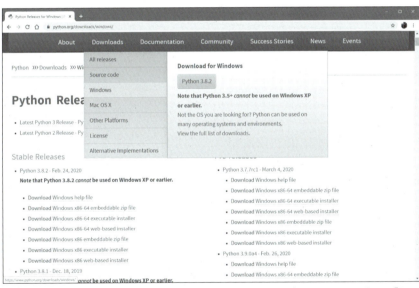

図1-5　「Windows」のリンクをクリックすると64bit版もダウンロードできる。「Download Windows x86-64 executable installer」というリンクが64bit版のインストーラ。

　macOSの場合は、標準でPython3が組み込まれているはずですから、別途インストールする必要はないでしょう。ただし、最新バージョンを使ってみたいという人は、「Downloads」で現れるパネルから「Mac OS X」を選び、そこから「Download macOS 64-bit installer」のリンクをクリックしてインストーラをダウンロードします。

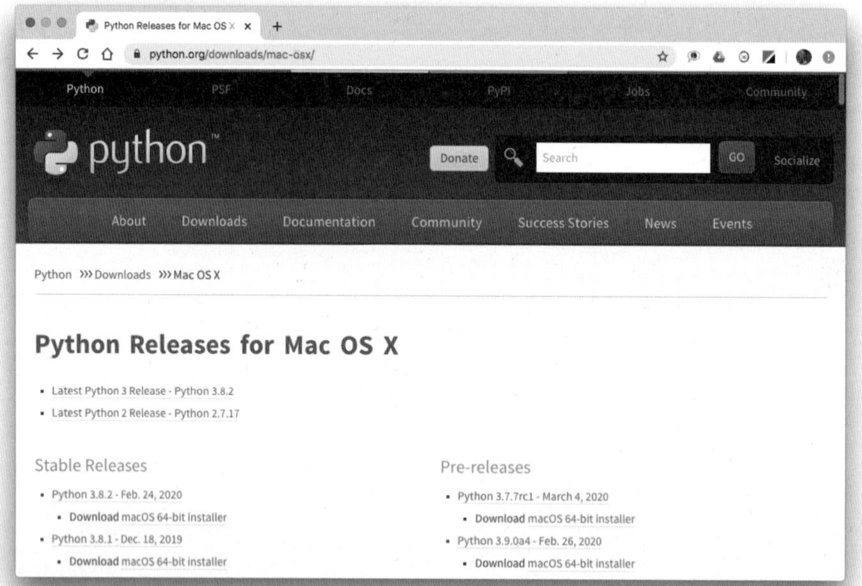

図1-6 macOS版は「Downloads」の「Mac OS X」をクリックして現れるページから「Download macOS 64-bit installer」をクリックする。

Pythonのインストール（Windows）

　Windows版のインストーラは、起動すると「Install Now」「Customize Installation」という2つの表示が現れます。特にインストール内容について設定する必要がないならば、「Install Now」をクリックしましょう。後は自動的にインストールを行なってくれます。

　なお、下にある「Add Python 3.x to PATH」というチェックをONにしておくと、Pythonコマンドを環境変数に追加して使えるようにしてくれます。これはONにしておきましょう。

図1-7 Windowsのインストーラ。「Install Now」をクリックする。

Pythonのインストール(macOS)

　macOS版は、Pkgファイルとして用意されています。ダウンロードして起動すると、インストーラのウインドウが現れます。これはいわゆる「ウェルカム」画面というもので、そのまま次に進みます。

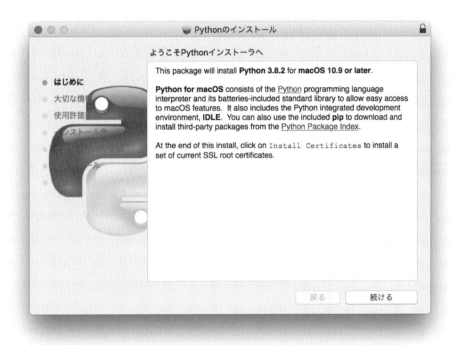

図1-8　macOS版インストーラの起動画面。

●1. 大切な情報

　インストールするソフトウェアについての重要情報が表示されます。これらの内容を確認し、「続ける」ボタンを押して次に進みます。なお、これはスクロールして最後まで読まなくとも次に進めます。

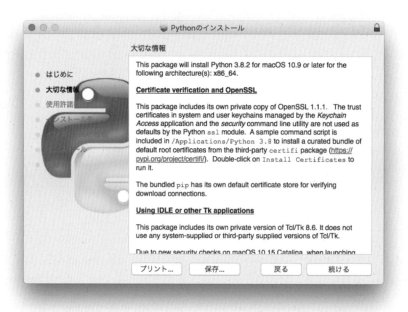

図1-9　大切な情報の画面。

●2. 使用許諾契約

　ソフトウェアの使用許諾契約画面になります。内容を確認し、「続ける」ボタンを押すと、画面に許諾契約に同意するか確認するダイアログが現れます。ここで「同意する」ボタンを押します。

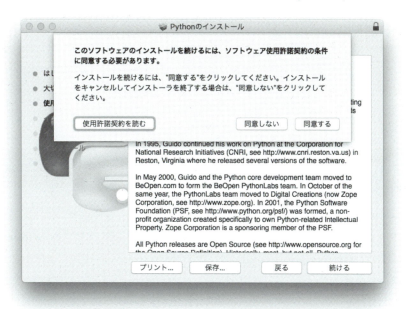

図1-10 使用許諾契約の画面。

●3. 標準インストール

指定のハードディスクに標準インストールを開始します。ここにある「インストール」ボタンを押せば、インストールが開始されます。後は、インストールが終わるまで待って終了するだけです。

図1-11 標準インストールの画面。

●4. Update Shell Profile.commandの実行

インストールが終了すると、「アプリケーション」内に「Python 3.x」というフォルダが作られ、その中にファイル類がインストールされます。その中から、「Update Shell Profile.command」というファイルを探してダブルクリックして実行して下さい。これで、環境変数が更新され、インストールしたPythonが利用されるようになります。

Pythonの動作を確認しよう

インストールが完了したら、コマンドプロンプト(Windows)またはターミナル(macOS)を起動して下さい。コマンドプロンプトは、Windowsのスタートボタンの「Windowsシステムツール」内に、またターミナルはmacOSの「アプリケーション」内の「ユーティリティ」フォルダ内にあります。

これらを起動したら、以下のコマンドを入力し、EnterまたはReturnキーを押して下さい。下に、Pythonのバージョンが表示されます。

```
python -V
```

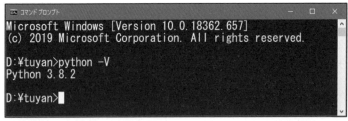

図1-12　「python -V」と実行するとPythonのバージョンが表示される。

バージョンが表示されたなら、問題なくPythonは使える状態になっています。本書では、3.8.2というバージョンのPythonをベースに解説を行ないます。基本的に、3.8以降のものであればほぼ同じように動くはずです。

Anacondaディストリビューションについて　　**Column**

　本書では、Python本体を用意して利用しますが、これとは別に「ディストリビューション」と呼ばれるものを使うこともあります。これはプログラミング言語と主なライブラリ類、それらを利用するための環境などを一式パッケージ化したものです。

　Pythonのディストリビューションとして著名なのが「Anaconda（アナコンダ）」でしょう。Anacondaは、Python本体だけでなく、Pythonを利用する各種アプリケーションなどもまとめてインストールし使えるため、Pythonを業務や学習などで日常的に利用している人の間で広く使われています。

　本書ではAnacondaは使いませんが、「こういうPython環境もある」ということは知っておくといいですよ！

https://www.anaconda.com/

Chapter 1 Djangoを使ってみよう

Section 1-2 Pythonの開発環境を整えよう！

開発ツールは必要？

　Pythonの用意ができたら、次は開発に使う専用ツールについて考えていきましょう。Pythonは、基本的にテキストファイルとしてプログラムを作成します。ですから、テキストファイルを編集できるアプリケーションがあれば、プログラミングは行なえるのです。Windowsならばメモ帳、macOSならテキストエディットといったアプリケーションが標準で用意されていますから、これらを使えばPythonプログラミングはすぐに始められるのです。

　が、「Djangoで開発」を考えているなら、こうした方法は勧められません。ただPythonを使うだけならテキストエディタでも十分ですが、Djangoで開発を行なう場合はきちんとした開発ツールを使うべきです。

　なぜか。それは、「Djangoではたくさんのファイルを同時に編集する」からです。Djangoのようなフレームワークでは、プログラムはそれぞれの役割に応じて細かく整理分類されています。単純なアプリケーションであっても、いくつものファイルを作成し組み合わせて作ることになるのです。

　またWebアプリケーションの開発の場合、用意するファイルはPythonのファイルだけではありません。その他にもHTMLやスタイルシート、JavaScript、各種のデータファイルやグラフィックファイルなどさまざまな種類のファイルを扱います。それらさまざまな種類のファイルを切り替えながら編集しプログラムを作成していくのです。

　こうしたことは、単純なテキストファイルで行なうのはかなり大変です。Djangoのようなフレームワークを使った開発を行なうには、たくさんの種類の異なるファイルを同時に開いて編集できるような環境が必要です。

　こうしたツールは、実は既にいろいろと登場しており、多くの開発者に利用されています。それらの中で、ここでは「Visual Studio Code」というツールを利用することにします。

Visual Studio Codeの特徴

なぜ、Visual Studio Code（以後、VS Code)がいいのか。これにはいくつかの理由があります。簡単にまとめましょう。

●1. 有料ツールの機能を無料で！

VS Codeは、マイクロソフトが開発する本格統合開発環境「Visual Studio」の編集関連の機能を切り離して単体のアプリケーションとしてまとめたものです。つまり、プログラミングを行なう編集関係の機能は、開発環境として定評のあるものがそのまま使われているのですね。

高価なソフトウェアとほぼ同等の機能を備えていながら、VS Codeは無料で配布されています。無料なら、とりあえず使ってみるか、って思うでしょう？

●2. 強力な編集機能

高価なツールから編集関係の機能を切り出してきただけあって、その編集機能の強力さは特筆ものです。使用するプログラミング言語ごとに予約語や変数などを色分け表示したり、構文を解析して自動的に表示を整えたり、また入力時にリアルタイムに「現在、そこで利用できる機能」をポップアップ表示して選択し入力できるようにするなど、多くの入力を支援する機能を備えています。

対応している言語は、現在、メジャーで使われているものほぼすべてです。ファイルの拡張子により自動的に使われている言語を識別し、その言語を編集するためのエディタを開くため、複数の言語をスムーズに編集できます。

●3. フォルダのファイルを階層的に管理

VS Codeは、1つ1つのファイルを開くだけでなく、フォルダを開いて管理することもできます。フォルダを開くと、そのフォルダ内のファイルやフォルダ類が階層的に表示され、そこから編集したいファイルを選択して開いていくことができます。

この「フォルダ内のファイルを階層的に表示し開ける」というのは、特にWebの開発では非常に便利なのです。Web開発では、必要なファイル類をフォルダにまとめて扱います。これをそのまま編集できるVS Codeは、Web開発に向いたツールといっていいでしょう。

●4. Web開発に特化

逆にいえば、編集関係の機能以外は実はそれほど充実してはいません。多くの本格プログラミング言語では、プログラムのビルド（プログラムをコンパイルして関連付けられたファイルなどをまとめてアプリケーションを生成する作業のこと）に関する各種の機能が用意されているのですが、こうした機能はVS Codeにはほとんどありません。

つまり、本格プログラミング言語を用いたアプリケーション開発などでは、VS Codeは

あまりパワフルなツールとはいえないのです。これはWeb開発に特化したものと考えたほうがいいでしょう。

VS Codeを用意しよう

では、実際にVS Codeを入手し、インストールしましょう。VS Codeは、マイクロソフトのWebサイトで公開されています。以下のアドレスにアクセスしましょう。

https://azure.microsoft.com/ja-jp/products/visual-studio-code/

図1-13　Visual Studio Codeのサイト。

これが、VS Codeのサイトです。このページにある「今すぐ無料でダウンロードする」ボタンをクリックして下さい。ソフトウェアのダウンロードページに移動します。直接このページにアクセスしたい場合は以下のアドレスを入力します。

https://code.visualstudio.com/download

図1-14　ダウンロードページからソフトウェアをダウンロードする。

　このページにあるリンクから、自分の環境のVS Codeをダウンロードして下さい。Windowsの場合、「User Installer」と「System Installer」の2種類が用意されているので注意が必要です。前者は、特定の利用者にインストールするもので、後者はシステムにインストールする（すべての利用者が使える）ものです。ここでは、System Installerをベースに説明しますが、どちらを使っても構いません。

VS Codeをインストールする（Windows）

　Windowsの場合、専用のインストーラがダウンロードされます。これをダブルクリックしてインストールを行ないます。インストールの手順は、System InstallerとUser Installerで若干違うので注意しましょう。

●1. 使用許諾契約書の同意

　起動すると最初にソフトウェアの使用許諾契約書が表示されます。この内容にざっと目を通し、「同意する」ラジオボタンを選択して次に進んで下さい。

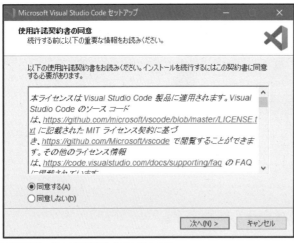

図1-15　使用許諾契約書の同意画面。

●2. インストール先の指定（System Installer）

　System Installerでは、次にインストールする場所を指定する画面になります。通常は「Program Files」内に「Microsoft VS Code」フォルダを作成し、そこにインストールします。

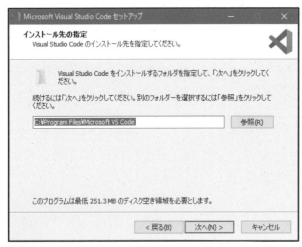

図1-16　インストール先の指定画面。

●3. プログラムグループの指定(System Installer)

　System Installerの場合は、続いて「スタート」ボタンのプログラムグループの作成画面になります。デフォルトで「Visual Studio Code」と設定されているのでそのまま次に進めばいいでしょう。

図1-17　プログラムグループの指定画面。

●4. 追加タスクの選択

　インストール時に実行する処理を指定します。デフォルトでは「PATHへの追加」のチェックのみがONになっているでしょう。このデフォルトの状態で問題ありませんので、そのまま次に進みましょう。

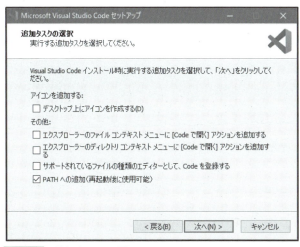

図1-18　追加タスクの選択画面。

●**5. インストール準備完了**

これでインストールの準備が完了しました。「インストール」ボタンをクリックすると、インストールを開始します。後は、待つだけです。インストールが終了したらインストーラを終了して作業完了です。

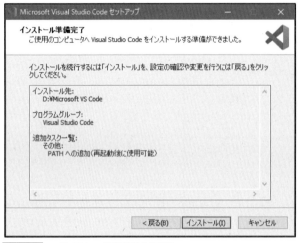

図1-19　インストール準備完了画面。

VS Codeをインストールする（macOS）

　macOSの場合は、インストールといった作業は特に必要ありません。ダウンロードしたファイルをダブルクリックするとディスクイメージがマウントされます。その中に「Visual Studio Code」のアプリケーションが保存されているので、これを「アプリケーション」フォルダにドラッグ＆ドロップしてコピーするだけです。

VS Codeを日本語化する

　これでインストールは完了しましたが、実はまだやっておくべきことがあります。それは、「日本語化」の作業です。VS Codeを起動した人は、画面が英語なのを見てびっくりしたことでしょう。「日本語は使えないの？」と思ったかもしれませんが、心配はいりません。ちゃんと日本語表示で使うことができますよ。ただし、日本語で使うためには、専用のプラグインをインストールする必要があるのです。

　VS Codeを起動し、ウインドウの左側に縦一列にアイコンが並んでいるところを見て下さい。このアイコンの一番下にある「Extensions」というアイコンをクリックして下さい。

これが機能拡張プログラムの管理を行なうものです。クリックすると、右側に機能拡張のリストが表示されます。

　この一番上のフィールドに「japanese」と入力して下さい。これで、japaneseを含む機能拡張が検索されます。その中から、「Japanese Language Pack for Visual Studio」という項目を探して選択し、右側に表示される機能拡張の説明にある「Install」ボタンをクリックします。これで日本語化の機能拡張がインストールされます。

図1-20　Japanese Language for Visual Studioをインストールする。

　インストールが完了すると、ウインドウの右下にアラートが表示されます。そこから「Restart Now」ボタンをクリックしてVS Codeをリスタートして下さい。これで次回起動したときから日本語で表示されるようになります。

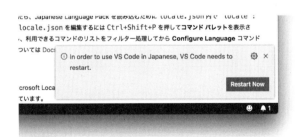

図1-21　「Restart Now」ボタンでリスタートする。

Chapter-1 | Djangoを使ってみよう

VS Codeを起動する

　では、VS Codeを起動しましょう。日本語化されていると、起動して現れたウインドウに「ようこそ」というタブが付いた画面が表示されます。これは「ようこそ」ページというもので、起動時に必要な操作などをまとめたものです。ここから新しいファイルを作成したり、フォルダを開いたりすることができます。

　下部に「起動時にウェルカムページを表示」というチェックがあります。これをOFFにしておくと、次回起動時からこの「ようこそ」ページは現れなくなります。

図1-22　「ようこそ」ページが表示された状態。

テーマについて

　VS Codeを起動したとき、ウインドウの表示が本書の図と違ったものになっている人もいたかもしれません。特に、ウインドウ全体が黒く表示された人。これは、テーマの違いによるものなのです。

　VS Codeには、表示のスタイルを変更するテーマ機能があります。これが違っていると、ウインドウ全体の表示スタイルが異なるものになってしまうのです。

　「ファイル」メニューの「基本設定」メニュー内から「配色テーマ」という項目を選んで下さい。するとウインドウの上部にメニューがプルダウンし、テーマの一覧リストが表示されま

す。ここから使いたいテーマを選ぶと、そのテーマにウインドウの表示が切り替わります。

図1-23 「配色テーマ」メニューを選ぶと、テーマのリストがプルダウンして現れる。

　テーマの種類はいろいろとありますが、基本は「Light (Visual Studio)」と「Dark (Visual Studio)」でしょう。前者はライトテーマで白い背景となり、後者はダークテーマで黒い背景になります。どちらでも見やすいほうを選ぶと良いでしょう。

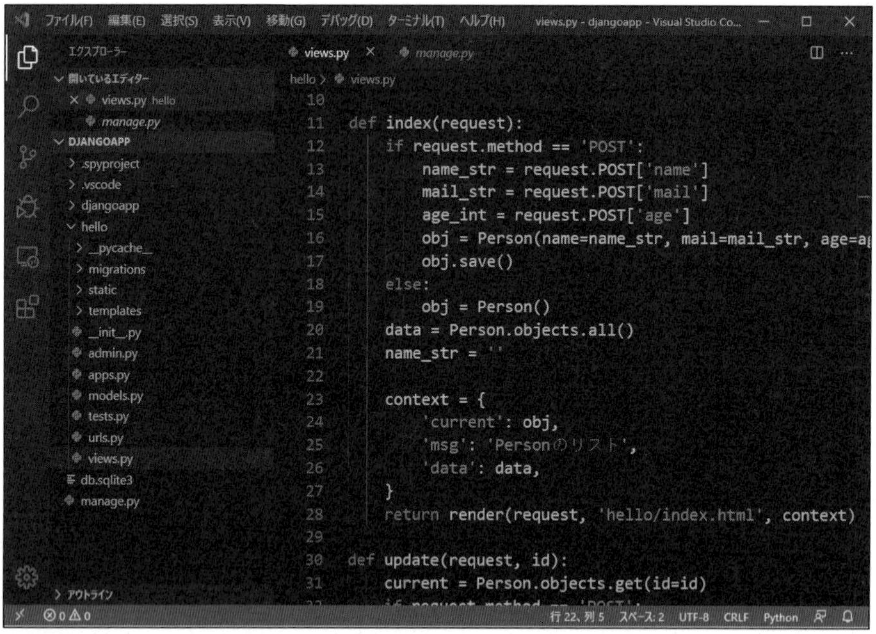

| Chapter-1 | Djangoを使ってみよう |

図1-24 ダークテーマにしたところ。黒い背景にテキストが表示される。

2つの「開く」機能

VS Codeは、ファイルを開いて編集するツールですが、この「開く」には2通りの意味があります。それは、「ファイルを開く」ことと、「フォルダを開く」ことです。

この「開く」機能は、「ファイル」メニューの中にまとめられています。とりあえず、以下のものだけ頭に入れておきましょう。

新規ファイル	新しいファイルをエディタで開きます。
新規ウインドウ	VS Codeのウインドウを新しく開きます。
ファイルを開く	既にあるファイルを選択して開きます。
フォルダを開く	既にあるフォルダを選択して、そのフォルダ内のファイル類を階層的に表示します。

「新規ウインドウ」は、ウインドウそのものを新しく開くものですが、VS Codeでは1枚のウインドウで同時に複数のファイルを開いて編集できます。これは、例えば全く別のアプリケーションを同時に編集するような場合に使うものと考えると良いでしょう。

「ファイルを開く」は、特定のファイルを編集するのに使います。では「フォルダを開く」は？ これは、Webの開発で、フォルダ内に多数のファイルを作成するような場合に、そのフォルダの中にあるファイル類をまとめて編集するときに使います。

Pythonの開発環境を整えよう！ 1-2

フォルダを開くと？

　VS Codeでもっとも多用される編集方法は、「フォルダを開く」を利用したものでしょう。では、「フォルダを開く」とは具体的にどのような編集作業になるのでしょうか。ここでは、サンプルのWebアプリケーションを使って、基本的な使い方を説明しましょう。

　（※ここでは、あらかじめ用意しておいたWebアプリケーションを使って「フォルダを開く」による編集作業について説明をします。まだ、皆さんはWebアプリケーションを作っていませんから、同じように操作はできません。ここは、とりあえず「読むだけ」にしましょう。いずれWebアプリケーションを作成するようになったら、ここでの説明を読み返してVS Codeを活用して下さい）

エクスプローラーについて

　「ファイル」メニューの「フォルダを開く」メニューでWebアプリケーションのフォルダを開くと、ウインドウの左側に、開いたフォルダ内のファイルやフォルダ類が階層的にリスト表示されるようになります。そこからファイルをクリックすると、そのファイルが開かれ、右側のエリアに専用のエディタを使ってファイルの内容が表示され編集できるようになります。

　この階層的にフォルダの中身が表示されている部分は、「エクスプローラー」と呼ばれます。これは、ウインドウの左端に縦一列に並んでいるアイコンの一番上のものを選択する表示をON/OFFできます。

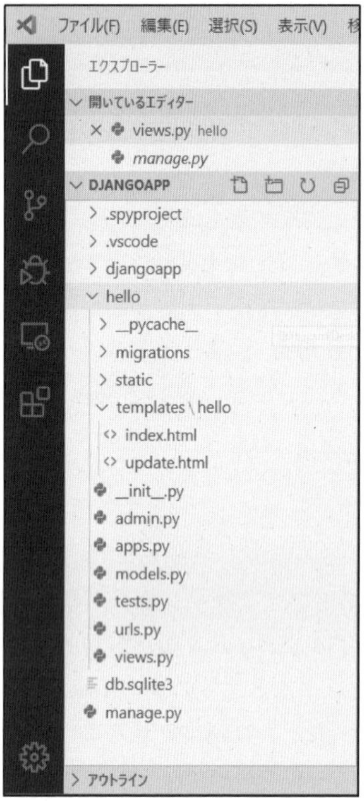

| Chapter-1 | Djangoを使ってみよう |

図1-25 エクスプローラーにフォルダの内容が表示される。ファイルをクリックすると右側に開かれる。

アウトラインについて

　エクスプローラーの下のほうを見ると、「アウトライン」という表示が見えるでしょう。これをクリックすると、エクスプローラーの下半分に新たな表示エリアが現れます。

　このアウトラインは、現在開いて編集しているソースコードの構造を階層的に表示するものです。例えば、HTMLファイルを開いてみると、そのタグの構造が階層化されます。ここで表示されるタグの項目をクリックすれば、そのタグが選択されます。長いソースコードを編集するとき、内容の構造を把握し、必要な箇所に移動するのに役立ちます。

図1-26 アウトラインでHTMLファイルの内容を表示したところ。

Pythonのアウトラインは機能拡張が必要

　ただし、このアウトラインは、どんなソースコードでも動作するわけではありません。例えば、Pythonのソースコードは標準ではアウトライン表示できないのです。といっても、これはあくまで「標準の状態では」の話です。

　VS Codeの開発元であるマイクロソフトは、VS Code用のPython機能拡張を開発しています。ウインドウ左端に縦に並んでいるアイコンから、一番下のもの(上から5番目)をクリックして表示を切り替えて下さい。そしてその右側上部にあるフィールドに「Python」と入力して検索をすると、マイクロソフト製の「Python」機能拡張が見つかります。これをインストールして下さい。これで、Python関係の機能が強化されます。アウトラインにもPythonソースコードのアウトラインが表示されるようになります。

Chapter-1 Djangoを使ってみよう

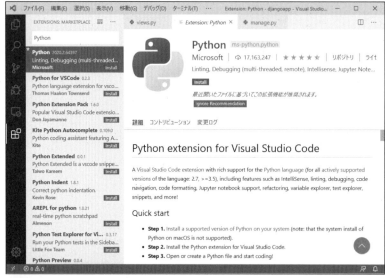

図1-27 「Python」機能拡張を検索しインストールする。

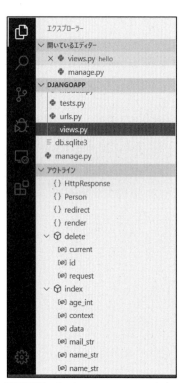

図1-28 Pythonのソースコードもアウトラン表示されるようになる。

エディタについて

VS Codeのエディタは、ファイルの拡張子に応じて自動的に専用のソースコードエディタが開かれるようになっています。Pythonであれば、.py拡張子のファイルを開くと自動的にPythonのソースコードと認識し、そのためのエディタ機能が使われるようになります。

VS Codeのエディタには、編集を強力にサポートする各種の機能が組み込まれています。主なものを以下にまとめておきましょう。

●キーワードの色分け表示

エディタでは、記述されている単語の役割に応じて色やスタイルが設定されます。例えば、構文や変数、リテラル（値）、命令や関数など、その言語の文法で決められているさまざまな要素ごとにスタイルを設定し、ひと目でそれがどういう役割のものかわかるようになっています。

●オートインデント

エディタは入力された文を文法的に解析し、自動的に文の開始位置（インデント）をタブやスペース記号で調整します。これは、特にPythonでは重要です。Pythonは、文の開始位置を左右に移動させることで構文などを記述するので、自動的にインデントを調整してくれる機能は構文の記述を助けてくれるでしょう。

●候補の表示

ソースコードを入力中、必要に応じて「現在、使える候補」がポップアップ表示されます。ここから項目を選ぶと、その候補を自動入力してくれます。これは、単に入力をしやすくするだけでなく、スペルミスなどを防ぐのに非常に役立ちます。

●構文の折りたたみ

エディタに表示されているソースコードは自動的に文法が解析され、構文ごとに折りたたんだり展開表示したりできます。既に完成して編集する必要がない部分を折りたたんで見えなくしたりすることで、必要な部分だけを表示し編集できるようになります。

Chapter-1 | Djangoを使ってみよう

```
 7    #from django.db.models import Q
 8
 9    from .models import Person
10
11    def index(request):
12        if request.method == 'POST':
13            name_str = request.POST['name']
14            mail_str = request.POST['mail']
15            age_int = request.POST['age']
16            obj = Person(name=name_str, mail=mail_str, age=age_i
17            obj.save()
18  >     else:
20            data = Person.objects.all()
21            name_str = ''
22            all
```

all(iterable)

Return True if bool(x) is True for all values x in the iterable.

If the iterable is empty, return True.

```
28            return render(request,
29
30    def update(request, id):
31        current = Person.objects
32        if request.method == 'POST':
```

図1-29　エディタには、キーワードの色分け表示、オートインデント、候補のポップアップ表示、構文の折りたたみなど多くの機能が組み込まれている。

ターミナルについて

　VS Codeは、基本的に「ファイルを開いて編集するだけのもの」なのですが、実はそれ以外の機能もいくつか持っています。中でも、Django開発に重要なのが「ターミナル」です。

　これは、WindowsのコマンドプロンプトやmacOSのターミナルと同様に、コマンドを実行する小さなツールです。「ターミナル」メニューから「新しいターミナル」メニューを選ぶと、画面の下部にターミナルが現れます。

　Djangoの開発は、コマンドを多用します。これはコマンドプロンプトなどを使ってももちろんできますが、VS Codeでフォルダを開いて編集している場合は、いちいちVS Codeとコマンドプロンプトの間を行なったり来たりするのは面倒でしょう。それより、VS Code内でコマンドを実行できたほうが便利です。

図1-30　VS Codeで「新しいターミナル」メニューを選ぶとウインドウ下部にターミナルが表示される。

Chapter 1 Djangoを使ってみよう

Section 1-3 Djangoのプログラムを作ろう

Djangoをインストールする

　では、いよいよDjangoを使った開発に取り掛かることにしましょう。ここまで、Python
とVS Codeはインストールして準備できましたが、Djangoはソフトをダウンロードしたり
インストールしたりしていませんね？ Djangoはどうやって用意するのでしょうか。

　実は、Djangoはサイトからダウンロードしたりしてインストールする必要はありません。
Pythonに用意されている「パッケージ管理ツール」というコマンドを使ってインストールす
るのです。

　コマンドプロンプトまたはターミナルを起動して下さい。そして、以下のコマンドを実行
しましょう。

```
pip install Django==3.0.4
```

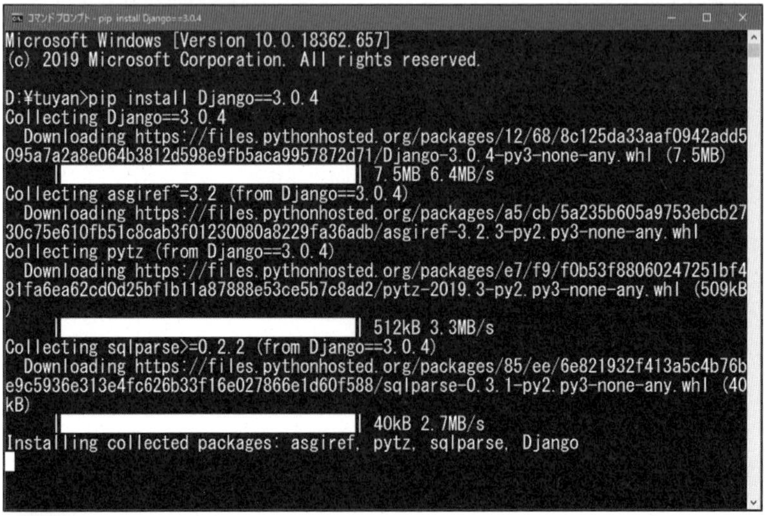

図1-31 Djangoをインストールする。

これは、Django 3.0.4をインストールするコマンドです。Djangoは「パッケージ」と呼ばれるソフトウェアとして配布されています。これは「pip」というコマンドを使ってインストールできるようになっているのです。

●Pythonパッケージのインストール

```
pip install パッケージ名==バージョン
```

こんな具合にコマンドを実行すると、指定のパッケージがインストールされます。ここでは、2020年3月時点の最新バージョンである3.0.4をベースに解説を行ないますが、本書を読んでいる時点では更に新しいバージョンがリリースされているかもしれません。「==バージョン」の部分を省略し、

```
pip install Django
```

このように実行すれば、公式の最新バージョンがインストールされます。通常は、こちらのほうが良いでしょう。

ただし、バージョンが変わると動作が変わる部分もないわけではないので、「PythonもDjangoも全くの初心者なので、本の記述通りに学習していきたい」という人は、3.0.4のバージョンを指定してインストールして下さい。そうすれば、本書の環境と全く同じものが用意されます。

🔷 コラム 最新版にアップデートしたい！　Column

本書ではDjango 3.0.4ベースで解説を行ないます。それにあわせて、読者の多くは3.0.4のDjangoをインストールしたことと思います。が、ある程度Djangoが使えるようになったら、「最新版のDjangoにしたい！」と思うでしょう。そんなときはどうすればいいのでしょう。

これも、pipコマンドで行なうことができます。コマンドプロンプトまたはターミナルで、以下のように実行して下さい。

```
pip install -U django
```

pip installに「-U」というオプションを付けて実行します。こうすると、最新版のDjangoにパッケージが更新されます。

Chapter-1 | Djangoを使ってみよう |

Djangoプロジェクトを作る！

では、Djangoを使ったアプリケーションを作成してみましょう。Djangoのアプリケーションは、「プロジェクト」と呼ばれる形式で作成されます。これは、アプリケーションに必要なファイルやライブラリなどをまとめて管理するもので、形としては「フォルダの中に必要なファイルやライブラリをまとめたもの」と考えていいでしょう。プロジェクトを作成し、そのフォルダをVS Codeで開いて必要なファイルを編集していくことで、Djangoの開発は行なえます。

django-admin startprojectコマンド

Djangoのプロジェクト作成は、「Django Admin」というコマンドを使って行ないます。これは、以下のようなものです。

```
django-admin startproject プロジェクト名
```

「プロジェクト名」のところに、適当な名前を入れて実行すれば、プロジェクトを作ることができます。では、やってみましょう。

では、コマンドプロンプトまたはターミナルを開いて下さい。そして以下のように実行をしましょう。

```
cd Desktop
```

これで、コマンドを実行する場所がデスクトップに移動します。では、ここにDjangoプロジェクトを作成しましょう。以下のようにコマンドを実行して下さい。

```
django-admin startproject django_app
```

これで、デスクトップに「django_app」というプロジェクトのフォルダが作られます。なお、このコマンドプロンプト／ターミナルはまだまだ使うので、ウインドウはそのまま開いておきましょう（あるいは、VS Codeでプロジェクトを開いているなら、VS Codeに用意されているターミナルを使っても構いません。その場合は、コマンドプロンプトは閉じてOKです）。

34

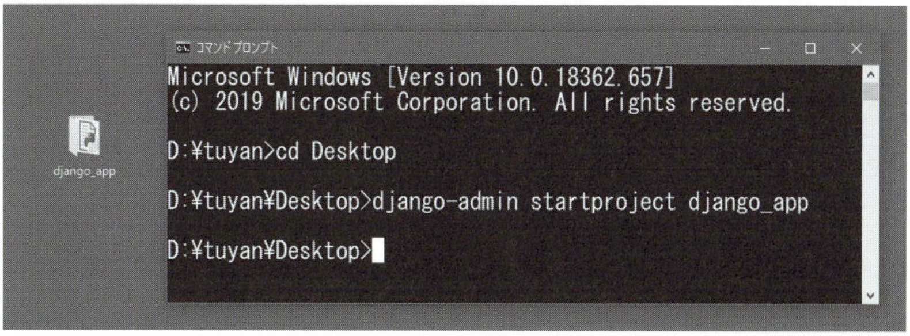

[図: コマンドプロンプトで django-admin startproject django_app を実行している画面]

図1-32　「django_app」という名前でDjangoプロジェクトを作成する。

VS Codeでプロジェクトを開く

　プロジェクトができたら、VS Codeで開きましょう。まだVS Codeで何も開いていない状態ならば、作成された「django_app」フォルダをそのままVS Codeのウインドウ内にドラッグ＆ドロップすれば開くことができます。あるいは、「ファイル」メニューから「フォルダを開く」メニューを選び、「django_app」フォルダを選んでも開くことができます。

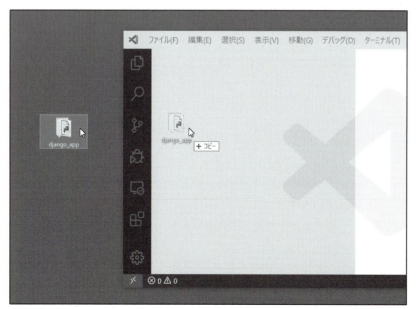

図1-33　「django_app」フォルダをVS Codeにドラッグ＆ドロップして開く。

Djangoプロジェクトが開かれた！

これで、django_appがVS Codeで開かれ、編集できるようになりました。エクスプローラーには、「django_app」フォルダが表示され、その中のファイル類が表示されているはずです。

図1-34 Djangoプロジェクトが開かれた。

Djangoプロジェクトの中身を見よう

では、エクスプローラーを使って、作成したDjangoプロジェクトの中身がどうなっているか見てみましょう。すると、以下のようにファイルやフォルダが用意されていることがわかるでしょう。

●「django_app」フォルダ

「django_app」プロジェクトのフォルダの中には、更に同じ名前のフォルダが1つ作成されています。これは、このプロジェクトで使うファイル類がまとめられているところです。Djangoプロジェクトでは、「プロジェクト名と同じ名前のフォルダ」に、プロジェクト全体で使うファイルが保存されているのです。

この中には、以下のようなファイルが用意されています。

__init__.py	Djangoプロジェクトを実行するときの初期化処理を行なうスクリプトファイルです。
asgi.py	ASGIという非同期Webアプリケーションのためのプログラムです。
settings.py	プロジェクトの設定情報を記述したファイルです。
urls.py	プロジェクトで使うURL（Webでアクセスするときのアドレスのことです）を管理するファイルです。
wsgi.py	WSGIという一般的なWebアプリケーションのプログラムです。

●manage.py

「django_app」フォルダの下に、「manage.py」というファイルも作成されています。これは、このプロジェクトで実行するさまざまな機能に関するプログラムです。Djangoでは、コマンドでプロジェクトをいろいろ操作しますが、そのための処理がここに書いてあるのです。

意外とたくさんのファイルが用意されていることがわかりましたが、これらは「今すぐどういうものか覚えないとダメ！」というものでは全然ありません。実際の開発に入ったら、これらのファイルがどういうものでどう使うのか少しずつわかってくるはずですから、今は別に覚えなくてもいいです。「こういうファイルが最初から作られてるんだな」と眺めておくだけにしておきましょう。

図1-35　エクスプローラーで、プロジェクト内のファイルやフォルダを見る。

Webアプリケーションを実行しよう

では、作成したDjangoプロジェクトを動かしてみましょう。Djangoプロジェクトは、Webアプリケーションです。ということは、普通は「Webサーバーにファイル類をアップロードして、Webブラウザからアクセスして……」といったことをしないと動作のチェックはできません。

が、これではとても面倒で時間がかかります。そこでDjangoは、Webサーバーの機能もDjangoの中に組み込んでしまったのです！　コマンドを実行するだけで、試験用のWebサーバーを起動し、そこでDjangoプロジェクトのWebアプリケーションを動かせるようになっているんですよ。

では、やってみましょう。コマンドプロンプトまたはターミナルはまだ開いていますか？

では、cdというコマンドで、プロジェクトの中に移動しましょう。

```
cd django_app
```

これで、「django_app」プロジェクトの中に移動しました。では、以下のようにコマンドを実行して下さい。これでWebサーバーが起動し、今いるプロジェクトのプログラムが実行されます。

```
python manage.py runserver
```

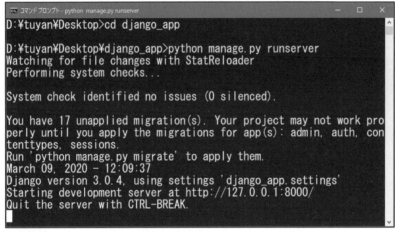

図1-36　DjangoのWebサーバーを起動してプロジェクトを実行する。

VS Codeでも起動できる！

あるいは、VS Codeのターミナルを使って起動することもできます。「ターミナル」メニューの「新しいターミナル」メニューを選んで下さい。ウインドウの下部にターミナルが現れます。見ればわかりますが、これは開いているフォルダ(「djang_app」フォルダ)の中が選択された状態で開かれるのです。このまま、コマンドを実行しましょう。

```
python manage.py runserver
```

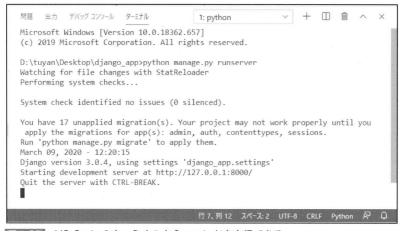

図 1-37　VS Codeのターミナルからコマンドを実行できる。

ブラウザでアクセスしよう

では、実行したdjango_appにアクセスをしましょう。Webブラウザを起動し、以下のアドレスにアクセスをして下さい。

http://localhost:8000/

アクセスすると、「The install worked successfully! Congratulations!」という表示が現れます。これは、Djangoにデフォルトで用意されているサンプルページです。この表示が出たら、ちゃんとDjangoプロジェクトを作成し動かすことができた、ということです。とりあえず、Django開発の最初の段階はこれでクリアできました！

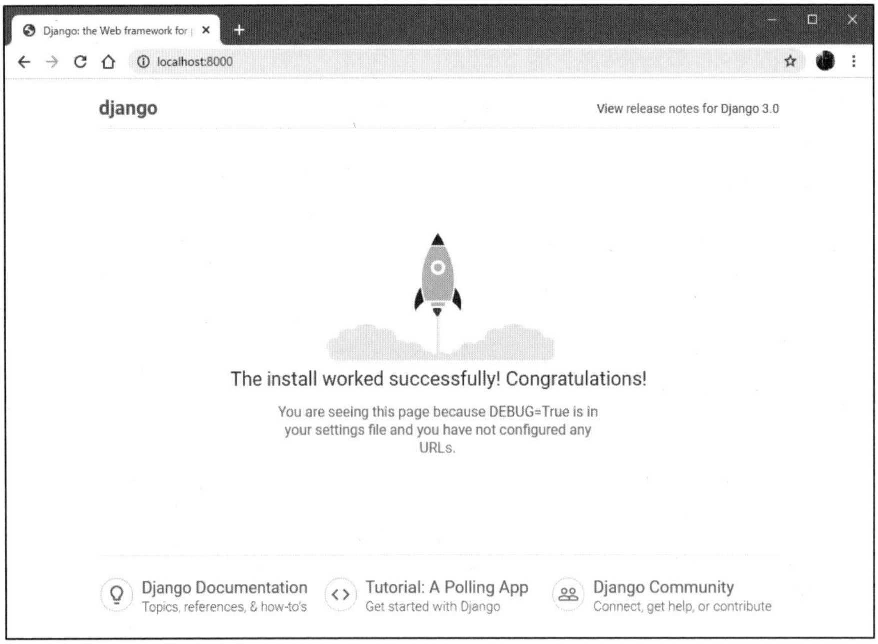

| Chapter-1 | Djangoを使ってみよう |

図1-38 Webブラウザで、http://localhost:8000/にアクセスすると、Djangoのサンプルページが表示される。

■サーバーを終了するには？

　実行したWebサーバーを終了するには、ターミナルのウインドウを選択し、Ctrlキー＋Cキーを押します。これでプログラムの実行が中断され、元の入力状態に戻ります。

🎡 この章のまとめ

　というわけで、PythonとDjangoをセットアップし、実際にDjangoのプロジェクトを作って動かすところまでなんとかできました。Djangoのもっとも初歩的な使い方が、これでわかりましたね。とりあえず、ここでやったことができれば、「プロジェクトを作り、ファイルを作成して、試験サーバーで動作チェックする」という最低限の操作は行なえるようになります。つまり、「Django開発のために必要な最低限の使い方を頭に入れた」ということなのです。

　とはいえ、いくら基本部分といっても、説明した内容を全部きっちり覚えるというのはなかなか難しいものがあります。とりあえず、「これとこれだけは忘れないで！」というポイントをここで整理しておきましょう。

VS Code の基本操作

開発は、VS Codeを使って行ないます。そのためには、フォルダを開き、エクスプローラーに表示されたファイルを開いて編集する、またターミナルを開いてコマンドを実行する、といった基本的な操作が行なえるようになっていないといけません。詳しい使い方などは今は知らなくても構わないので、「フォルダを開き、編集する」という基本操作だけは行なえるようになっておきましょう。

django-admin と manager.py

Djangoの基本操作は、ターミナルからコマンドとして実行しました。プロジェクトを作成するには「django-admin startproject」、試験サーバーで実行するには「python manage.py runserver」というコマンドを使いました。

この2つのコマンドは、Django利用のもっとも基本となるものです。この2つだけはしっかりと覚えておきましょう。

細かいことはそのうち覚える！

以上の2点だけ、しっかり覚えておきましょう。後は？　まぁ、覚えられれば覚えたほうがいいですが、忘れてしまってもそんなに大きな問題にはならないでしょう。Djangoプロジェクトの中にどんなファイルが用意されてるかとか、それぞれのファイルの役割とか、そういったものは、これから開発を始めていけばそのうち誰でも覚えられます。これらは、別に今すぐ覚えなくても大丈夫です。VS Codeの細かな使い方なども、これからずっと使っていくんですから、必要ならそのうち覚えるでしょう。

何から何まですべてきっちりと正確に覚えなくても、プログラミングはできるのです。「ここだけははずしちゃダメ！」というポイントさえきっちり押さえておけば。ですから、最初から「全部覚えるぞ！」なんて考えないようにしましょう。

Pythonの基本は「Python超入門」で！

これでDjango利用の準備は整いました。次の章から、いよいよDjangoを使ったプログラミングに入ります。

が！　皆さん。肝心の「Python」のほうは、ちゃんと使えますか？　DjangoはPython言語を使ってプログラムを書きます。ですから、Pythonの基本的なところがわかっていないと、読んでもまるで理解できないでしょう。本格的な開発ができるまでの知識は必要ありません。Pythonの簡単なプログラムを書けるぐらいの、基本的な文法がわかっていればOKです。

「そのへんは大丈夫」という人は、そのまま2章に進んで下さい。「ちょっと不安だ……」と

いう人は、この本の一番最後にある「Python超入門」に進んで、Pythonの基本を一通り頭に入れておきましょう！

Chapter

2

ビューとテンプレート

画面の表示を行うのは、「ビュー」と呼ばれる部分です。これは関数やクラスとして処理を定義します。また実際に表示される画面は「テンプレート」というものを使って作ります。これらの基本について説明しましょう。

Chapter 2　ビューとテンプレート

Webページの基本を覚えよう

MVCってなに？

では、DjangoによるWebアプリケーション作成について説明をしていきましょう。が、具体的なプログラムの書き方の前に、Djangoの「考え方」から説明をしましょう。

Djangoは、「MVCアーキテクチャー」と呼ばれる考え方に基づいて設計されています。このMVCというのは、「Model」「View」「Controller」の略で、以下のような役割を果たします。

Model（モデル）	これは、データアクセス関係の処理を担当するものです。わかりやすくいえば、「Webアプリケーションとデータベースとの間のやり取りを担当するもの」です。
View（ビュー）	これは、画面表示関係を担当するものです。要するに、画面に表示されるWebページを作るための部分ですね。
Controller（コントローラー）	これは、全体の制御を担当するものです。これが、Webアプリケーションで作成する「プログラム」の部分と考えていいでしょう。

　プログラムの中心となるのは、コントローラーです。コントローラーの中で、必要に応じてモデルを呼び出しデータを受け取ったり、ビューを呼び出して画面に表示するWebページを作ったりしていくわけですね。そうやってモデルやビューを必要に応じて呼び出しながら、全体の処理をコントローラーで進めていくのです。

　このMVCそれぞれの役割をまず頭に入れておきましょう。まぁ、あんまり厳密なことは考えないで、漠然と「こんな感じで3つの部品がお互いに呼び出し合って動いているんだな」というイメージがわかればそれで十分ですよ。

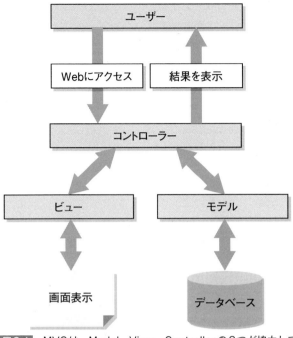

図2-1 MVCは、Model、View、Controllerの3つが協力してプログラムを動かしていく。

プロジェクトとアプリケーション

　もう1つ、頭に入れておきたいのが、Djangoのプログラムの構造です。Djangoは、最初に「プロジェクト」というものを作成しましたね。これがWebアプリケーションの土台となります。が、ここに直接プログラムを組み込むわけではないのです。

　実際にプログラムを作成するときは、このプロジェクトの中に「アプリケーション」と呼ばれるものを作成します。このアプリケーションは、先ほどのMVC関係の処理をひとまとめにしたもの、と考えるとよいでしょう。Djangoは、MVCがセットになってプログラムが構築されます。アプリケーションを作成すると、そのためのMVC関係のプログラムがセットで追加されるのです。

　このアプリケーションは、プロジェクトの中にいくつでも追加することができます。つまり、MVCのセットをいくつでも用意することができるわけです。もちろん、それぞれは独立して処理を作成できますから、1つのプロジェクトの中にいくつでも異なるプログラムを組み込むことができるのです。

　「異なる処理」というと、なんだかまるで関係ないものをいくつも作るように感じますが、そういうわけでもありません。

　例えば、オンラインショップのWebサイトを作るとしましょう。すると、ユーザーを登録したり管理するアプリケーション、商品の在庫などを管理するアプリケーション、そして

商品を表示したりカートに入れたりするアプリケーションというように、いくつものアプリケーションを組み合わせて作ればいいことがわかるでしょう。

　それぞれは独立していますから、例えばユーザー管理のやり方を変更したければ、ユーザー管理のアプリケーションだけを修正すればいいわけです。こんな具合に、プロジェクトの中にいくつもアプリケーションを作成しながら開発を行うのですね。

図2-2　オンラインショップのプロジェクトでは、ユーザー管理、在庫管理、ショッピングカート管理などいくつものアプリケーションが用意されることになる。

アプリケーションを作ろう

　では、基本的なDjangoプログラムの構成がわかったことで、実際にプログラムを作ってみることにしましょう。

　今いったように、Djangoで何か作ろうと思ったら、プロジェクトにアプリケーションを追加しないといけません。これは、コマンドを使って行います。

　1章で、コマンドプロンプトやターミナルを開いてコマンドを実行しましたが、あのウインドウはまだ開いたままですか？ もし、閉じてしまっている人は、開いて「cd」コマンドでdjango_appのフォルダ内に移動してください。あるいは、VS Codeのターミナル(「ターミナル」メニューの「新しいターミナル」メニューで開かれる)を利用してもかまいませんよ。

manage.py startapp コマンド

　では、アプリケーションはどうやって作るのか。これは、Djangoプロジェクトの中に用意されている「manage.py」というプログラムを使います。

```
python manage.py startapp 名前
```

　この「名前」のところに、作成したいアプリケーション名を指定して実行します。では、やっ

てみましょう。

　先ほど、ターミナルを新たに開いたばかりの人は、まずプロジェクトのフォルダに移動しましょう。ターミナルから以下のように実行してください(既にターミナルを開いて「django_app」に移動してある人は実行しないでください)。

```
cd Desktop
cd django_app
```

　これで、デスクトップに作成した「django_app」フォルダの中に移動しました。
　では、アプリケーション作成のコマンドを実行しましょう。以下のように入力し実行してください。

```
python manage.py startapp hello
```

　これで、django_appプロジェクトに「hello」というアプリケーションが追加されました！

図2-3　manage.py startappコマンドで、helloアプリケーションを追加する。

helloアプリケーションをチェック！

　では、どのようにファイルが作成されているのか確認しましょう。エクスプローラーで見ると、「django_app」プロジェクトのフォルダの中に、新たに「hello」というフォルダが新たに作成されていることがわかります。これが、今作ったhelloアプリケーションのフォルダです。この中にアプリケーション関係のファイルがまとめられています。

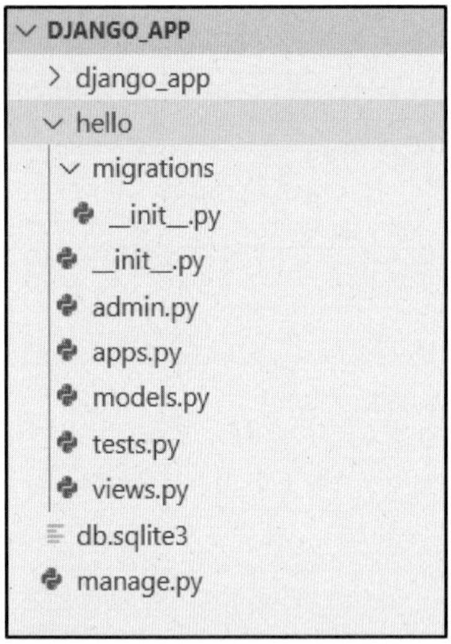

| Chapter-2 | ビューとテンプレート |

```
∨ DJANGO_APP
    > django_app
    ∨ hello
        ∨ migrations
            🐍 __init__.py
        🐍 __init__.py
        🐍 admin.py
        🐍 apps.py
        🐍 models.py
        🐍 tests.py
        🐍 views.py
    ≡ db.sqlite3
    🐍 manage.py
```

図2-4 django_app内に、「hello」というフォルダが追加されている。

「hello」フォルダの中身は？

では、「hello」フォルダの中がどうなっているか見てみましょう。中にはいくつもの
Pythonスクリプトのファイルが作成されています。

「migrations」フォルダ	マイグレーションといって、データベース関係の機能のファイルがまとめられます。
__initi__.py	アプリケーションの初期化処理のためのものです。
admin.py	管理者ツールのためのものです。
apps.py	アプリケーション本体の処理をまとめます。
models.py	モデルに関する処理を記述するものです。
tests.py	プログラムのテストに関するものです。
views.py	画面表示に関するものです。

いろいろありますが、これらの内容は別に今すぐ覚える必要はありません。また、一度に
全部のファイルを使うわけではないので、使いながら「これはこういう使い方をするんだな」
と覚えていけばいいでしょう。

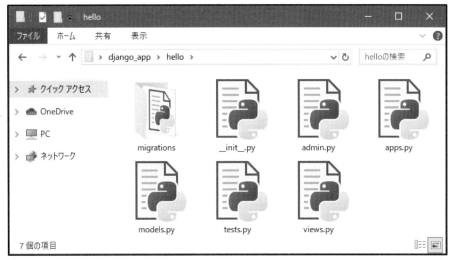

図2-5 「hello」フォルダの中に作成されているファイル類。

views.pyにページ表示を書く

では、実際にプログラムを書いてみましょう。まず最初に編集をするのは、「hello」フォルダに作成されている「views.py」です。

このviews.pyは、ファイルの名前から想像がつくように、画面の表示に関する処理を書いておくためのものです。このファイルを開くと、初期状態で以下のようなものが書かれていることがわかります。

リスト2-1
```
from django.shortcuts import render

# Create your views here.
```

この内、2行目(#で始まる行)は、プログラムではなくて、コメントです。つまり、プログラムの実行とは関係のない説明文なので無視していいです。Pythonでは、このように#で始まる文は、プログラムとはみなされません。何かメモ書きなどをしておきたいときに利用するといいでしょう。

1行目は、django.shortcutsというところに用意されているrenderという関数を使えるようにするための記述です。これは「import文」と呼ばれるものです。「よくわからないぞ？」という人は、本書の終わりにある「Python超入門」でよく確認しておきましょう。

このrender関数は、ここではまだ使ってませんが、実際に何かのWebページを作るとなると利用することが多いので、あらかじめ用意しておいたということでしょう。まぁ、実際

| Chapter-2 | ビューとテンプレート |

に使うようになったら改めて説明するので、今は気にすることはありませんよ。

views.pyを書き換える

では、views.pyを書き換えて、簡単なテキストを画面に表示する処理を用意してみましょう。VS Codeで「hello」フォルダ内の「views.py」をクリックして開き、以下のように変更してください。

リスト2-2

```python
from django.shortcuts import render
from django.http import HttpResponse


def index(request):
    return HttpResponse("Hello Django!!")
```

記述したら、「ファイル」メニューの「保存」メニューでファイルを保存しておいてください。

views.pyで実行すること

では、views.pyに書いたスクリプトは、一体どういうことを行うものだったのでしょうか。順に説明をしていきましょう。

HttpResponseをimportする

最初に、import文を1つ追加していますね。render関数をimportする文の下にある、この文です。

```python
from django.http import HttpResponse
```

これは、「HttpResponse」というクラスをimportするものです。このHttpResponseというのは、Webアプリケーションにアクセスしてきた側（Webブラウザなどですね。「クライアント」っていいます）に送り返す内容を管理するクラスです。

このHttpResponseというもので送り返すデータを用意して返送すると、その内容がクライアント側（アクセスして来たブラウザなどのことでしたね）に送り返されて表示される、という仕組みになっているんです。このクライアントへの返送を「レスポンス」といいます。

index関数の定義

importの後にあるのが、具体的に実行する処理の内容です。ここでは、以下のようなものが書かれていますね。

```
def index(request):
    return HttpResponse("Hello Django!!")
```

def index(request): というのは、「indexという関数を定義しますよ」ということを宣言している文ですね。引数には、requestというものが渡されています。これは、クライアント側の情報をまとめた「HttpRequest」というクラスのインスタンスです。まぁ、これの使い方は後で改めて説明するので、今は気にしなくていいでしょう。

で、このindex関数というので何をやっているか？というと、次行のreturn ～という文を実行しているのですね。これは、HttpResponseクラスのインスタンスを作って、呼び出し元に返しています。

HttpResponseというのは、先ほどいいましたが、クライアントに送り返す内容をまとめるためのクラスです。これは、こんな具合にしてインスタンスを作ります。

```
HttpResponse( 送り返す内容 )
```

引数に、送り返す内容を指定してインスタンスを作ればいいんです。これをreturnすると、引数に書いた内容がそのままクライアント側に送り返されます。ここでは、"Hello Django!!" というテキストが送り返されていた、というわけです。

urls.py について

さあ、これでviews.pyに処理が用意できました。が、実はこれだけではアプリケーションは使えるようになりません。次に編集するのは、「urls.py」というファイルです。

プロジェクトのフォルダ（「django_app」フォルダ）の中には、プロジェクト名と同じ名前の「django_app」フォルダが用意されていました。この中に、urls.pyというファイルが用意されています。

このurls.pyというファイルは、URLを管理するためのものです。URLというのは、Webブラウザなどでアクセスする時のアドレスですね。つまり、ここで「どのアドレスにアクセスをしたらどの処理を実行するか」といった情報を管理しているのです。

先ほど、views.pyにindex関数を作成しました。これを、特定のアドレスにアクセスしたら実行するようにurls.pyに追記をしておかないといけないのです。

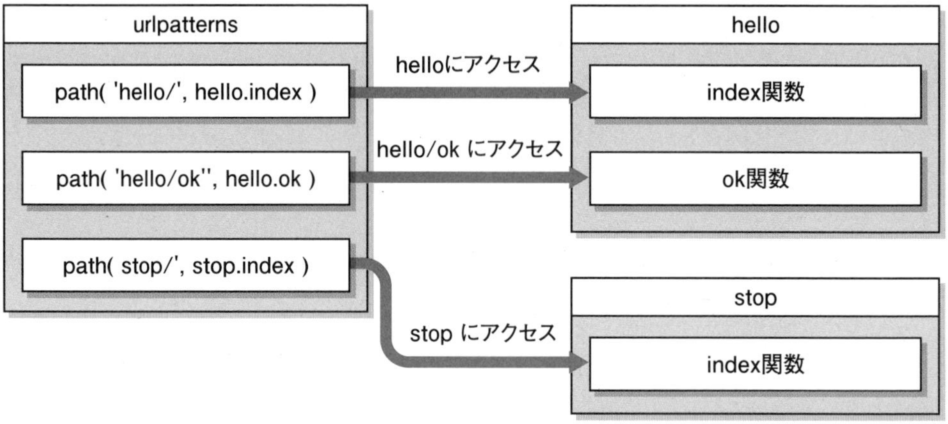

| Chapter-2 | ビューとテンプレート |

図2-6 urlpatternsに登録した情報を元に、どのアドレスにアクセスしたらどの処理が呼び出されるかが決まる。

urls.pyを書き換える

このファイルを開いて、以下のように書き換えましょう。ファイルを開くと、デフォルトでこんな文が書かれています（その前にコメントがたくさん書いてありますが省略します）。

リスト2-3

```python
from django.contrib import admin
from django.urls import path

urlpatterns = [
    path('admin/', admin.site.urls),
]
```

最初の1つのimport文は、ここで使う関数やオブジェクトを使えるようにするためのものです。その後にあるurlpatternsというのが、アドレスを管理しているものです。これは、アドレスの情報をリストとしてまとめてあるものです。ここに、先ほどのviews.pyに追加したindex関数の情報を追加すればいいんですね。

では、urls.pyの内容を下のように書き換えましょう。

リスト2-4

```python
from django.contrib import admin
from django.urls import path
import hello.views as hello

urlpatterns = [
    path('admin/', admin.site.urls),
```

```
        path('hello/', hello.index),
]
```

import hello.views as hello という文が追加してありますね。これで、「hello」フォルダ内のviews.pyをhelloという名前でimportします。

で、このimportしたhelloを利用しているのが、その後のurlpatternsリストに追加している、path('hello/', hello.index), という文です。これは「path」という関数を実行するものです。このpathは、以下のように記述します。

```
path ( アクセスするアドレス , 呼び出す処理 )
```

このように、第1引数にアドレスを、第2引数に処理を指定すると、そのアドレスにアクセスをしたら指定の処理を実行するための値が用意されるのですね。これをurlpatternsにまとめて用意しておくことで、どこにアクセスすればindex関数を実行するか決められるのです。

ここでは、'hello/'にアクセスをしたら、hello内のindexを実行する、ということを指定してあります。helloというのは、「hello」フォルダ内のviews.pyのことでしたね。つまり、hello/にアクセスをしたら、views.pyのindexを実行する、ということを指定していたのですね。

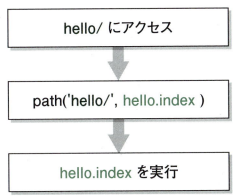

図2-7　path関数は、アドレスと呼び出す処理をまとめた情報を返す関数。これにより、アドレスと処理を関連付けたものが用意される。

アクセスしてみよう！

では、実際にアクセスをしてみましょう。まず、DjangoのWebサーバーを実行する必要がありましたね。覚えてますか？ ターミナルから、こんな具合に命令を実行するんでしたね。

```
python manage.py runserver
```

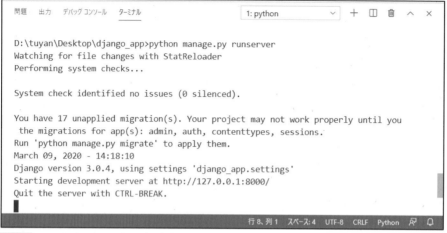

図2-8 コマンドでWebサーバーを実行する。

起動しっぱなしでもOK？

　中には、「さっき起動してからずっと起動しっぱなしだよ」という人もいるかもしれません。そういう場合は、いちいち終了して再起動、なんてしなくてもいいですよ。起動したままでOKです。

　現在のDjangoに内蔵されている試験サーバーは、起動した状態でファイルを書き換えたりすると、自動的にそれが再読み込みされ最新の状態に更新されるようになっています。ですから、試験サーバーは起動しっぱなしにしておいても大抵は大丈夫です。もし、表示が更新されないようなことがあったら、そのときは再起動すればいいでしょう。

/hello/にアクセスする

　Webサーバーが起動したら、Webブラウザを起動し、以下のアドレスにアクセスをしてみましょう。

```
http://localhost:8000/hello/
```

　画面に「Hello Django!!」とテキストが表示されます。これが、今回index関数で画面に表示させていたテキストです。ただのテキストですが、とりあえず、「指定のアドレスにアクセスしたら、用意した表示がされた」というのが確認できましたね。

図2-9 /hello/にアクセスすると、「Hello Django!!」と表示される。

Column 表示が変わらない！

スクリプトを修正してアクセスしても、表示が前の状態のまま変わらない、なんてことはありませんでしたか。

この場合、まずチェックすべきは「ファイルをちゃんと保存したか」です。案外、「保存するのを忘れてたファイルがあった」なんてことだったりすることも多いのですから。

もう1つ、「前のスクリプトがサーバーの中に残ってた」ということも稀にあります。現在のDjangoの試験サーバーは常に最新の状態に更新されるようになっていますが、何らかの理由で更新がうまくできないこともあるでしょう。このようなときは、ターミナルに切り替えて一度サーバーを終了し、再起動してください。

同様に、「Webブラウザのキャッシュが残っていた」ということだってあります。Webブラウザで表示をリロードして最新の状態にしておきましょう。

helloにurls.pyを作成する

これで一応、Djangoのもっとも基本的な処理部分はできました。が、実をいえばもう少し改良が必要なのです。

このやり方だと、helloアプリケーションに用意した処理を、django_appのurls.pyで管理することになります。これ、ちょっと変じゃないですか？

それぞれのアプリケーションは独立して使えるようになっているべきです。helloに処理を作成するたびに、django_appを修正しないといけない、というのはあまりいい設計とはいえませんよね。

このhelloだけならまだしも、いくつものアプリケーションがあるプロジェクトの場合、今の状態では、それらすべてのアプリケーションのアドレス情報がdjango_appのurls.py

にごちゃまぜになって書かれることになります。こうなったら、アドレスの管理はかなり面倒なものになるでしょう。

そこで、「アプリケーションのアドレスはアプリケーション内で」管理させることにしましょう。helloアプリケーション内にURLを管理するファイルを作成して、helloのアドレスはそこですべて管理させるのです。これなら、アプリケーションが複数になっても混乱することはありませんね！

新しいファイルを作る

これは、間違いやすいのでしっかり理解してくださいね。urls.pyというファイルは、既に「django_app」フォルダの中にあります。が！ 今回、アドレスを記述するのは、この「django_app」フォルダのurls.pyではありません。「hello」アプリケーションの中に、新たに「urls.py」を作成して編集するのです。このファイルは実はまだ存在しないので、ここで作成する必要があります。同じファイル名なので、間違えないように注意してくださいね！

VS Codeのエクスプローラーで「hello」フォルダを選択してください。そして、エクスプローラーの一番上に見える「DJANGO_APP」というプロジェクトのフォルダ名部分の「新しいファイル」アイコン（一番左側のアイコン）をクリックします。これで、「hello」フォルダ内に新しいファイルが作成されるので、そのまま「urls.py」とファイル名を入力します。

図2-10 「hello」を選択して「新しいファイル」アイコンをクリックし、「urls.py」とファイル名を入力する。

Webページの基本を覚えよう | 2-1

hello/urls.pyのスクリプト

では、作成した「hello」内のurls.pyにスクリプトを記述しましょう。今回は、以下のように書いてください。

リスト2-5

```
from django.urls import path
from . import views

urlpatterns = [
    path('', views.index, name='index'),
]
```

やはり、urlpatterns配列が用意してあるだけです。ここにpath関数で値を記述しています。今回は、アドレスは空のテキストになっています。このurls.pyはhelloアプリケーションの中に作ったものなので、helloアプリケーション内のアドレスを指定します。つまり、http://○○/hello/の後に続くアドレスを指定するのです。

ここでは空のテキストを指定しているので、http://○○/hello/のアドレスに設定を行う形になります。そこで、views.index（views.pyの中のindex関数）を実行するようにしてあります。

その後に、nameという引数を用意してありますが、このpathにindexという名前を設定しているのだ、と考えてください。

django_app/urls.pyの修正

これでhelloのurls.pyはできました。続いて、プロジェクトのurls.py（「django_app」フォルダの中にあるurls.py）を開いて、hello内のurls.pyを読み込むように修正しましょう。

リスト2-6

```
from django.contrib import admin
from django.urls import path,include

urlpatterns = [
    path('admin/', admin.site.urls),
    path('hello/', include('hello.urls')),
]
```

これで完成です。実際にhttp://localhost:8000/hello/にアクセスをして、ちゃんと表示されることを確認しておきましょう。

57

修正したurlpatternsの働き

urlpatternsをみると、pathの引数が少し変わっていますね。include('hello.urls')となっています。includeという関数は、引数に指定したモジュールを読み込むものです。ここでは、hello.urlsと値が指定されていますね。これで、「hello」フォルダ内のurls.pyが読み込まれ、'hello/'のアドレスに割り当てられるようになります。つまり、これでhttp://○○/hello/ より後のアドレスにhello/urls.pyから読み込んだurlpatternsの内容が設定されたのです。

これで、hello内のアドレス割り当ては、すべてhello内にあるurls.pyが行うようになりました。以後、helloのアドレスを操作するために、django_appのurls.pyを編集する必要はなくなります。「helloアプリケーションのことはすべてhelloの中にあるファイルに聞け！」となったわけですね。

どっちのやり方がいいの？

urls.pyの使い方について、2通りのやり方がこれでできるようになりました。1つは「プロジェクトのurls.pyにすべて書く」というもの。もう1つは「アプリケーションごとにurls.pyを用意して、それらをプロジェクトのurls.pyでまとめる」というものです。

どちらのやり方でも同じように処理できますが、本書ではこれ以降、「各アプリケーションにurls.pyを用意する」というやり方で記述していくことにします。このやり方が、Djangoの基本といってもよいでしょう。例えば、「1プロジェクト＝1アプリケーション」しかないような場合は別ですが、ある程度複雑なことを行わせようと思ったら、アプリケーションごとにurls.pyを用意するやり方のほうが最終的にはわかりやすく使いやすいものになります。

というわけで、最初の「プロジェクトのurls.pyに全部書く」というやり方は、忘れていいです。新たに覚えた「アプリケーションごとにurls.pyを用意する」というやり方についてしっかり覚えておきましょう。

クエリーパラメーターを使おう

単純にテキストを表示することはできるようになりました。続いて、もう少しインタラクティブな操作について見ていくことにしましょう。

ただし！　これから説明する内容は、「覚えておくと便利」なものですが、よくわからないからといって大きな問題となるような機能ではありません。なので、サラッと流して読んでしまってかまいません。「なんだかよくわからない」という人も、無理して理解しなくても大丈夫です。「なんかわからないけど、こういうことができるらしい」程度に頭に入れておけばそれで十分ですよ。

さて、利用者との間で値をやり取りする方法についてです。これには、いくつかのやり方があります。もっとも簡単なのは、クエリーパラメーターを利用した方法でしょう。

クエリーパラメーターというのは、アドレスの後につけて記述するパラメーターです。例えばアマゾンなどのサイトにアクセスしたとき、アドレスの後に $xxx=xxxxx&yyy=yyyyy ……というような暗号のようなものが延々と書かれているのに気がつきませんでしたか。あれがクエリーパラメーターです。

クエリーパラメーターは、次のような形で記述します。

```
http://普通のアドレス?キー=値&キー=値&……
```

アドレスの最後に？をつけ、その後に「キー」と「値」をイコールでつなげて記述します。複数の値を送りたいときは、&でつなげて書きます。キーというのは、その値につける名前のことです。例えば、「id=taro」と書いたなら、idという名前(キー)で「taro」という値を送っていた、というわけです。

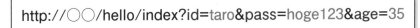

図2-11　クエリーパラメーターは、アドレスにつけた値をそのままサーバーに送る。

クエリーパラメーターを表示する

このクエリーパラメーターは、Djangoで簡単に利用することができます。やってみましょう。

先ほど書いたindex関数を書き換えて再利用することにしましょう。「hello」フォルダ内のviews.pyを開いて、そこにあるindex関数を下のように書き換えてください。

リスト2-7

```
def index(request):
    msg = request.GET['msg']
    return HttpResponse('you typed: "' + msg + '".')
```

Chapter-2 | ビューとテンプレート

修正したら、実際にアクセスをしてみましょう。Web ブラウザから以下のようにアドレスを書いてアクセスしてみてください。

```
http://localhost:8000/hello/?msg=hello
```

すると、ブラウザに「you typed: "hello".」と表示されます。アドレスの「msg=○○」の部分をいろいろと書き換えて、どんな表示になるか試してみましょう。

図2-12　アクセスすると、msgというクエリーパラメーターの値を表示する。

request.GETの働き

では、作成したスクリプトを見てみましょう。index関数では以下のようにしてクエリーパラメーターの値を取り出しています。

```
msg = request.GET['msg']
```

requestというのは、index関数の引数で渡される値です。このrequestは、「HttpRequest」というクラスのインスタンスだ、と前にいいましたが覚えてますか？

HttpRequestは、リクエストの情報を管理するクラスです。リクエストというのは、クライアント（Webブラウザですね）のアクセスのことで、サーバーからクライアントに送られてくる情報が「リクエスト」になります。似たようなものに「レスポンス」というのもあって、こちらは逆にクライアントからサーバーへ返送される情報のことです。

このリクエストには「GET」という属性が用意されています。これは辞書になっており、クエリーパラメーターの値もすべてこの中に保管されているのです。&msg=○○として送られた値は、GET['msg']で取り出せばいい、というわけです。実に簡単ですね。

リクエストとレスポンス

さて、ここで初めてリクエストというものを利用しました。これとレスポンスはとても重要なので、ちょっと整理しておきましょう。

●リクエスト

クライアントからWebアプリケーションへアクセスした際に、サーバー側から送られてくる情報です。このリクエストを管理するのが、HttpRequestクラスです。アクセスの際に送られる情報(アクセスしたアドレスとか、アクセス時のヘッダー情報とか、その他もろもろ)などを保管しています。

●レスポンス

クライアントからサーバーに返送される情報です。これを管理するのがHttpResponseです。Webアプリケーションに返送するデータや、返送時のアクセス情報などを管理しています。

クライアント側とサーバー側の間のやり取りを管理するもっとも基本となるものが、リクエストとレスポンスであり、そのために用意されているクラスがHttpRequestとHttpResponseだ、ということなのです。つまり、この2つのクラスは、やり取りする際にもっとも重要な役割を果たすものといっていいでしょう。

パラメーターがないときどうする?

先ほど作成したサンプルは、実は致命的な問題を抱えています。msgパラメーターをつけず、そのまま/helloにアクセスをしてみましょう。すると画面に「MultiValueDictKeyError at /hello/」といったエラーメッセージが表示されます。クエリーパラメーターがないとエラーになってしまうのです。

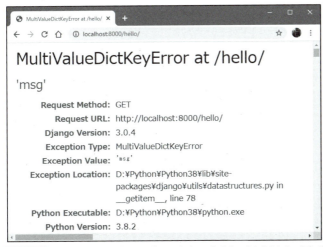

図2-13　パラメーターをつけずにアクセスすると、MultiValueDictKeyErrorというエラーが発生する。

indexを修正しよう

では、msgパラメーターがなくてもエラーにならないように、views.pyのindex関数を修正しましょう。

リスト2-8
```python
def index(request):
    if 'msg' in request.GET:
        msg = request.GET['msg']
        result = 'you typed: "' + msg + '".'
    else:
        result = 'please send msg parameter!'
    return HttpResponse(result)
```

これで大丈夫。/hello?msg=helloというようにパラメーターをつけると、先ほどやったようにパラメーターの値が表示されます。msgパラメーターをつけないと、「please send msg parameter!」とテキストが表示されるようになります。

図2-14　パラメーターをつけないと、「please send msg parameter!」と表示される。

inで値の存在をチェック

ここでは、index関数の最初のところで、パラメーターが送られているかどうかをチェックしています。

```
if 'msg' in request.GET:
```

request.GETは辞書の属性です。inは、指定のキーが辞書の中にあるかどうか調べるためのもの。つまり、'msg' in request.GETで、「GETの辞書の中にmsgというキーの値が保管されているかどうか」を調べていたのですね。

これで値があれば、その値を利用すればいいですし、そうでないときはパラメーターが送られていない場合の処理を行えばいい、というわけです。意外と簡単ですね！

> **コラム　GETの正体は「QueryDict」**　　　　　　　　　　　　**Column**
>
> 　request.GETでは、パラメーターの値をGET['msg']というようにして取り出せます。「なんだかリストや辞書みたいだな」と思った人もいるかもしれませんね。
> 　GETは、HttpRequestに用意されているプロパティです。このGETプロパティに設定されている値は「QueryDict」というクラスのインスタンスなのです。これはクエリーパラメーターのテキストを分解して辞書のような形で管理するクラスです。
>
> ```
> QueryDict('a=hello&b=123&c=ok')
> ```
>
> 　例えばこんな具合にQueryDictインスタンスを作成すると、a, b, cというキーに'hello', 123, 'ok'という値を保管するQueryDictインスタンスが得られます。

スマートな値の送り方

　このクエリーパラメーターを利用したやり方はとてもシンプルで使いやすいものです。ただ、問題がないわけではありません。特に「アドレスがわかりにくくなる」という点は大きいでしょう。ちょっとアクセスするのに、xxx=○○&yyy=××&……なんてものがアドレスに延々と書かれていたりすると、かなりうるさい感じがしますね。
　そこで、もっとスマートにパラメーターを送る方法について説明しましょう。クエリーパラメーターの代りに、もっとスッキリとした形で必要な値を送るのです。例えば、

```
http://○○/?id=123&name=taro
```

　こんな形で値を送ることを考えてみましょう。これを、例えばこんな形で送れるようにするのです。

```
http://○○/123/taro
```

　一見したところ、普通のアドレスのように見えますね。これで、123とtaroという値を送っています。このほうが、クエリーパラメーターに比べるとずっとスマートですね。
　ただし、このようなやり方をするためには、ただindex関数を修正するだけではダメです。もう一捻りしてやる必要があります。

| Chapter-2 | ビューとテンプレート |

urlpatternsを修正する

一捻り、何をするのかというと、urlpatternsの修正です。「hello」フォルダ内のurls.pyに、helloアプリケーション内のアドレスの設定を記述していましたね。そこに書いてあったurlpatternsの記述を以下のように修正してください。

リスト2-9

```
urlpatterns = [
    path('<int:id>/<nickname>/', views.index, name='index'),
]
```

これが、今回のポイントです。ここではパスとして設定するテキストの中に、<int:id>と<nickname>という特殊な値が書いてありますね。これはそれぞれidとnicknameという名前で値が用意されることを示します。例えば、

```
/hello/123/taro/
```

こんな具合にアクセスをしたとすると、123がidに、tarがnicknameにそれぞれ設定される、というわけです。

「どうして、idのほうは<int:id>というように、int: というのがついてるんだ?」と思った人。これは、このidという値がint値(整数値)であることを指定しているんです。

アドレスで設定される値は、基本的にテキストです。<nickname>は、特に何も指定していませんから、taroはそのままテキストとしてnicknameに設定されます。が、idは整数の値なので、<int:id>というようにして「これは整数値ですよ」と指定していたのです。

index関数を修正する

では、このurlpatternsでアドレスに設定したidやnicknameという値はどうやって使えばいいのか。それは、呼び出されるindex関数側で用意してやります。

「hello」フォルダ内のviews.pyを開いて、index関数を以下のように書き換えてください。

リスト2-10

```
def index(request, id, nickname):
    result = 'your id: ' + str(id) + ', name: "' \
        + nickname + '".'
    return HttpResponse(result)
```

これで完成です。修正したら、Webブラウザからhttp://localhost:8000/hello/123/taro/

というようにアクセスをしてみましょう。「your id: 123, nickname "taro".」というようにテキストが表示されます。

図2-15 /hello/123/taro/という具合にID番号と名前をつけてアクセスすると、それらがindex関数で取り出される。

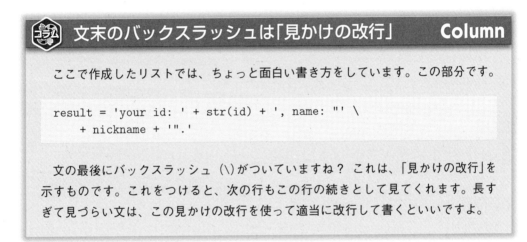

> **Column** 文末のバックスラッシュは「見かけの改行」
>
> ここで作成したリストでは、ちょっと面白い書き方をしています。この部分です。
>
> ```
> result = 'your id: ' + str(id) + ', name: "' \
>     + nickname + '".'
> ```
>
> 文の最後にバックスラッシュ（\）がついていますね？ これは、「見かけの改行」を示すものです。これをつけると、次の行もこの行の続きとして見てくれます。長すぎて見づらい文は、この見かけの改行を使って適当に改行して書くといいですよ。

urlpatternsの値が引数に！

　ここでは、index関数の定義が変わっています。引数部分を見ると、requestの後に、idとnicknameという引数が追加されていることがわかるでしょう。これらは、urlpatternsに設定した'<int:id>/<nickname>/'というアドレスのidとnicknameの値なのです。

　つまり、/hello/123/taro/というようにアクセスした際の123とtaroが、そのままindex関数のidとnickname引数に渡されていたのですね。

　こんな具合に、urlpatternsで<○○>という値を使って記述した値は、そのまま呼び出される関数で引数として受け取ることができます。

パターンはいろいろ作れる！

ここでは、/○○/○○という形でurlpatternsのアドレスを設定しましたが、スラッシュ(/)記号しか使えないというわけではありません。その他の記号や普通の文字もアドレスの一部として使うことができます。

実際に、普通の文字をアドレスの一部に使ったものを作ってみましょう。まず、「hello」フォルダ内のurls.pyを開き、urlpatternsを以下のように書き換えます。

リスト2-11
```python
urlpatterns = [
    path('my_name_is_<nickname>.I_am_<int:age>_years_old.', views.index, name='index'),
]
```

ここでは、「my_name_is_<nickname>.I_am_<int:age>_years_old.」という長いテキストをアドレスに指定しています。nicknameとageという2つの値が用意されていますね。

コントローラーアクションの指定

続いて、コントローラー側の修正です。「hello」フォルダ内のviews.pyに記述してあるindex関数を以下のように修正しましょう。

リスト2-12
```python
def index(request, nickname, age):
    result = 'your account: ' + nickname + '" (' + str(age) + ').'
    return HttpResponse(result)
```

修正したら、Webブラウザからアクセスをします。以下のようにアクセスを記入し、アクセスをしてみてください。

```
http://localhost:8000/hello/my_name_is_taro-yamada.I_am_39_years_old.
```

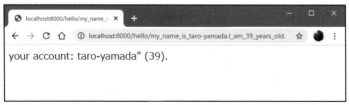

図2-16 /hello/my_name_is_taro-yamada.I_am_39_years_old.をアクセスすると、taro-yamadaと39が引数に渡される。

「taro-yamada」という名前と、「39」という年齢がindex関数に引数として渡されているのがわかります。アドレスを見ればわかるように、ほとんど文章のようなアドレスが指定されていることがわかります。こんな具合に、普通のテキストのようなアドレスに値を組み込んで渡すことも実はできるのです。

　まぁ、実際問題としてこんなアドレスをわざわざ使うことはないでしょうが、「urlpatternsの<○○>という値の指定を利用すれば、必要な値を渡すのにどんなアドレス形式も使える」ってことは覚えておくとよいでしょう。

ビュー＝コントローラー？ **Column**

　ごく簡単ですが、実際に簡単な表示を作って、Djangoによるプログラム作成がどんなものか少しだけわかったことでしょう。が、ここまでの説明を読んで、何か変な感じがした人もいるんじゃないでしょうか。

　この章のはじめに、「Djangoは、MVCという考え方にもとづいて設計されている」といいました。全体の処理を担当するのがコントローラー、画面表示を担当するのがビューでしたね。

　ところが、ここまで使ってきたのは、views.pyというファイルだけです（urls.pyも使いましたが）。これって、名前からして「ビュー」ですよね？ コントローラーはどこ？ あるいは、Djangoって「ビュー」で処理を書くの？

　その通り。Djangoは「ビューで処理を書く」のです。というと勘違いされそうですが、Djangoでは、「アクセスしたアドレスの画面表示に必要な処理＝ビュー」と考え、画面表示を行うのに必要な処理はビューで担当するようにしているのです。そして、実際の画面の表示内容は、この後に説明する「テンプレート」というものを利用します。

　Djangoは「モデル」「ビュー」「テンプレート」によって処理を行うのですね。ですから、MVCではなくて、MVTというべきかもしれません。ただし、担当する部分の呼び名が違うだけで、MVCの「考え方」そのものはそのまま引き継いでいますから、「DjangoもMVCフレームワークの一つなんだ」と考えていいでしょう。

Chapter 2 ビューとテンプレート

Section 2-2 テンプレートを利用しよう

テンプレートってなに？

　とりあえず、ここまでの説明で、Djangoを使って簡単なWebページを表示することができるようになりました。

　が、「Webページの内容をテキストとして用意する」というやり方は、あまりいいやり方とは思えません。第一に、面倒くさい！ 複雑なWebページになると、HTMLのソースコードを何百行も書くことだってあります。それを全部、テキストの値として用意するなんて、さすがに無理でしょう？

　それならどうすればいいか。普通、Webページっていうのは、HTMLのソースコードを書いたファイルを用意して、それを読み込んで表示しています。Djangoだって同じように「HTMLのファイルを読み込んで表示する」という仕組みがあれば、もっと簡単に画面の表示が作れるはずです。

　ただし、ただHTMLファイルを表示するだけじゃ、わざわざDjangoを使ってWeb開発をする必要なんてありません。普通にどこかレンタルサーバーを借りてHTMLファイルを置いてやればいいんですからね。Djangoを使う以上、その利点がないと面白くありません。

　その利点とは？ それは、ただHTMLのファイルを読み込んで表示するのではなくて、そこにさまざまな変数やPythonの処理を埋め込むことができる、という点です。テンプレートをDjangoのビューから読み込み、テンプレートに記述された変数や処理を実行して表示内容を完成させてからクライアントに送り返すのです。

　つまり、Djangoを使うことで、「表示するHTMLの内容をあれこれ操作できるようにする」のです。それができれば、DjangoでWeb開発をする利点が活きてきます。ただHTMLの内容を表示するだけではなくて、「Djangoを使うからこそ作れる表示」というのが用意できるようになります。

　こうした考え方で作成される表示ページのデータを「テンプレート」といいます。テンプレートは、Webページの中にさまざまな変数などの情報を組み込んだものです。Djangoはテンプレートを読み込み、そこに組み込まれている変数などに値を代入してページを完成さ

せてからクライアント側に送り返します。

これから、テンプレートの使い方について説明をしていきますが、これはこの章の中でとても重要な部分です。これは、「よくわからなくてもいい」とはいきません。これがきちんとわかってないと、Web開発はできないのですから。だから時間がかかってもいいので、その基本的な使い方だけはしっかりと理解しておいてくださいね！

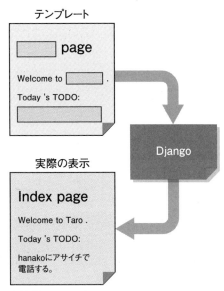

図2-17 テンプレートは、Webページの中に変数などを埋め込んだもの。Djangoはテンプレートを読み込むと、そこにある変数などに値を埋め込んでページを完成させたものをクライアントに送る。

アプリケーションの登録

では、テンプレートを実際に利用してみましょう。そのためには、まずやっておかないといけないことがあります。それは、「アプリケーションの登録」です。

これまでは、views.pyのindex関数から直接テキストを設定してクライアント側にテキストを表示してきましたね。こういう単純なものは、ただ関数を書くだけで動くのです。が、テンプレートのようなDjangoに組み込まれているシステムを利用して動かすようになると、あらかじめDjangoに「このプロジェクトでは、これこれこういうアプリケーションがあるんですよ」といったことを知らせておかないとうまく動かないのです。

これを行っているのが、プロジェクトの「settings.py」というファイルです。Djangoでは、プロジェクトのフォルダの中に、プロジェクト名と同じ名前のフォルダがありましたね？今回の例なら、「django_app」というプロジェクトのフォルダの中に、同じ「django_app」フォルダが入っているはずです。

| Chapter-2 | ビューとテンプレート |

　このフォルダの中にあるのが、プロジェクト全般に関するファイルです。ここから、「settings.py」というファイルを探して開いてください。これが、プロジェクトの設定を記述するためのファイルです。

　このファイルを開くと、設定情報を保管する変数の文がたくさん並んでいます。その中から、「INSTALLED_APPS」という変数の値を設定している部分を探してください。そして、以下のように修正をします。

リスト2-13

```
INSTALLED_APPS = [
    'django.contrib.admin',
    'django.contrib.auth',
    'django.contrib.contenttypes',
    'django.contrib.sessions',
    'django.contrib.messages',
    'django.contrib.staticfiles',
    'hello',    #☆
]
```

　わかりますか？ ☆の文を追記しているだけです。それ以外は、デフォルトで書かれている内容です。これらは、削除したりしないでください。INSTALLED_APPSの配列の最後に、'hello'という値を追加するだけです。これで、helloアプリケーションが登録できます。

　アプリケーションの登録は、こんな具合に、INSTALLED_APPS変数の配列にアプリケーション名を追加して行います。

なぜ、INSTALLED_APPSの登録が必要？

　ところで、このINSTALLED_APPSというのはプロジェクトに組み込まれている各種のアプリケーションを登録するものです。どうして、ここに「hello」アプリケーションを登録しておかないといけないのでしょう？ 今まで、テンプレートは使っていませんがちゃんとhelloアプリケーションのプログラムは動いていました。これは一体、何のために必要なのでしょうか。

　それは、「Djangoのテンプレート機能がhelloを検索できるようにする」ためです。Djangoのテンプレート機能は、登録されているアプリケーションのフォルダ内にある「templates」フォルダ内からテンプレートを検索します。従って、INSTALLED_APPSにアプリケーションを登録していないと、Djangoのテンプレート機能がそのアプリケーション内にある「templates」フォルダを検索してくれないのです。

テンプレートはどこに置く？

では、実際にテンプレートを作成しましょう。そのためには、まずアプリケーションの中に、「テンプレートを置いておく場所」を用意しないといけませんね。

Djangoでは、テンプレートは、アプリケーションごとに「templates」という名前のフォルダを用意し、その中に保管するようになっています。では、実際にやってみましょう。

まず、django_appプロジェクトの「hello」フォルダの中に、新たに「templates」というフォルダを作成します。そして、更にこの「templates」フォルダの中に「hello」というフォルダを用意します。

つまり、「django_app」フォルダ内のフォルダの組み込み状態を整理すると、

「django_app」→「hello」→「templates」→「hello」

こんな具合になるわけですね。「hello」フォルダの中に、更にまた「hello」フォルダを作るのは奇妙な感じがするでしょうが、これがテンプレートを配置する基本的なフォルダ構成です。このフォルダの組み込み状態をしっかりと頭に入れておいてくださいね。

フォルダを作る

では、フォルダを用意しましょう。フォルダは、直接プロジェクトのフォルダを開いて作成してもいいですし、VS Codeのエクスプローラーで作成をしてもいいでしょう。この場合は、エクスプローラーで「hello」フォルダを選択し、上部の「DJANGO_APP」というところにある「新しいフォルダー」アイコン（左から2番目）をクリックします。これでフォルダが作成されるので、そのままフォルダ名を「templates」と入力してください。

同様に、「templates」フォルダを選択して「新しいフォルダー」アイコンをクリックし、「hello」というフォルダを作成しましょう。作成すると、「hello」フォルダ内に、「tmplates/hello」という項目があるように表示されますが、これで正常な状態です。

Chapter-2 ビューとテンプレート

図2-18 「hello」フォルダをクリックし、「新しいフォルダー」アイコンをクリックして「templates」「hello」フォルダを作成する。

コラム どうして「templates」内に「hello」が必要なの？ Column

　アプリケーションで使うテンプレートは、全部「templates」フォルダの中にまとめられます。だったら、この中に直接ファイルを置いてもいいんじゃ……なんて思った人はいませんか。なんで、わざわざこの中に更に「hello」なんてフォルダを置いて使うんでしょう？

　これは、実はDjangoのテンプレート読み込みのシステムに関係してきます。この後でやりますが、Djangoではテンプレートを読み込むとき、「templates」フォルダ内のパスで指定をします。もし、「templates」の中にindex.htmlがあれば、'index.html'と指定するだけでいいわけですね。「hello」の中に入れてある場合は、'hello/index.html'というようにファイルを指定しないといけないんです。面倒くさいから、「hello」フォルダなんて使わないほうがいい！なんて思いませんでした？

　それは、ダメなんです。もし、他にアプリケーションを作って、そこにも「templates」フォルダ内にindex.htmlを置いたとしましょう。すると、これも'index.html'というパスになります。どっちの'index.html'がhelloアプリケーションのものなのかわからなくなってしまいます。

　そこで、Djangoでは、「templates」フォルダ内にアプリケーション名のフォルダを用意し、そこにテンプレートを置くことを推奨しています。こうすれば、helloアプリケーションのindex.htmlのパスは'hello/index.html'となり、他のアプリケーションと間違えることもありませんから。

index.htmlを作成する

では、テンプレートファイルを作成しましょう。作成した「templates」フォルダ内の「hello」フォルダの中に、「index.html」という名前でファイルを作成します。

VS Codeの場合、「templates」フォルダ内の「hello」フォルダを選択し、「DJANGO_APP」項目の「新しいファイル」アイコン（一番左側）をクリックしてファイルを作成し、「index.html」と名前を入力します。

リスト2-14
```html
<!doctype html>
<html lang="ja">
<head>
    <meta charset="utf-8">
    <title>hello</title>
</head>
<body>
    <h1>hello/index</h1>
    <p>This is sample page.</p>
</body>
</html>
```

今回のテンプレートファイルは、見ればわかるようにただのHTMLファイルです。特に仕掛けなどはしていません。とりあえず、素のHTMLファイルを読み込んで表示する、というところから始めることにします。

図2-19　「templates」内の「hello」フォルダ内にindex.htmlという名前でファイルを作成する。

urlpatternsの修正

では、テンプレートを使って表示するようにhelloアプリケーションを修正しましょう。まずは、urlpatternsを元に戻しておきます。「hello」フォルダ内のurl.pyを開き、urlpatternsを設定している文を以下のように書き換えましょう。

リスト2-15
```
urlpatterns = [
    path('', views.index, name='index'),
]
```

先ほど、アドレスをいろいろと書き換えたりしたので、基本の形に戻します。これで単純に/hello/でindexにアクセスされる形になりました。

indexの修正

残るは、index関数ですね。「hello」フォルダ内のviews.pyを開き、以下のようにスクリプトを修正しましょう。

リスト2-16
```
from django.shortcuts import render
from django.http import HttpResponse

def index(request):
    return render(request, 'hello/index.html')
```

修正ができたら、実際にWebブラウザからアクセスして表示を確かめてみましょう。http://localhost:8000/hello/ にアクセスをしてください。先ほど作成したindex.htmlの内容がそのままWebブラウザに表示されますよ。

図2-20　/hello/にアクセスすると、index.htmlを読み込んで表示するようになった。

テンプレートを利用しよう | 2-2

render関数について

ここでは、index関数の中でたった1文だけ実行をしていますね。ここでは、「render」という関数の戻り値をreturnしています。このrenderは、テンプレートをレンダリングするのに使われる関数です。

```
render(《HttpRequest》, テンプレート )
```

第1引数には、クライアントへの返送を管理するHttpRequestインスタンスを指定します。第2引数は、使用するテンプレートファイルを指定します。これは、「templates」フォルダからのパス(ファイルのある場所を示す書き方)で指定をします。ここでは、「hello」フォルダの中のindex.htmlを使うので、'hello/index.html'と指定をしています。

render関数は、指定したテンプレートを読み込み、レンダリングして返します。「レンダリング」というのは、テンプレートに記述されている変数などを実際に使う値に置き換えて表示を完成させる処理のことです。このレンダリングを行うのがrender関数なのです。

コラム renderは「ショートカット関数」 Column

レンダリングに使ったrender関数は、Djangoに用意されている「ショートカット関数」と呼ばれるものの一つです。

レンダリングは、本来はテンプレートを読み込むLoaderというクラスを使って読み込みを行い、読み込んだオブジェクトからrenderメソッドを呼び出してレンダリング作業を行うようになっています。が、これ、けっこう面倒くさいんですね。レンダリングは必ず使う処理ですから、もっと簡単に行えるようにしたい。

そこで、レンダリングの処理を行うための関数を用意しておいた、というわけです。それがrender関数です。

このrender関数の戻り値は、TemplateResponseというクラスのインスタンスです。これは、これまで使っていたHttpResponseの仲間で、テンプレート用のレスポンスオブジェクトといったものです。これをreturnで返すと、それを元に結果が返送されるようになっていたんです。

| Chapter-2 | ビューとテンプレート |

テンプレートに値を渡す

とりあえず、テンプレートを表示することはできました。では、次に「テンプレートに値を渡して表示する」ということをやってみましょう。

indexなどのビュー関数の側で必要な値を用意しておき、それをテンプレートに渡して表示できれば、簡単にWebページをカスタマイズすることができます。では、やってみましょう。

「templates」フォルダ内の「hello」フォルダの中にあるindex.htmlを開いて、以下のように書き換えましょう。

リスト2-17

```
<!doctype html>
<html lang="ja">
<head>
    <meta charset="utf-8">
    <title>{{title}}</title>
</head>
<body>
    <h1>{{title}}</h1>
    <p>{{msg}}</p>
</body>
</html>
```

ここでは、2つの変数を埋め込んであります。{{title}}と{{msg}}です。テンプレートでは、こんな具合に、{{変数名}}という形で変数を埋め込むことができるのです。

この{{}}という記号は、変数に限らず、さまざまな値を埋め込むことができます。例えば、関数やメソッドの呼び出しなども、この{{}}内に書いておくことができるのです。そうすると、Djangoはレンダリングの際、それらの値を{{}}部分に置き換えて表示します。

indexの修正

では、ビュー関数を修正しましょう。「hello」フォルダ内のviews.pyを開き、index関数を以下のように修正してください(import文は、そのままです。消したりしないように!)。

リスト2-18

```
def index(request):
    params = {
        'title':'Hello/Index',
        'msg':'これは、サンプルで作ったページです。',
```

```
    }
    return render(request, 'hello/index.html', params)
```

　修正したら、実際に http://localhost:8000/hello/ にアクセスをしてみましょう。すると、index関数で変数paramsに用意しておいた値が、タイトルとメッセージとしてWebページに表示されますよ。

図2-21 アクセスすると、タイトルとメッセージがテンプレートにはめ込まれて表示される。

受け渡す値の用意

　ここでは、index関数の中で、テンプレートに渡す値を変数にまとめて用意しています。この部分ですね。

```
params = {
    'title':'Hello/Index',
    'msg':'これは、サンプルで作ったページです。',
}
```

　受け渡す値は、辞書として用意してあります。ここでは、'title'と'msg'というキーで値が用意されていますね。これが、テンプレート側で{{title}}と{{msg}}の変数の値として利用されていたのです。
　render関数を見ると、この変数paramsが第3引数に設定されてます。これで、paramsに用意された値がレンダリング時に使われるようになっていたのです。
　こんな具合に、「値を辞書にまとめる」「render時に第3引数で辞書を渡す」「テンプレート側で{{}}で値を埋め込む」という3つの作業で、ビュー関数側からテンプレート側に値を受け渡すことができるようになります。

Chapter-2 | ビューとテンプレート

複数ページの移動

テンプレートによる表示は、もちろん1つしか使えないわけではありません。複数のページを用意して、行き来することもできます。これもやってみましょう。

といっても、いちいちテンプレートを作っていくのは面倒なので、index.htmlを使って2つのページを表示させてみることにします。

まずは、テンプレートを修正しておきましょう。「templates」フォルダ内の「hello」フォルダ内にあるindex.htmlを以下のように書き換えてください。

リスト2-19
```html
<!doctype html>
<html lang="ja">
<head>
    <meta charset="utf-8">
    <title>{{title}}</title>
</head>
<body>
    <h1>{{title}}</h1>
    <p>{{msg}}</p>
    <p><a href="{% url goto %}">{{goto}}</a></p>
</body>
</html>
```

どこが書き換わったかわかりますか？ <body>に、<a>タグによるリンクを追加したのです。このタグについては後ほど説明しますので、まずは他の部分も作ってしまいましょう。

views.pyを追記する

次に作るのは、ビュー関数です。「hello」フォルダ内のviews.pyを開いて、以下のように書き換えましょう。

リスト2-20
```python
from django.shortcuts import render
from django.http import HttpResponse

def index(request):
    params = {
        'title':'Hello/Index',
        'msg':'これは、サンプルで作ったページです。',
        'goto':'next',
```

```
    }
    return render(request, 'hello/index.html', params)

def next(request):
    params = {
        'title':'Hello/Next',
        'msg':'これは、もう1つのページです。',
        'goto':'index',
    }
    return render(request, 'hello/index.html', params)
```

今回は、indexとnextの2つのビュー関数を用意しました。それぞれ、title、msgの他に、gotoという値を用意しています。これは、リンクで利用するものです。

urlpatternsを修正する

残るは、urlpatternsの修正ですね。「hello」フォルダ内のurls.pyを開いて、urlpatternsの文を以下のように修正しましょう。

リスト2-21
```
urlpatterns = [
    path('', views.index, name='index'),
    path('next', views.next, name='next'),
]
```

ここでは、indexとnextのビュー関数にアドレスを設定してあります。indexは今まで通り/hello/に、nextは/hello/next/にそれぞれ割り当てておきました。

修正したら、実際にhttp://localhost:8000/hello/にアクセスしてみましょう。そして、リンクをクリックしてページを移動してみてください。最初のページにある「next」をクリックするとnextページに、「index」をクリックするとindexページに移動します。

図2-22 /helloにアクセスするとindex関数の表示がされる。リンクをクリックすると、/hello/nextに移動し、next関数の表示になる。

| Chapter-2 | ビューとテンプレート |

リンクのURLとurlpatterns

　ここでは、views.pyに2つの関数を用意して、それぞれindex.htmlに値を渡してレンダリングをしています。こんな具合に、複数の関数を用意してやれば、複数のページも簡単に作成できるのです。

　ところで、ここではページの移動をするリンクの作成部分でこのような書き方をしていました。

```
<a href="{% url goto %}">{{goto}}</a>
```

　indexとnext関数では、それぞれgotoに'index', 'next'といった値を設定していました。ということは、こんな具合に値が設定されることになりますね。

●nextへのリンク
```
<a href="{% url 'next' %}">next</a>
```

●indexへのリンク
```
<a href="{% url 'index' %}">index</a>
```

　ちょっと不思議なのが、{% url ○○ %}という部分でしょう。{% url 'next' %}とすることで、nextへ移動するアドレスが設定されているのです。これは一体、どういうことなんでしょう？

{% %}はテンプレートタグ

　ここでは、{% %}という変わった記号が使われています。これは「テンプレートタグ」と呼ばれるもので、Djangoのテンプレートに用意されている、特別な働きをするタグなのです。
　ここで使ったのは「url」というテンプレートタグです。

```
{% url 名前 %}
```

　このように記述することで、指定した名前のURLが書き出されます。「名前って、何の名前だ？」と思った人。urlpatternsで、名前を用意していたのを思い出してください。

```
    path('', views.index, name='index'),
    path('next', views.next, name='next'),
```

この「name=○○」で設定されていたのが、名前です。例えば、{% url 'index' %}というのは、name='index'で設定していたパスを指定するものだったのです。

この「urlpatternsのnameが、テンプレートの{% url %}で利用できる」というのは、覚えておくとけっこう役に立ちますよ！

静的ファイルを利用する

テンプレートを使った基本的な表示はできるようになりました。が、テンプレートファイル1つだけで、他のファイルをまだ利用していませんね。

Webページでは、HTMLファイルの中からさまざまなファイルをロードします。例えば、スタイルシートファイルやJavaScriptファイル、各種のイメージファイルなどですね。これらは、どうやって配置すればいいんでしょうか。

静的ファイルは「static」フォルダで！

こうした外部からロードして使うファイルは「静的ファイル」と呼ばれるものです。静的というのは、Djangoのページのように、プログラムで動的に作成されない、ということですね。つまり、配置してあるファイルをそのまま読み込んで使うようなものです。

こうした静的ファイルは、各アプリケーションの「static」というフォルダに配置します。では、実際にやってみましょう。

- 1. まず、「hello」フォルダの中に「static」というフォルダを新たに作成してください。
- 2. 作成した「static」フォルダの中に、「hello」というフォルダを作成してください。
- 3. この「static」フォルダ内の「hello」フォルダの中に、更に「css」というフォルダを作成してください。

この「css」フォルダの中に、スタイルシートのファイルを用意します。「style.css」という名前で作成することにしましょう。フォルダの作り方は覚えてますか？「hello」フォルダを選択し、「DJANGO_APP」項目にある「新しいフォルダー」アイコンをクリックして名前を入力するんでしたね。これで「hello」フォルダ内に「static」、その中に「hello」、更にその中に「css」とフォルダを作成しましょう。

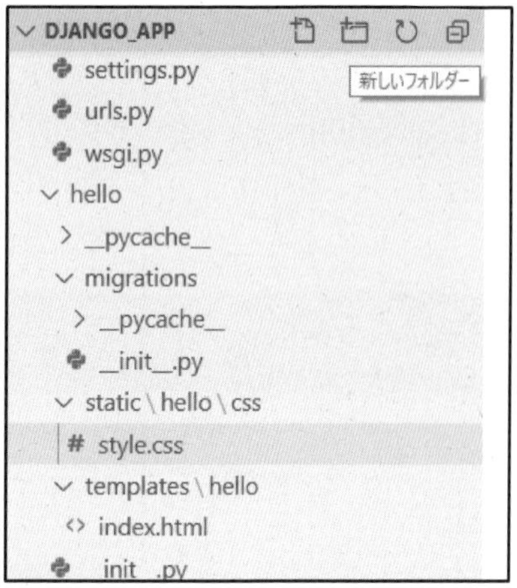

| Chapter-2 | ビューとテンプレート |

図2-23 「hello」フォルダ内に「static」フォルダ、その中に「hello」、更にその中に「css」とフォルダを作る。この「css」フォルダ内にstyle.cssを用意する。

style.cssを記述する

ファイルが用意できたら、style.cssにスタイルを記述しましょう。これは、スタイルシートですからどのように記述してもかまいませんよ。参考までに、本書で使ったサンプルを掲載しておきましょう。

リスト2-22

```css
body {
    color:gray;
    font-size:16pt;
}
h1 {
    color:red;
    opacity:0.2;
    font-size:60pt;
    margin-top:-20px;
    margin-bottom:0px;
    text-align:right;
}
p {
    margin:10px;
}
a {
    color:blue;
    text-decoration: none;
}
```

とりあえず、body、h1、p、aといったタグのスタイルだけ用意しておきました。後は、必要に応じて追記していけばいいでしょう。

index.htmlを修正する

では、用意したstyle.cssを読み込んで表示してみましょう。「templates」フォルダ内の「hello」フォルダにあるindex.htmlを開いて、以下のように修正をしてください。

リスト2-23
```
{% load static %}
<!doctype html>
<html lang="ja">
<head>
    <meta charset="utf-8">
    <title>{{title}}</title>
    <link rel="stylesheet" type="text/css"
        href="{% static 'hello/css/style.css' %}" />
</head>
<body>
    <h1>{{title}}</h1>
    <p>{{msg}}</p>
    <p><a href="{% url goto %}">{{goto}}</a></p>
</body>
</html>
```

基本的な表示内容はほぼ同じです。修正したら、http://localhost:8000/hello/ にアクセスしてみましょう。style.cssを読み込んでスタイルが設定されて表示されます。

なお、アクセスしてもスタイルが適用されない場合は、ターミナルでCtrlキー＋Cキーでサーバーを終了し、再度「python manage.py runserver」でサーバーを実行してからアクセスしてみましょう。

図2-24　/helloにアクセスする。用意したstyle.cssが読み込まれスタイルが適用されているのがわかる。

| Chapter-2 | ビューとテンプレート |

静的ファイルのロード

テンプレートファイルで静的ファイルを利用する場合は、まず最初に以下のテンプレートタグを実行する必要があります。

```
{% load static %}
```

これで、静的ファイル関係が利用できるようになります。実際のスタイルシートの読み込みは、<link>タグにあるhref属性で以下のように記述して行なっています。

```
href="{% static 'hello/css/style.css' %}"
```

{% static ○○ %}という形で静的ファイルのURLを作成します。これには、「static」フォルダ内のファイルのパスを記述します。ここでは「static」フォルダ内に「hello」フォルダがあり、その中に「css」フォルダがあって更にその中にstyle.cssがあります。ということで、{% static %}で読み込むパスは、'hello/css/style.css'となります。

ここではスタイルシートを読み込みましたが、JavaScriptファイルもイメージファイルも基本は同じです。「static」フォルダの「hello」フォルダ内に、「js」や「img」といったフォルダを用意して、そこにファイルを配置すればいいでしょう。そして読み込むアドレスは、{% static %}タグを使えばいいのです。

Bootstrapを使おう

これで、スタイルシートを読み込んでページをデザインすることができるようになりました。単に「HTMLで書いたページを表示する」ということから一歩進み、「自分なりにスタイルを設定してデザインする」ということができるようになったわけです。

ただ、この「デザイン」というやつ、非常に難しいのも確かです。何が難しいかというと、「センスがあればクールなページが作れるが、ないとまるでダサいページになってしまう」ということ。プログラミングの学習を始めたつもりだったのに、気がつけば「デザイン」の話になっている……。うーん、ちょっとそれは勘弁して！　と内心思ってる人も大勢いるんじゃないでしょうか(筆者もそうですから)。

そこで、センスがある人もない人も、とりあえず「これを使えばそれなりにまとまったデザインのページになる」というものを紹介しましょう。それは、「Bootstrap」というスタイルシートフレームワークです。これは、既にデザイン済みのクラスを提供してくれるソフトウェアで、Bootstrapに用意されたクラスをclass属性に指定してやれば、とりあえずそこそこまとまったデザインのページが作れます。

このBootstrapを使うには、ソフトウェアのインストールなどは必要ありません。ただ「用意されているクラスを利用する」というだけなら、HTMLに<link>タグを1つ追加するだけでいいのです。

index.htmlを修正する

では、実際に試してみましょう。「templates」フォルダ内の「hello」フォルダにあるindex.htmlを開いて、以下のように書き換えてみてください。

リスト2-24
```
{% load static %}
<!doctype html>
<html lang="ja">
<head>
    <meta charset="utf-8">
    <title>{{title}}</title>
    <link rel="stylesheet"
    href="https://stackpath.bootstrapcdn.com/bootstrap/4.3.1/css/
        bootstrap.min.css"
    crossorigin="anonymous">
</head>
<body class="container">
    <h1 class="display-4 text-primary mb-4">{{title}}</h1>
    <p class="h5">{{msg}}</p>
    <p class="h6"><a href="{% url goto %}">{{goto}}</a></p>
</body>
</html>
```

図2-25 Bootstrapを使ってデザインしたページ。

修正したら/helloにアクセスして表示を確認しましょう。表示されるテキストのフォントが変わっているのがわかります。またブラウザのウインドウの大きさを変えると、左右の余白が調整されていくのがわかるでしょう。

| Chapter-2 | ビューとテンプレート |

CDNを利用する

ここでは、以下の<link>タグを使ってBootstrapのスタイルシートを読み込んでいます。

```
<link rel="stylesheet"
href="https://stackpath.bootstrapcdn.com/bootstrap/4.3.1/css/
    bootstrap.min.css"
crossorigin="anonymous">
```

stackpath.bootstrapcdn.comというサイトからスタイルシートを読み込んでいるのですね。このサイトは、「CDN」と呼ばれるサービスを提供するサイトです。これは「Content Delivery Network」の略で、さまざまなコンテンツをインターネット上で配信するサービスです。このサイトからスタイルシートのデータを読み込んで利用しているのですね。

Bootstrapのクラス

では、Bootstrapのクラスがどこで使われているのかざっと見てみましょう。以下のタグのclass属性が、Bootstrapのクラスです。

```
<body class="container">
<h1 class="display-4 text-primary mb-4">
<p class="h5">
<p class="h6">
```

<body>のclass="container"は、これは「Boostrapを使うとき必ず指定しておくお決まりのもの」と考えてください。その後のタグにあるものが具体的な表示のためのスタイルです。

h数字	テキストの大きさと太さの設定。h1 ～ h6まであり、それぞれ<h1> ～ <h6>タグに相当。
display-数字	大きく目立つタイトルなどのフォントとサイズの設定。display-1 ～ display-4まであり、数字が増えるほど小さくなる。
text-名前	text-primaryなど。テキストカラーの設定。名前は、primary, secondary, success, danger warning,infoなどがある。テキスト以外にもこれらの色の名前は使われる。
m場所-数字	マージンの指定。場所はt, b, l, r, x, yで上下左右と水平垂直方向を表す。数字は1 ～ 5とautoがあり、数字が大きいほどスペースが広くなる。
p場所-数字	ここでは使われてないが、パディングを指定するもの。マージンと同じように場所と数字を指定して使える。

テンプレートを利用しよう | 2-2

　Bootstrapにはこの他にもたくさんのクラスが用意されていますが、本書はBootstrapの解説書ではないので詳細は省きます。本格的に勉強したい人は別途書籍などで学んでください。

Chapter 2 ビューとテンプレート

Section 2-3 フォームで送信しよう

フォームを用意しよう

　Webというのは、単に何かを表示するだけでなく、アクセスしたユーザーとやり取りを行いながら表示を作っていく場合もあります。こうした「ユーザーからの入力」に用いられるのが、フォームです。

　前に、クエリーパラメーターなどを利用した値のやり取りについて説明しましたが、あれはいわば「おまけ」的なもので、そんなに真剣に覚えなくてもいいものでした。が、フォームはそれとは違います。これは、ユーザーとのやり取りを行う際の基本中の基本となる機能です。ですから、これも基本的な使い方だけはきっちりと覚えてください。

　といっても「フォーム利用について何から何まで覚えろ」ということじゃありませんよ。基本は、「テキストの入力フィールドで値を送信する」ということ。この部分だけはしっかり理解しましょう。その他の部分は、まぁそのうちに使えるようになれば十分でしょう。

index.htmlにフォームを用意

　では、さっそくフォームを用意して使ってみましょう。まずは、テンプレートを修正して簡単なフォームを用意します。

　「templates」フォルダ内の「hello」フォルダ内にあるindex.htmlを開いて、以下のように書き換えてください。

リスト2-25

```
{% load static %}
<!doctype html>
<html lang="ja">
<head>
    <meta charset="utf-8">
    <title>{{title}}</title>
    <link rel="stylesheet" type="text/css"
```

88

```
            href="{% static 'hello/css/style.css' %}" />
</head>
<body>
    <h1>{{title}}</h1>
    <p>{{msg}}</p>
    <form action="{% url 'form' %}" method="post">
        {% csrf_token %}
        <label for="msg">message: </label>
        <input id="msg" type="text" name="msg">
        <input type="submit" value="click">
    </form>
</body>
</html>
```

図2-26 修正したindex.htmlによるWebページ。ただし、まだビュー関数が用意できてないので現時点では動かない。

ここでは、テキストを入力するフィールドが1つだけのシンプルなフォームを用意してあります。いくつかポイントがあるので簡単に説明しておきましょう。

フォームの送信先

```
action="{% url 'form' %}"
```

ここでは、<form>の送信先を {% url 'form' %} と指定してあります。これは、前にやりましたね。urlpatternsにnameで登録しておいたアドレスを利用するためのものでしたね。

ここでは、'form' という名前のアドレスをactionに設定してあります。urlpatternsに、name='form' となるアドレス情報を用意しておけばいいわけですね。

Chapter-2 ビューとテンプレート

CSRF対策について

このフォームでは、もう1つ、非常に重要な文が書かれています。それはこのテンプレートタグです。

```
{% csrf_token %}
```

これは何をするものかというと、CSRF対策というもののために必要なトークン(ランダムなテキストが設定されている特別な値)を表示しているのです。

CSRFというのは、「Cross-Site Request Forgeries」というものの略です。日本語でいうと「リクエスト偽造」ですね。これは、外部からサイトへのフォーム送信などを行う攻撃です。フォーム送信を行うとき、このCSRFによる攻撃で、外部から大量のフォーム送信が送りつけられたりすることも考えられます。こんなとき、「正しくフォームから送信されたアクセスかどうか」をチェックする仕組みが必要になります。

それを行っているのが、この {% csrf_token %} というテンプレートタグなのです。これは、フォームに「トークン」と呼ばれる特別な項目を追加します。トークンは、ランダムに生成されたテキストで、送信時にこのトークンの値をフォームと一緒に受け渡し、それが正しいものかどうかをチェックするようにしてあるのですね。試してみるとわかりますが、この {% csrf_token %} がないと、フォームを送信するとエラーになってしまいます。

まぁ、CSRF対策の仕組みはよくわからないでしょうが、とりあえず「フォームの中に {% csrf_token %} という文を入れておけば、CSRF対策を自動で行ってくれる」ということだけ覚えておけばいいでしょう。

ビュー関数を作成する

では、ビュー関数を作りましょう。「hello」フォルダ内のviews.pyを開いて、以下のようにスクリプトを修正しましょう。

リスト2-26

```python
from django.shortcuts import render
from django.http import HttpResponse

def index(request):
    params = {
        'title':'Hello/Index',
        'msg':'お名前は？',
    }
```

```
        return render(request, 'hello/index.html', params)

def form(request):
    msg = request.POST['msg']
    params = {
        'title':'Hello/Form',
        'msg':'こんにちは、' + msg + 'さん。',
    }
    return render(request, 'hello/index.html', params)
```

　今回は、2つの関数を用意してあります。indexとformです。indexが、そのままWebブラウザからアクセスした時の処理で、formがフォーム送信を受け取った時の処理になります。

フォームの値はrequest.POSTで！

　index関数は、特に説明するようなものはないですね。問題は、form関数です。ここでは、フォーム送信された値を取り出し、それを元にメッセージを表示しています。

```
msg = request.POST['msg']
```

　これが、フォームの値を取り出している部分です。index.htmlのフォームには、name="msg" と指定された<input type="text">タグが用意されていました。このname="msg"に記入された値を取り出しているのが、request.POST['msg']なのです。
　このrequest.POSTというのは、前に使ったrequest.GETと同様のものです。GETは、クエリーパラメーターなどを取り出すのに使いましたが、POSTはフォームから送信された値を取り出したりするのに役立ちます。

urlpatternsの修正

　これで、フォームの処理はできました。後は、urlpatternsを修正して、indexとform関数のアドレスを登録するだけです。
　「hello」フォルダ内のurls.pyファイルを開いて、以下のように内容を書き換えてください。

リスト2-27

```
from django.urls import path
from . import views

urlpatterns = [
```

```
    path('', views.index, name='index'),
    path('form', views.form, name='form'),
]
```

図2-27 入力フィールドに名前を書いて送信すると、「こんにちは、○○さん」とメッセージが表示される。

　記述したら、http://localhost:8000/hello/ にアクセスをしてみましょう。フォームが表示されるので、そこに自分の名前を書いて送信してください。これで、「こんにちは、○○さん」とメッセージが表示されます。
　request.POSTの使い方さえわかっていれば、フォーム送信はそれほど難しい作業ではないんです。

Bootstrapでデザインしよう

　フォームの基本がわかったら、Bootstrapを使ってデザインをしてみましょう。フォーム関係を見やすくするためのクラスもBootstrapには用意されています。では、index.htmlを以下のように書き換えてください。

リスト2-28
```
{% load static %}
<!doctype html>
<html lang="ja">
```

```html
<head>
    <meta charset="utf-8">
    <title>{{title}}</title>
    <link rel="stylesheet"
    href="https://stackpath.bootstrapcdn.com/bootstrap/4.3.1/css/
        bootstrap.min.css"
    crossorigin="anonymous">
</head>
<body class="container">
    <h1 class="display-4 text-primary">{{title}}</h1>
    <p class="h5 mt-4">{{msg}}</p>
    <form action="{% url 'form' %}" method="post">
        {% csrf_token %}
        <div class="form-group">
            <label for="msg">message: </label>
            <input id="msg" type="text" class="form-control" name="msg">
        </div>
        <input class="btn btn-primary" type="submit" value="click">
    </form>
</body>
</html>
```

図2-28 Boostrapでデザインを修正したもの。

フォームに表示される各項目は、<div class="form-group">というタグで囲むとラベルと入力フィールドをまとめることができます。また入力の<input>タグには、class="form-control"を用意することでデザインされた表示に変わります。

Djangoのフォーム機能を使う

フォーム送信の基本はこれでわかりました。が、このやり方はちょっと不満があります。

何かというと、「送信したフォームの内容がクリアされてしまう」という点です。

今回は、ただ1回送信するだけでしたから別にいいんですが、何度もフォームを送信するような場合、前の入力値が残っているとずいぶんと楽になります。

また、フォームの内容をチェックして動くようなものでは、「値が正しくないからもう一度入力して」と再入力を求めることもありますね。こんな場合も、前の値が残ってないと困ります。

まぁ、送られてきた値を変数などに保管しておいて、フォームに表示するということもできますが、はっきりいって面倒くさい。もっとシンプルなやり方が欲しいところですね。

実をいえば、Djangoにはフォーム作成のための機能が用意されているのです。この機能を使うと、フォームをもっとスマートに利用できるようになるんです。

Formクラスを使う

これはどういうものかというと、「Form」というクラスを作成して、そこでフォームの内容を定義しておくんですね。

Formは、Djangoに用意されているフォームのクラスです。これを使って、フォームの内容をPythonのクラスとして定義するんです。そしてそれをテンプレートに変数として渡す。この

Formをテンプレートで出力すると、クラスの内容を元にフォームが自動生成されるようになっているんです。

まぁ、言葉で説明するとちょっと難しそうですが、使い方がわかるとかなり便利なことがわかるでしょう。

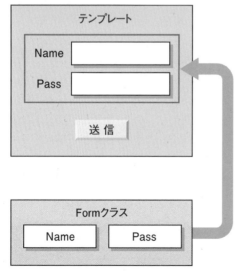

図2-29　Djangoでは、Formクラスを作成し、これを使ってフォームを生成させることができる。

Formクラスは必須の知識！

これから、Formクラスを使ったフォーム作成について説明をしていきますが、これは「覚えられたら覚えておく」では困ります。ちょっと難しそうですが、頑張ってぜひ使い方を覚えてください。

今は、どちらのやり方でもいいのですが、この先、データベースを使うようになると、どうしてもFormクラスを使ったフォームを利用する必要が生じます。近い将来、必ずFormクラスは必要になるのです。だから、今の段階でその基本的な使い方だけでもきっちりと覚えておいたほうが、後々絶対に楽です。

ということで、Formクラスを使ったフォームの基本について、しっかりと理解し、頭に入れていきましょう。

forms.pyを作る

では、Formクラスを利用したフォームを実際に作ってみましょう。まず、フォームのためのスクリプトファイルを用意します。

では、「hello」フォルダ内（「templates」内にある「hello」ではありませんよ！）に「forms.py」という名前でファイルを1つ作成してください。これがFormクラスを用意するファイルになります。

図2-30　「hello」フォルダの中に、forms.pyというファイルを作成する。

| Chapter-2 | ビューとテンプレート |

スクリプトを記述する

作成したforms.pyを開いて、スクリプトを記述しましょう。今回は以下のようなものを書いておきます。

リスト2-29

```python
from django import forms

class HelloForm(forms.Form):
    name = forms.CharField(label='name')
    mail = forms.CharField(label='mail')
    age = forms.IntegerField(label='age')
```

今回は、name, mail, ageという3つの入力フィールドを持ったフォームを「HelloForm」というクラスとして定義してあります。

Formクラスの書き方

このFormクラスは、form.Formというクラスを継承して作成します。基本的な形を整理すると次のようになるでしょう。

```python
class クラス名 (forms.Form):
    変数 = フィールド
    変数 = フィールド
    ……略……
```

クラスの中には、用意するフィールドを変数として用意しておきます。これだけで、フォームの定義ができてしまいます。意外と簡単なんですね！

(「クラスの定義とか継承って、何だっけ……」という人は、巻末の「Python超入門」で確認しておきましょう)

CharFieldとIntegerField

ここでは、2種類のフィールドを変数に用意してあります。それぞれ以下のようなものです。

●forms.CharField

これは、テキストを入力する一般的なフィールドのクラスです。

| フォームで送信しよう | 2-3 |

●forms.IntegerField

これは、整数の値を入力するためのフィールドクラスです。

これらのクラスのインスタンスを作って変数に代入すればいいんですね。引数には、「label」というものを用意してあります。これは、それぞれのフィールドに設定するラベル名です。これを設定すると、フィールドの手前にラベルのテキストが表示されるようになります。

ビュー関数を作る

では、HelloFormを利用する形でビュー関数を定義しましょう。今回は、index関数を1つだけ用意することにします。このindexで、普通にアクセスした時の表示と、フォーム送信した時の処理の両方を行わせてみます。

では、「hello」フォルダ内のviews.pyを開いて、以下のように修正をしましょう。

リスト2-30
```python
from django.shortcuts import render
from django.http import HttpResponse
from .forms import HelloForm

def index(request):
    params = {
        'title': 'Hello',
        'message': 'your data:',
        'form': HelloForm()
    }
    if (request.method == 'POST'):
        params['message'] = '名前：' + request.POST['name'] + \
            '<br>メール：' + request.POST['mail'] + \
            '<br>年齢：' + request.POST['age']
        params['form'] = HelloForm(request.POST)
    return render(request, 'hello/index.html', params)
```

request.methodで分岐する

今回は、index関数1つでGETとPOSTの両方の処理を行なっています。これはどうやっているのかというと、request.methodというものを使っています。index関数を整理すると、こうなってるんですね。

97

```
def index(request):
    ……共通の処理……
    if (request.method == 'POST'):
        ……POST時の処理……
    return render(……)
```

　最初に、GET/POSTの両方で共通する処理を用意してあります。これは、テンプレート
に渡す変数paramsへの値の用意などですね。

　そして、request.methodでPOST送信されたかどうかをチェックしています。この
request.methodというのは、どういう方式でアクセスしたかをチェックするものです。まぁ
わかりやすくいえば、「GETかPOSTか」を調べるもの、といっていいでしょう。

　ここでは、この値が'POST'だったら、POST送信時の処理を行うようにしているのです。
こうすれば、POST時の処理とGET時の処理をそれぞれ用意することができますね。

GETとかPOSTとかって、一体なに？ Column

　request.methodでは、GETやPOSTをチェックできる、といいました。これを読
んで、「そもそも、GETとかPOSTとかって何なの？」と思った人、いませんか。

　これらは、「HTTPメソッド」と呼ばれるものです。HTTPっていうのは、Webペー
ジなどのデータをインターネット上でやり取りするときに使われるプロトコル（手続
き）です。なんか難しそうですが、つまり「Webのデータは、HTTPっていう決まり
ごとに従ってデータをやり取りしてるんだ」と考えてください。

　このHTTPでは、「どういう種類の処理を伝えるのか」を示す値が用意されていま
す。それが、HTTPメソッドです。GETとかPOSTとかっていうのは、次のような
ことを示すものなんです。

| GET | 用意されているデータをただ取り出すだけの処理 |
| POST | 新しいデータを作って受け取るような処理 |

　ページを表示するだけなら、GETというHTTPメソッドになります。が、フォー
ムの送信などは、フォームを表示しているページのフォームに、ユーザーが記入し
た値を組み込んだ情報が送られるわけで、これはPOSTを使います。

　この他にもHTTPメソッドはいろいろあって、それぞれのメソッドごとに役割が
決まっています。送られてくるHTTPメソッドがわかれば、「何をしようとしている
のか」がわかり、それに応じた対応ができるのです。

HelloForm はどう使う？

では、肝心の HelloForm はどのように使っているのか見てみましょう。実は、これはとても簡単です。最初に変数 params を用意するとき、'form' という値にインスタンスを代入していますね。

```
'form': HelloForm()
```

これで、form という値に HelloForm インスタンスが設定されます。POST 送信されたときは、送られてきたフォームの値を元に HelloForm インスタンスを作っています。

```
params['form'] = HelloForm(request.POST)
```

params の 'form' の値を上書きしていますね。こんな具合に、request.POST を引数に指定してインスタンスを作ると、送られてきたフォームの値を持ったまま HelloForm が作成されます。

後は、form 変数を渡したテンプレートでの処理になります。

HelloForm を表示する

では、テンプレートファイルを修正しましょう。「templates」フォルダ内の「hello」フォルダ内にある index.html を開き、下のように書き換えてください。

リスト2-31

```
{% load static %}
<!doctype html>
<html lang="ja">
<head>
    <meta charset="utf-8">
    <title>{{title}}</title>
    <link rel="stylesheet"
    href="https://stackpath.bootstrapcdn.com/bootstrap/4.3.1/css/
        bootstrap.min.css"
    crossorigin="anonymous">
    </head>
<body class="container">
    <h1 class="display-4 text-primary">{{title}}</h1>
    <p class="h5 mt-4">{{message|safe}}</p>
    <form action="{% url 'index' %}" method="post">
```

| Chapter-2 | ビューとテンプレート |

```
        {% csrf_token %}
        {{ form }}
        <input type="submit" value="click">
    </form>
</body>
</html>
```

　ここでは、<form>タグの中に、{{ form }}を用意しているだけです。送信ボタンだけは別に用意してありますね。フォームの入力フィールド関係は何もありません。{{ form }}で、フォームの具体的な内容が作成されるので、これだけでいいんです。

{{message|safe}} ってなに？

　もう1つ、ちょっとだけ修正している部分があります。それは、message変数を出力しているところ。
　よく見ると、{{message}}ではなくて、{{message|safe}} ってなっていますね？　この「|safe」というのは、フィルターと呼ばれる機能で、HTMLタグを書き出せるようにするためのものです。
　Djangoのテンプレートでは、{{}}で値を出力するとき、HTMLのタグが含まれていると自動的にエスケープ処理(HTMLタグが使われずテキストとして表示されるようにする処理)を行います。|safeをつけると、エスケープ処理を行わず、HTMLタグはそのままタグとして書き出されるようになるのです。

urlpatternsを修正して完成！

　では、最後にurlpatternsを修正しておきましょう。「hello」フォルダのurls.pyに書かれているurlpatternsの内容を以下のようにしてください。

リスト2-32

```
urlpatterns = [
    path('', views.index, name='index'),
]
```

　できたら、http://localhost:8000/hello/ にアクセスして、フォームを使ってみましょう。ちゃんと3つの入力フィールドが作成されていますね。そしてそれぞれ記入して送信すると、ちゃんと書いた内容がフォームに残っています。

図2-31　表示されたフォームに値を記入して送信すると、その内容が表示される。

値が書いてないと？

　このフォーム、値を何も書かずに送信しようとすると、アラートを表示して送信できなくなります。Formクラスを利用すると、強制的に値を記入しないと送れないフォームが作れるんですね！

図2-32　何も書かずに送信しようとするとエラーメッセージが現れる。

フィールドをタグで整える

　Formクラスを利用すると、確かにフォームのフィールドが簡単に作れます。が、全部のフィールドが横一列に並んで作られてしまうんですね。これはとても見づらい。もっと見やすくする方法はないんでしょうか。

　実は、Formクラスには、生成するフィールドのタグを他のタグでくくって出力するための機能が用意されています。以下のようなものです。

Chapter-2 | ビューとテンプレート |

●《Form》.as_table

ラベルとフィールドのタグを\<tr>と\<td>でくくって書き出します。

●《Form》.as_p

ラベルとフィールド全体を\<p>でくくります。

●《Form》.as_ul

ラベルとフィールド全体を\<li>タグでくくります。

これらを利用することで、それぞれのフィールドをうまくまとめられるようになります。では、やってみましょう。

フォームをテーブルでまとめる

ここでは例として、as_tableでテーブルにまとめてみることにします。index.htmlの中身を以下のように修正してください。

リスト2-33

```
{% load static %}
<!doctype html>
<html lang="ja">
<head>
    <meta charset="utf-8">
    <title>{{title}}</title>
    <link rel="stylesheet"
    href="https://stackpath.bootstrapcdn.com/bootstrap/4.3.1/css/
        bootstrap.min.css"
    crossorigin="anonymous">
    </head>
<body class="container">
    <h1 class="display-4 text-primary">{{title}}</h1>
    <p class="h5 mt-4">{{message|safe}}</p>
    <form action="{% url 'index' %}" method="post">
        {% csrf_token %}
        <table>
            {{ form.as_table }}
            <tr><td></td><td>
                <input type="submit" value="click">
            </td></tr>
        </table>
    </form>
```

```
</body>
</html>
```

　{{ form.as_table }}というように、formのas_tableを出力するようにしてありますね。また、それにあわせてフォームタグの前後に<table>を用意してあります。更に送信ボタンもテーブル関係のタグでまとめてあります。

　修正したら、http://localhost:8000/hello/ にアクセスしてみましょう。今度はフォームの各フィールドがきれいに整列した状態で表示されます。<table>を使い、ラベルとフィールドが縦に並ぶように出力されているためです。これなら見やすいフォームが作れますね！

図2-33　<table>を使い、フォームの項目を整列させる。

Bootstrapクラスを使うには？

　これで一応、クラスを作成してフォームを作る基本はわかりました。が、作成したフォームは、自動生成されるタグそのままのデザインになってしまいます。せっかくBootstrapが使えるようになったんですから、これを使ってデザインしたいものですね。

　これには、フォームのクラスにCharFieldを用意する際、「widget」という値を用意します。このwidgetは、「ウィジェット」というものを設定するためのものです。これはフォームを実際にHTMLタグとして生成する際に用いられる部品のことで、forms名前空間内にさまざまなフォーム用のコントロールが部品として用意されています。

　では、実際にBootstrapを利用するように、「hello」フォルダ内の「forms.py」のHelloFormクラスを修正してみましょう。

リスト2-34

```
from django import forms
```

| Chapter-2 | ビューとテンプレート |

```python
class HelloForm(forms.Form):
    name = forms.CharField(label='name', \
        widget=forms.TextInput(attrs={'class':'form-control'}))
    mail = forms.CharField(label='mail', \
        widget=forms.TextInput(attrs={'class':'form-control'}))
    age = forms.IntegerField(label='age', \
        widget=forms.NumberInput(attrs={'class':'form-control'}))
```

ここでは、CharFieldとIntegerFieldのインスタンスを生成する際、引数にwidgetという値を用意していますね。そして、ここには以下のようなウィジェットを設定してあります。

```python
forms.TextInput(attrs=属性)
forms.NumberInput(attrs=属性)
```

TextInputは、<input type="text">のウィジェット、NumberInputは<input type="number">のウィジェットクラスです。これらは、attrsという引数を用意し、タグに設定する属性を辞書にまとめて用意することができます。これで、class属性に'form-control'を設定していたのです。

▌ 修正HelloFormを使う

では、修正したHelloFormを使ってみましょう。index.htmlの<form>タグの部分を以下のように書き換えてみます。

リスト2-35

```html
<form action="{% url 'index' %}" method="post">
    {% csrf_token %}
    {{ form.as_p }}
    <input type="submit" class="btn btn-primary my-2"
        value="click">
</form>
```

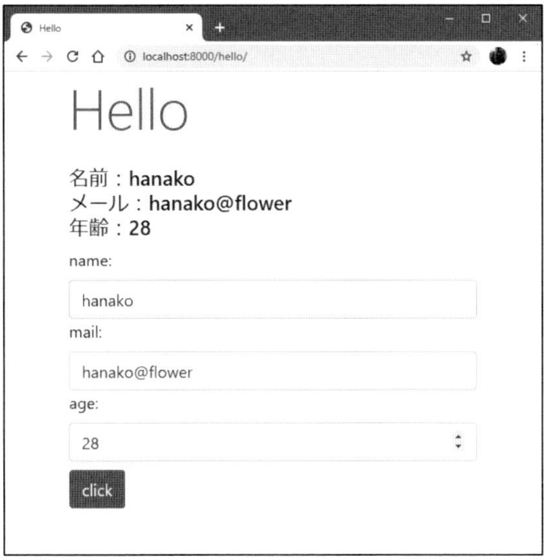

図2-34 Bootstrapを利用するフォームに変わった。

　これで実際にフォームを使ってみましょう。すると、Bootstrapのクラスを使ったフォームにデザインが変わります。これなら、見た目もそれほど悪くはありませんね。

HTMLタグか、Formクラスか？

　HTMLのタグを直接書いてフォームを作っても、特に大きな支障はありません。では、なぜわざわざクラスを定義して利用するようなやり方が用意されているのでしょうか。

　それは、「そのほうが、フォームに必要な各種機能を組み込みやすい」からです。

　フォームというのは、ただ入力のコントロールが表示されればいい、というものではありません。実際のWebアプリケーションでは、例えば入力した値をチェックしたり、特定の範囲の値だけが入力できるようにしたり、決まったデザインですべてのフォームを統一したり、いろいろと考えないといけないことが出てきます。

　HTMLタグを使って書いた場合、それらはすべて自分で処理しないといけません。が、Pythonのクラスとして作成する場合、クラスにさまざまな機能を持たせることで、各種の機能を簡単に設定できるようになります。実際、Formクラスや入力フィールドのためのクラスなどには、非常に多くの便利な機能が組み込まれているのです。

　こうした点を考えたなら、ちょっとしたサンプル程度ならHTMLタグで十分ですが、本格的なWebアプリケーションを作るならFormクラスを利用したほうが圧倒的に便利でしょう。まだ、具体的にどんな機能が用意されているかわからないので、今ひとつピンとこないかもしれませんが、「いろいろ機能の使い方を覚えれば、絶対にクラス定義にしたほうがいい」という点だけは、今から頭に入れておいてくださいね。

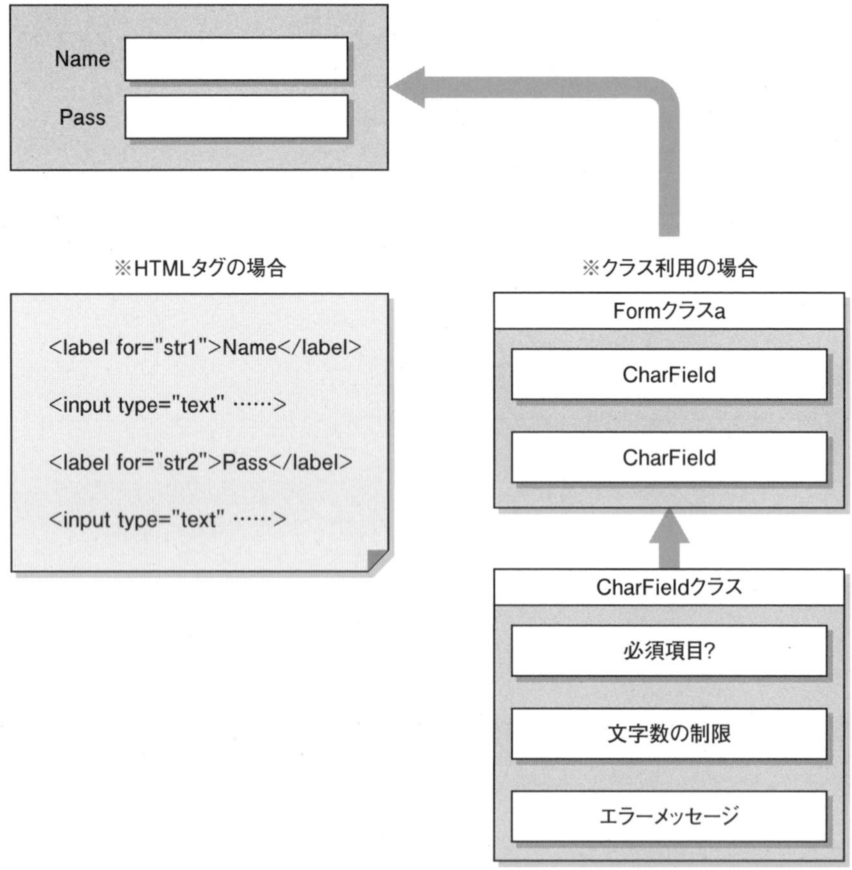

| Chapter-2 | ビューとテンプレート |

Name

Pass

※HTMLタグの場合

```
<label for="str1">Name</label>

<input type="text" ……>

<label for="str2">Pass</label>

<input type="text" ……>
```

※クラス利用の場合

Formクラスa

CharField

CharField

CharFieldクラス

必須項目?

文字数の制限

エラーメッセージ

図2-35 HTMLタグより、クラスとして定義したほうがいろいろな機能を組み込みやすい。

ビュー関数をクラス化する

　先ほどのサンプルでは、index関数の中でGETとPOSTの処理をしていました。1つのビュー関数だけで、GET時の処理とPOST時の処理を用意しないといけなくなります。サンプルは単純なことしかしていませんが、より高度な作業を行わせるようになると、いろいろと処理が複雑になりそうですね。

　そこで、ビュー関数の作り方を見直してみることにしましょう。Djangoでは、実は関数以外にもビューの処理を用意する方法はあるんです。それは、「クラスを定義する」やり方です。

　ただし！ これからビューをクラスで定義するやり方について説明をしていきますが、これは、ビュー関数を使うよりちょっと複雑です。ですから、「なんだかよくわからない」という人も出てくることでしょう。

106

そうした人は、無理に理解する必要はありません。これまでやった「ビュー関数」のやり方で十分プログラムは作れるんですから。クラス化は、「ビューの応用編」と考えて、余裕がある人だけ挑戦してみる、ぐらいに考えておきましょう。

TemplateViewクラスについて

これは、「TemplateView」というクラスを継承したクラスとして定義をします。基本的な形を整理すると、こんな形になるでしょう。

```
class クラス名 (TemplateView):

    def get(self, request):
        ……GET時の処理……

    def post(self, request):
        ……POST時の処理……
```

TemplateViewクラスは、ビューを扱うViewクラスというものの派生クラス（Viewを継承して作ったクラス）です。このクラスを継承して作ります。

クラスの中には、getとpostといったメソッドを用意することができます。GETアクセス時にはgetメソッドが、POSTアクセス時にはpostメソッドがそれぞれ呼び出されるようになっているのです。

1つのクラスにまとまっているので、GETとPOSTの両方で利用する値などはインスタンス変数として用意しておくことができます。バラバラな関数として用意するよりもすっきりとまとめられそうですね。

「派生クラスの定義とかよくわからない」って人は、巻末の「Python超入門」で調べておきましょう！

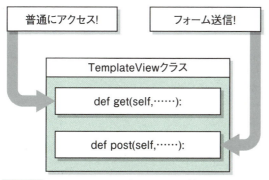

図2-36　TemplateViewクラスでは、普通にアクセスしたときはgetメソッド、フォームをPOST送信したときはpostメソッドが呼び出される。

| Chapter-2 | ビューとテンプレート |

HelloView クラスを作る

では、実際にクラスを定義してみましょう。これは、クラスのために新しいスクリプトファイルを用意する必要はありません。views.pyを修正して、この中に書けばいいんです。

「hello」フォルダ内のviews.pyを開いて、スクリプトを以下のように書き換えましょう。

リスト2-36

```python
from django.shortcuts import render
from django.http import HttpResponse
from django.views.generic import TemplateView
from .forms import HelloForm

class HelloView(TemplateView):

    def __init__(self):
        self.params = {
            'title': 'Hello',
            'message': 'your data:',
            'form': HelloForm()
        }

    def get(self, request):
        return render(request, 'hello/index.html', self.params)

    def post(self, request):
        msg = 'あなたは、<b>' + request.POST['name'] + \
            ' (' + request.POST['age'] + \
            ') </b>さんです。<br>メールアドレスは <b>' + request.POST['mail'] + \
            '</b> ですね。'
        self.params['message'] = msg
        self.params['form'] = HelloForm(request.POST)
        return render(request, 'hello/index.html', self.params)
```

HelloView クラスの内容

今回は、HelloViewというクラスを定義してあります。このクラスには、3つのメソッドが用意されています。

●__init__

これは、クラスに用意されている初期化メソッドです。ここでは、self.paramsに値を用意しています。

●**get**

　これが、GETアクセスの際に実行される処理です。GETアクセスというのは、普通にアクセスしたときのことですね。これは、何もせずにself.paramsをつけてrenderしているだけです。

●**post**

　これは、POST送信された時の処理です。request.POSTから値を取り出してメッセージを作成し、それをself.parmas['message']に設定しています。また、request.POSTを引数にしてHelloFormインスタンスを作成し、self.params['form']に設定します。後は、renderを呼び出すだけです。

urlpatternsを修正して完成！

　最後に、恒例のurlpatternsの修正です。「hello」フォルダ内のurls.pyを開き、以下のように修正をしましょう。今回はimport文なども変更するので全ソースコードを掲載しておきます。

リスト2-37

```
from django.conf.urls import url
from .views import HelloView

urlpatterns = [
    url(r'', HelloView.as_view(), name='index'),
]
```

　修正ができたら、http://localhost:8000/hello/にアクセスをして動作を確認しましょう。フォームに記入し送信すると、メッセージが表示されます。ちゃんと動作すればOKです。

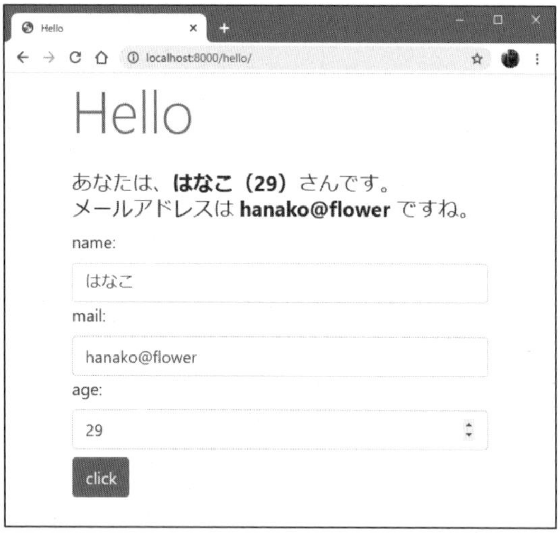

| Chapter-2 | ビューとテンプレート |

図2-37 修正した/hello。表示されるメッセージが少し変わった。

クラスか、関数か？

　今回、HelloViewというクラスを使ってビューを作成しました。中には、「関数のほうがシンプルでわかりやすい」と思った人もいることでしょう。

　関数を利用するやり方と、クラスを使ったやり方と、どちらがいいのか？ これは一言ではいえません。それぞれに向き不向きがあるからです。どちらを使うべきか？を考えるより、それぞれの特徴を理解しておくことが大切です。

　では、両者の特徴を考えながらそれぞれの使い分けについて整理してみましょう。

小回りのきく関数

　ビュー関数による処理は、直感的でわかりやすいのが特徴です。また、複数のページを作成する場合も、views.pyに必要なだけ関数を定義すればいいだけですからとてもわかりやすい。それほど複雑でない処理をいくつか用意するような場合は、関数で書いたほうが圧倒的に早く作成できるはずです。

GETとPOSTで共有できるクラス

　クラスの最大の特徴は、GETやPOSTなどのHTTPメソッド（この他にも実はPUTとかDELETEとかいろいろあるのです）をひとまとめにできる点でしょう。

　それぞれを関数として用意した場合、例えばGETとPOST間で必要な値をやり取りするような場合には一工夫しなければいけません。が、クラスとして定義してあれば、それらは

クラス変数などに用意しておけば済みます。また共通する初期化処理も __init__ メソッドで用意しておけます。

更には、複数のアプリケーションで共通した処理があるような場合も、ベースとなるクラスを作って、それを継承した派生クラスとして各処理を実装していけば簡単に作れるでしょう。

GETだけなら関数で十分！

ごく単純に、ただページにアクセスして表示するだけならば、ビュー関数として定義したほうが簡単でしょう。行うことがそれほど複雑でないなら、関数だけで十分に対応できます。わざわざクラスを定義する必要などありません。

逆に、GETとPOSTの両方の処理が必要で、なおかつ複雑な作業を行う必要があるならば、クラスを利用して、初期化処理、GETとPOSTなどをメソッドで分けて書いたほうがわかりやすくなります。

「GETのみか、POSTも含むか？」「処理は単純か、複雑か？」

この2点を考えれば、関数で済ませるか、クラスを定義するか、どちらにすべきかがわかってくるでしょう。

「そういわれても、なんだかよくわからない」という人は、「とりあえず、全部、関数にしておけ」といっておきましょう。クラスにするのは、ちょっとややこしいので、無理に覚える必要はありません。関数を使ったやり方さえわかれば、開発はできるんですから。

Chapter 2 ビューとテンプレート

Section 2-4 さまざまなフィールド

formsモジュールについて

　さて、再びフォームの利用に話を戻しましょう。ここまでの例で、Formクラスを継承したクラスを定義することで、Pythonのクラスとしてフォームの内容を定義し利用できることがわかりました。これは、フォームを利用するためのさまざまな機能や処理などを考えると、HTMLタグを書いて作るよりいろいろと便利そうだ、ということもわかりましたね。

　では、Formクラスを使ってフォームを作成する場合、どんなコントロールが用意されているのでしょうか。先ほどの例では、CharFieldとIntegerFieldというものを利用しましたね。これらは、一般的なテキスト入力のためのフィールドと、整数値の入力用フィールドのクラスでした。

　こうした入力用コントロールのためのクラスは、Djangoには他にもいろいろと用意されています。それらは、formというモジュールの中にまとめられています。ここに用意されているコントロール用のクラスの使い方がわかれば、もっと複雑なフォームもクラスとして作成できるようになります。

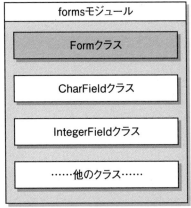

図2-38　formsモジュールの中には、Formクラスや、CharField、IntegerFieldなどフォーム関係のクラスが多数用意されている。

さまざまなフィールド 2-4

覚えなくてもOK！

　ということで、これからさまざまな入力用コントロールのクラスについて説明をしていきます。が、これらは「今すぐ覚えないとダメ」というものでは全然ありません。逆に、「全部、まるっきり覚えない」でも大丈夫です。

　フォームで一番重要なのは、CharFieldによる入力フィールドです。これだけわかっていれば、とりあえず簡単なフォームは作れます。それ以外のものは、まぁ使えれば便利ですが、使えなくてもなんとかなります。「いつか、こうしたものが必要になったら、そのときに覚えよう」でも全然OKなんです。

　ですので、一通り説明をしていきますが、「覚えられそうならちょっと試してみる」ぐらいに考えておきましょう。無理に全部丸暗記する必要はありません。「必ず覚えないとダメ」というものは、これからまだまだ出てきます。頭の記憶容量は、それらのために取っておいたほうがいいかもしれませんよ。

　ということで、さらっと流しながら説明していきましょう。

さまざまな入力フィールド

　まずは、一般的な<input>タグで作成される入力用のフィールドに関するクラスから紹介していきましょう。formsには多数のクラスが用意されているので、比較的よく使いそうなものに絞って紹介しておきます。

CharField

　既に使いましたね。ごく一般的なテキスト入力のためのクラスです。ユーザーから文字を書いて入力してもらう時の基本となるものです。生成されるのは、<input type="text">というスタンダードなタグになります。

　インスタンスを作成する際に、入力に関する設定情報を引数で指定することができます。用意されている引数は以下のようなものです。

required	必須項目（必ず何か入力しないといけない）にするかどうかを示すものです。真偽値で設定し、Trueならば必須項目になります。
min_length, max_length	最小文字数・最大文字数を指定します。いずれも整数値で指定をします。

113

| Chapter-2 | ビューとテンプレート |

your data:

name:

mail: ！ このフィールドを入力してください。

図2-39 CharFieldの利用例。requiredにより、何も書いてないとエラーメッセージが表示される。

コラム エラーメッセージはWebブラウザで変わる？　**Column**

requiredで表示されるエラーメッセージの図を見て、「自分の環境と違う？」と思った人もいるかもしれません。これは、使っているWebブラウザが違うからでしょう。

requiredなどの設定は「バリデーション」と呼ばれます。Djangoのバリデーション機能については後ほど説明しますが、「Webブラウザ側でチェックするものと、サーバー側でチェックするものがある」のです。requiredなどは、Webブラウザに用意されている機能を使ってチェックされます。こうしたものは、Webブラウザによって表示などが変わってくるのです。

EmailField

これは、メールアドレスの入力のためのクラスです。見た目には、まったくCharFieldと代わりはありませんが、メールアドレスの形式のテキストしか入力できません。生成されるタグは、<input type="email">というタグになります。

CharFieldと同様、required、min_length、max_lengthといった値を引数で用意することができます。

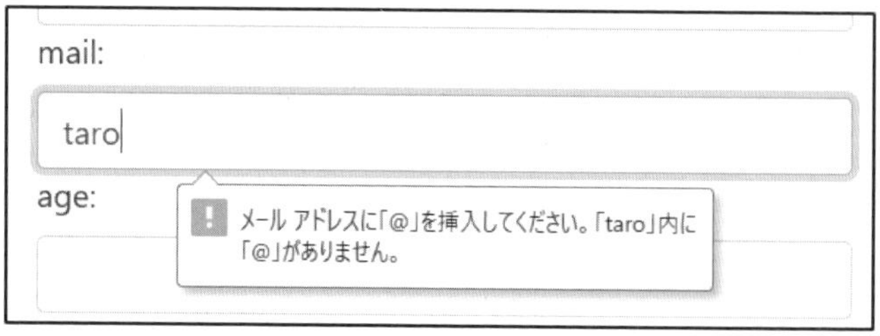

mail:

taro

age: ！ メール アドレスに「@」を挿入してください。「taro」内に「@」がありません。

図2-40 EmailFieldの利用例。メールアドレス以外のテキストだとエラーメッセージが表示される。

IntegerField

これも先に利用しました。整数値だけ入力できるようにするフィールドです。これは、<input type="number">というタグとして生成されます。

比較的新しいWebブラウザでは、このタグに対応しており、整数値を増減するボタンのようなものが右端に表示されます。ただし、この表示はブラウザに依存しますので、使っているブラウザによっては普通のテキストフィールドになってしまうこともあるでしょう。以下のような引数が利用できます。

required	必須項目かどうかを真偽値で指定します。
min_value, max_value	最小値・最大値を指定するものです。整数値で設定します。これにより、指定の範囲内の値しか入力できなくなります。

図2-41　IntegerFieldの利用例。指定した範囲内の値でないとエラーが表示される

FloatField

これは、整数だけでなく実数の入力もできるようにした、数値専用のフィールドです。IntegerFieldと同様、<input type="number">というタグとして生成されます。

これも、required、min_valuel、max_valueといった引数を利用することができます。基本的な性質はIntegerFieldと同じです。

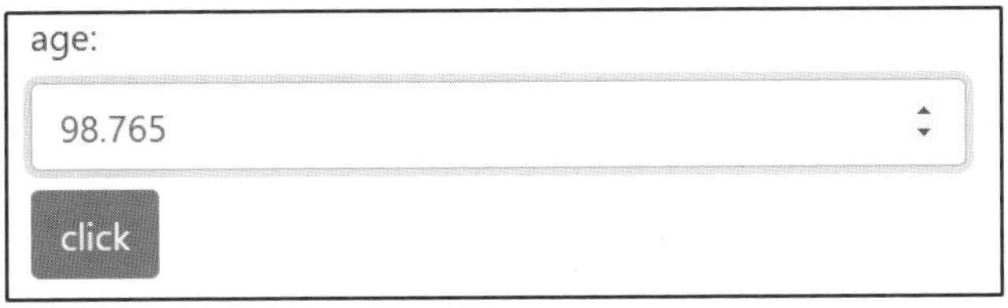

図2-42　FloatFieldの利用例。実数の入力が可能。

URLField

URL（Webのアドレスなど）を入力するためのものです。といっても、実際に入力したアドレスが存在するかどうかはチェックしません。ただ形式だけをチェックするものです。これは、<input type="url">というタグとして生成されます。

CharFieldなどと同様に、required、min_length、max_lengthといった引数を指定することができます。

図2-43　URLFieldの利用例。URL形式のテキストだけ入力でき、それ以外のテキストはエラーになる。

日時に関するフィールド

入力フィールド関係の中でも、日時に関するものはけっこう重要です。これは、以下の3種類のクラスが用意されています。

DateField	日付の形式のテキストのみ受け付けます。
TimeField	時刻の形式のテキストのみ受け付けます。
DateTimeField	日付と時刻を続けて書いたテキストのみ受け付けます。

これらの使い方は基本的にどれも同じです。引数として、requiredを用意して必須項目かどうかを設定することができます。指定の形式以外の値を書いて送信すると、エラーメッセージが表示されます。

さまざまなフィールド｜2-4

```
Date:
  • Enter a valid date.
  ┌─────────────────────────────────────┐
  │ 12345                               │
  └─────────────────────────────────────┘
Time:
  • Enter a valid time.
  ┌─────────────────────────────────────┐
  │ 12345                               │
  └─────────────────────────────────────┘
DateTime:
  • Enter a valid date/time.
  ┌─────────────────────────────────────┐
  │ 12345                               │
  └─────────────────────────────────────┘
Date:
  ┌─────────────────────────────────────┐
  │ 2001-01-01                          │
  └─────────────────────────────────────┘
Time:
  ┌─────────────────────────────────────┐
  │ 12:34:56                            │
  └─────────────────────────────────────┘
DateTime:
  ┌─────────────────────────────────────┐
  │ 2001-01-01 12:34:56                 │
  └─────────────────────────────────────┘
  ┌────────┐
  │ click  │
  └────────┘
```

図2-44 DateField、TimeField、DateTimeFieldの利用例。決まった形式のテキストを記入しないとエラーメッセージが表示される。

日時のフォーマットについて

　問題は、どういう形式で日時の値を記入するか、ですね。これは、デフォルトで記入できる形式がいくつか用意されています。ざっと整理しておきましょう。

●日付の形式

```
2001-01-23
01/23/2001
01/23/01
```

●時刻の形式

```
12:34
12:34:56
```

　時刻の形式は、まぁわかるでしょう。時・分・秒をコロンでつなげたもので、これは万国共通といっていいですね。

　問題は日付です。「年-月-日」か、「月／日／年」のいずれかの形式を使うことになっています。

| Chapter-2 | ビューとテンプレート |

「2001/01/23」なんてやってしまうと、もうエラーになってしまうのです。利用の際には、「こういう形式で記入してください」などの注意書きを表示したほうがいいかもしれませんね。

チェックボックス

テキストの入力を行うフィールド以外にも、フォームで利用するコントロール類はあります。次は、チェックボックスについてです。

チェックボックスは、「BooleanField」というクラスとして用意されています。これでチェックボックスを表示させることができます。

では、実際に使ってみましょう。「hello」フォルダ内のforms.pyに記述してあるHelloFormクラスを以下のように書き換えてみましょう。

リスト2-38

```
class HelloForm(forms.Form):
    check = forms.BooleanField(label='Checkbox', required=False)
```

チェックボックスを1つだけ用意してあります。ここでは、requiredをFalseにしていますが、これは重要です。この後で説明しますが、チェックボックスはOFFだと値が送信されない(=未入力扱いになる)ため、requiredがTrueだと、チェックをOFFにしたままでは送信できなくなってしまうのです。

というわけで、入力用にBooleanFieldを使うなら、必ずrequired=Falseを用意しておくようにしてください。

テンプレートの修正

このチェックボックスの状態を表示するようにテンプレートを修正しましょう。「templates」フォルダ内の「hello」フォルダ内にあるindex.htmlを書き換えておきます。以下に、<body>タグの部分だけ掲載しておきます。

リスト2-39

```
<body class="container">
    <h1 class="display-4 text-primary">{{title}}</h1>
    <p class="h5 mt-4">{{result|safe}}</p>
    <form action="{% url 'index' %}" method="post">
        {% csrf_token %}
        <table>
        {{ form.as_p }}
        <tr><td></td><td>
```

さまざまなフィールド | 2-4

```html
            <input type="submit" class="btn btn-primary my-2"
            value="click">
        </table>
    </form>
</body>
```

スクリプトを修正する

　これにあわせて、ビュー側も修正しておきます。「hello」フォルダ内のviews.pyに記述しておいたHelloViewクラスを以下のように修正をしておきましょう。最初のimport文は同じなので省略しておきます。

リスト2-40

```python
class HelloView(TemplateView):

    def __init__(self):
        self.params = {
            'title': 'Hello',
            'form': HelloForm(),
            'result':None
        }

    def get(self, request):
        return render(request, 'hello/index.html', self.params)

    def post(self, request):
        if ('check' in request.POST):
            self.params['result'] = 'Checked!!'
        else:
            self.params['result'] = 'not checked...'
        self.params['form'] = HelloForm(request.POST)
        return render(request, 'hello/index.html', self.params)
```

　アクセスすると、チェックボックスが1つだけ表示されます。これをONにして送信すると、「Checked!!」と表示されます。OFFだと、「not checked...」と表示されます。

Chapter-2 ビューとテンプレート

図2-45 BooleanFieldの利用例。チェックボックスとラベルが表示される。送信すると、チェックの状態がメッセージで表示される。

値に注意！

　実際に送信して試してみると、チェックボックスの値がちょっと変わった変化をすることに気がつくでしょう。

　チェックがONの場合、送られる値は 'check': ['on'] というようになっています。チェックボックスの名前checkの値として、'on'というテキストがリストとして送られているんですね。

　では、チェックがOFFの場合はどうなるか。これは「値は送られない」のです。つまり、request.POSTに、チェックボックスの値は用意されないことになります。

　ですから、チェックボックスの値を処理するときはこんな具合に処理しないといけません。

```
if ('check' in request.POST):
    ……チェックがONの時の処理……
else:
    ……チェックがOFFの時の処理……
```

　request.POSTの中に、チェックボックス項目の値があれば、チェックはONです。なければ、チェックはOFFです。

さまざまなフィールド | 2-4

3択のNullBooleanField

チェックボックスは、「ONか、OFFか」という二者択一の状態を示すものです。が、Webでは「第3の状態」を表すチェックボックスを見かけることもあります。intermediate（中間の状態）というもので、「−」というように✓マークではない表示がされていたりします。

Djangoでも、この「ONでもOFFでもない状態」を持ったコントロールが用意されています。それは、「NullBooleanField」というクラスです。これは、実はチェックボックスではなく、「Yes」「No」「Unknown」といった3つの項目を持つプルダウンメニューとして用意されています。

NullBooleanFieldを使う

では、実際にNullBooleanFieldを使ってみましょう。「hello」フォルダ内のforms.pyを開き、HelloFormクラスを以下のように書き換えます。

リスト2-41

```python
class HelloForm(forms.Form):
    check = forms.NullBooleanField(label='Check')
```

NullBooleanFieldを1つだけ用意しておきました。labelを引数に用意してあります。他には引数などもなく、非常にシンプルな使い方をするクラスですね。

HelloViewを修正する

では、ビューの修正を行いましょう。「hello」フォルダ内のviews.pyを開き、HelloViewクラスを以下のように書き換えます。今回も例によってimportは省略です。

リスト2-42

```python
class HelloView(TemplateView):

    def __init__(self):
        self.params = {
            'title': 'Hello',
            'form': HelloForm(),
            'result':None
        }

    def get(self, request):
        return render(request, 'hello/index.html', self.params)
```

121

```python
    def post(self, request):
        chk = request.POST['check']
        self.params['result'] = 'you selected: "' + chk + '".'
        self.params['form'] = HelloForm(request.POST)
        return render(request, 'hello/index.html', self.params)
```

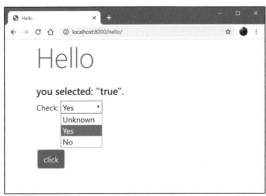

図2-46 NullBooleanFieldの利用例。プルダウンメニューから項目を選ぶ。

　修正しているのはpostメソッドだけです。修正ができたら、http://localhost:8000/hello/ にアクセスしてみましょう。Check:という項目に、「Unknown」「Yes」「No」という項目を持ったプルダウンメニューが表示されます。ここで項目を選んで送信すると、「you selected: "1"」というように、選んだメニュー項目の番号が表示されます。

　postでは、request.POST['check']の値をそのまま表示しているだけです。NullBooleanFieldでは、値は1〜3の整数になります。何番目のメニュー項目を選んだかを整数で表しているのですね。

プルダウンメニュー（チョイス）

　次に取り上げるのは「プルダウンメニュー」です。これは、Djangoでは「ChoiceField」というクラスとして用意されています。
　このChoiceFieldは、「choices」という引数を持っています。これは、プルダウンメニューに表示する項目を設定するためのものです。この項目は、こんな形で用意します。

```
[
    ( 値 , ラベル ),
    ( 値 , ラベル ),
    ……必要なだけ用意……
```

さまざまなフィールド | 2-4

```
]
```

見ればわかるように、choicesの値は、「タプルのリスト」になっています。1つ1つのリストは、メニュー項目に表示するラベルと、選択したときに得られる値の2つの値を用意します。

これを、choises引数に指定してインスタンスを作成すれば、プルダウンメニューが作れるのです。では、実際に使ってみましょう。

HelloForm を修正する

まずは、フォームの修正です。「hello」フォルダ内のforms.pyを開き、そこにあるHelloFormクラスを以下のように変更します。

リスト2-43

```python
class HelloForm(forms.Form):
    data=[
        ('one', 'item 1'),
        ('two', 'item 2'),
        ('three', 'item 3')
    ]
    choice = forms.ChoiceField(label='Choice', \
            choices=data)
```

ここでは、変数dataに、メニュー項目用のリストを用意してあります。これをChoiceFieldのchoices引数に指定していますね。これで、プルダウンメニューがフォームに用意されるんです。

HelloView の修正

続いて、ビューの修正です。「hello」フォルダ内のviews.pyを開き、そこに書いてあるHelloViewクラスを以下のように修正しましょう。

リスト2-44

```python
class HelloView(TemplateView):

    def __init__(self):
        self.params = {
            'title': 'Hello',
            'form': HelloForm(),
            'result':None
```

```
        }

    def get(self, request):
        return render(request, 'hello/index.html', self.params)

    def post(self, request):
        ch = request.POST['choice']
        self.params['result'] = 'selected: "' + ch + '".'
        self.params['form'] = HelloForm(request.POST)
        return render(request, 'hello/index.html', self.params)
```

図2-47　プルダウンメニューを選んで送信すると、選んだ項目の値が表示される。

　実際にhttp://localhost:8000/hello/ にアクセスしてみましょう。「item 1」「item 2」「item 3」といった項目を持つプルダウンメニューが表示されます。これを選んで送信すると、「selected: ○○」というように、選択した項目を表示します。

　ここでは、request.POST['choice']というようにして選択されたプルダウンメニューの値を取り出しています。取り出されるのは、表示されているテキストではなく、「値」です。

　例えば、最初の項目は('one', 'item 1')と値が用意されていましたね。これで、「item 1」とテキストが表示され、その項目を選ぶと「one」と値が得られる、というわけです。

ラジオボタン

　このChoiceFieldは、「複数の項目から1つを選ぶ」というものです。こういう働きをするもの、他にもありましたね？　そう、「ラジオボタン」です。

　Djangoには、ラジオボタンのフィールドクラスというのはありません。実は、ChoiceFieldを使って作成するのです。

さまざまなフィールド | 2-4

```
forms.ChoiceField(choices= 値 , widget=forms.RadioSelect())
```

　ChoiceFieldインスタンスを作成する際、こんな具合に「widget」引数に「RadioSelect」というクラスのインスタンスを設定すると、プルダウンメニューではなくラジオボタンが作成されるようになります。

　使うのはChoiceFieldクラスですから、使い方はプルダウンメニューのときと同じです。choicesという引数に、表示する項目と値のデータをリストにまとめたものを設定しておけば、それを元に（メニュー項目の代りに）ラジオボタンが作成されます。

ラジオボタンを使ってみる

　では、実際にラジオボタンを使ってみましょう。まずはフォームの用意です。「hello」フォルダ内のforrms.pyを開き、HelloFormクラスを以下のように修正してください。

リスト2-45
```python
class HelloForm(forms.Form):
    data=[
        ('one', 'radio 1'),
        ('two', 'radio 2'),
        ('three', 'radio 3')
    ]
    choice = forms.ChoiceField(label='radio', \
            choices=data, widget=forms.RadioSelect())
```

　基本的な処理は前回のプルダウンメニューと同じですね。表示する項目のデータを変数dataに用意し、これをchoices引数に指定してインスタンスを作っています。今回はその他に、widget=forms.RadioSelect()を追加している、というだけの違いです。

　HelloViewクラスは、変更はありません。基本的に、先ほど作ったChoiceFieldをそのまま使っているだけなので、ビュー側の処理を変更する必要はないんです。

　修正したら、http://localhost:8000/hello/にアクセスしてみましょう。すると、プルダウンメニューの代りに3つのラジオボタンが表示されます。ボタンを選択して送信すると、選択したラジオボタンの値が表示されます。

Chapter-2 | ビューとテンプレート

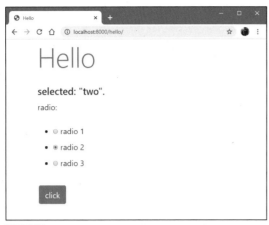

図2-48 ラジオボタンの利用例。widgetを変更するだけで、ChoiceFieldでラジオボタンが作れる。

選択リスト

　多数の選択項目を扱うのに利用されるのが<select>タグですね。これは、プルダウンメニューの他、たくさんの項目が表示されるリスト表示も行えます。プルダウンメニューは既にやりましたから、リストの表示についてやってみましょう。
　リスト形式での表示も、使うのはChoiceFieldです。ただし、先ほどのラジオボタンと同様、使用するウィジェットを変更します。

```
forms.ChoiceField(choices= 値 , widget=forms.Select())
```

　widget引数に、forms.Selectというクラスのインスタンスを指定します。これが<select>タグを使うウィジェットになります。ただし、このままだと表示する行数が1行だけとなり、プルダウンメニュー表示になりますので、Select作成時に、attrs={'size': 項目数}) という形で属性の情報を用意してやります。これで表示する項目数を指定すれば、その大きさでリストが作成されます。

リストを使ってみる

　では、実際に使ってみましょう。まずは、HelloFormの修正です。「hello」フォルダ内のforms.pyを開き、書いてあるHelloFormクラスを以下のように修正してください。

リスト2-46
```
class HelloForm(forms.Form):
    data=[
```

```
        ('one', 'item 1'),
        ('two', 'item 2'),
        ('three', 'item 3'),
        ('four', 'item 4'),
        ('five', 'item 5'),
    ]
    choice = forms.ChoiceField(label='radio', \
        choices=data, widget=forms.Select(attrs={'size': 5}))
```

　ChoiceFieldの使い方自体はまったく同じです。あらかじめ表示項目用のデータを用意しておき、それをchoices引数に指定する。またwidget引数にはforms.Selectを指定して、その引数にはattrs={'size': 5})と属性の情報を用意しておく。これで、選択リストが作成できます。

　HelloViewの修正は、例によって不要です。基本的に「ChoiceFieldの値を取り出して表示する」という処理はまったく同じなので変更する必要はありません。

　HelloFormの修正ができたら、http://localhost:8000/hello/ にアクセスしてみましょう。5つの項目があるリストが表示されます。ここから項目を選んで送信すれば、選択した項目の値が表示されます。

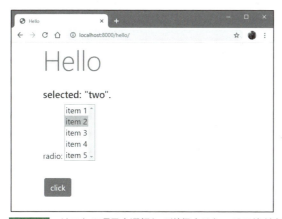

図2-49　リストの項目を選択して送信すると、その値が表示される。

複数項目の選択は？

　選択リストは、1項目だけを選択するなら他のChoiceFieldのコントロール類と使いは変わりありません。が、<select>タグは、multiple属性を使って複数項目を選択できるようになります。この場合は、少し注意が必要です。単にフォーム側の修正だけでなく、値を取り出すビュー側も処理を変更しなければいけないからです。

| Chapter-2 | ビューとテンプレート |

　では、複数項目を選択できるリストはどのように作成するのでしょうか。これは、ChoiceFieldではなく、「MultipleChoiceField」というクラスを使います。これは、ChoiceFieldの複数選択版といったものです。

```
forms.MultipleChoiceField(choices= 値 , widget=forms.SelectMultiple())
```

　MultipleChoiceFieldクラスのインスタンスを作成します。このとき、引数としてwidgetにforms.SelectMultipleというクラスのインスタンスを設定してやります。これは、Selectウィジェットの複数選択版というものですね。例によって、attrs={'size': 項目数}を使って表示する項目数を設定してやりましょう。

MultipleChoiceFieldを使ってみる

　では、実際にMultipleChoiceFieldを使って複数項目が選択できるリストを作ってみましょう。「hello」フォルダ内のforms.pyを開き、HelloFormクラスを以下のように修正してください。

リスト2-47
```
class HelloForm(forms.Form):
    data=[
        ('one', 'item 1'),
        ('two', 'item 2'),
        ('three', 'item 3'),
        ('four', 'item 4'),
        ('five', 'item 5'),
    ]
    choice = forms.MultipleChoiceField(label='radio', \
            choices=data, widget=forms.SelectMultiple(attrs={'size': 6}))
```

　項目用のデータを変数に用意し、それをchoicesに指定してMultipleChoiceFieldを作成しています。widgetには、forms.SelectMultipleを指定してあります。先ほど説明した通りの使い方ですね。

HelloViewを修正する

　続いて、ビュー側の修正です。今回は複数の項目を選択するので、今までと同じやり方ではうまくいきません。では、「hello」フォルダ内のviews.pyを開いて、HelloViewクラスを以下のように変更しましょう。

リスト2-48
```python
class HelloView(TemplateView):

    def __init__(self):
        self.params = {
            'title': 'Hello',
            'form': HelloForm(),
            'result':None
        }

    def get(self, request):
        return render(request, 'hello/index.html', self.params)

    def post(self, request):
        ch = request.POST.getlist('choice')
        self.params['result'] = 'selected: ' + str(ch) + '.'
        self.params['form'] = HelloForm(request.POST)
        return render(request, 'hello/index.html', self.params)
```

　修正したのは、postメソッドの部分です。書き換えたら、http://localhost:8000/hello/ にアクセスして、複数の項目を選択して送信してみましょう。['one', 'two'] というように、選択した項目の値がすべて表示されます。

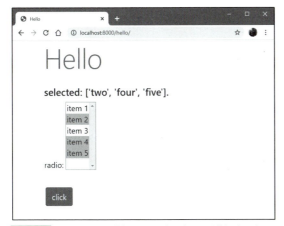

図2-50　リストから複数の項目を選択して送信すると、それらの値がすべてまとめて表示される。

複数項目の値はgetlistで！

　ここでは、送信されたリストの値を取り出すのに、これまでとはちょっと違ったやり方をしています。

```
ch = request.POST.getlist('choice')
```

「getlist」というのは、送られた値をリストとして取り出すメソッドです。複数の項目が選択されているため、送られてくる値は1つだけではありません。それらすべてを取り出すには、getlistでリストとして取り出す必要があるんです。

リストの値を利用するには？

今回は、取り出したリストをそのまま表示していますが、必要に応じて繰り返し構文などを使って値を1つずつ取り出して処理することもできます。例えば、以下のような具合ですね。views.pyのpostメソッドを書き換えてみましょう。

リスト2-49
```
def post(self, request):
    ch = request.POST.getlist('choice')
    result = '<ol class="list-group"><b>selected:</b>'
    for item in ch:
        result += '<li class="list-group-item">' + item + '</li>'
    result += '</ol>'
    self.params['result'] = result
    self.params['form'] = HelloForm(request.POST)
    return render(request, 'hello/index.html', self.params)
```

図2-51　送信すると、選択した項目の値を1つずつリストにして表示する。

同じように、選択リストから項目を選んで送信すると、1つ1つの項目を<ol>タグによるリストにまとめて表示します。

ここでは、getlistで取り出したリストから、for item in ch:というようにして順番に値を取り出し処理をしています。やり方さえわかれば、複数項目の選択処理は意外と簡単です！

この章のまとめ

さあ、ビューとテンプレートの基本はこれでおしまいです。この章だけで、画面表示関係の基本をすべて行ったので、けっこうなボリュームになってしまいました。「とても全部覚えきれない！」という人もきっと多いはずです。が、心配はいりません。全部覚えなくても大丈夫ですから。

この章は、「画面の表示関係の基本は、この章を読めば一通りわかる」ということを考えて用意しています。つまり、「後から、表示関係について調べようと思ったときは、この章だけ調べればたいていわかりますよ」という形にしてあるのですね。ですから、「なにも今、ここで、これ覚えなくったっていいんじゃないの？」というものも含まれてます(途中で何度も「これは今、覚えなくてもいいよ」と書いてあったでしょう？)。

この章で本当に大切なもの、「絶対にこれだけは今、ここで覚えないとダメ！」というものは、実はそんなにたくさんはありません。簡単にまとめておきましょう。

views.pyとurls.pyの基本は絶対覚える！

Webページを作って何か表示させるには、views.pyとurls.pyに必要なことを書かないといけません。この基本的な書き方だけは、絶対に覚えないといけません。

views.pyは、「関数を使ってビューの処理を用意する」というやり方が基本です。これだけはしっかり覚えてください。Viewの派生クラスを定義して処理するやり方は、難しければ覚えなくてもいいですよ。

urls.pyは、ビュー関数を登録する時のurlpatternsの書き方だけしっかり覚えておきましょう。

テンプレートは確実に使えるように！

「templates」フォルダを作ってテンプレートを用意して表示する。この基本はきっちり覚えましょう。それから、ビュー関数で値をまとめておいて、テンプレートに渡して表示する方法。これもテンプレート利用の基本です。これらを覚えて、自分でテンプレートを作って表示できるようになればOKです。

| Chapter-2 | ビューとテンプレート |

フォームはFormクラスが基本！

　フォーム関係は、面倒でも「Formクラスを使ってフォームを作成する」というやり方を覚えてください。Djangoでは、<input>タグをテンプレートに書くより、Formクラスを定義するやり方のほうが一般的なんだ、と考えましょう。

　ただし、覚えるフィールドは、とりあえずCharFieldだけでOKです。それ以外のものは、特に覚える必要はありません。

自分でフォームページが作れるように！

　この章の目標は、表示関係の基本を覚えること。それはどういうものかというと、一言でいえば「フォームのあるWebページを自分で作れるようになる」ということです。

　単にHTMLのテンプレートを表示するだけでなく、そこにフォームを用意し、送信された値を処理してまた次の表示を作成する。そういった一連の処理が自分で作れるようになったら、この章は「しっかりマスターした！」と考えていいですよ！

Chapter

3

モデルとデータベース

Django には、データベースに関する機能がいろいろと揃っています。データベースの設計に関するコマンド、管理するツール、モデルと呼ばれるクラスを使ったデータベースアクセス。それらデータベース利用のための基礎的な機能について、この章でまとめて説明しましょう。

Chapter 3 モデルとデータベース

Section 3-1 管理ツールでデータベースを作ろう

データベースってなに？

複雑な機能を持ったWebアプリケーションでは、膨大なデータを処理していく必要があります。こうした場合に考えないといけないのが「データをどこに保存するか」です。

普通のビジネスソフトなどなら、データをファイルに保存して、必要になったら読み込んで使えばいいのですが、Webアプリケーションではそうもいきません。単純なテキストファイルなどに保存する場合、そこから必要な情報を探して取り出すのも大変です。またデータの量が膨大になってくると、ファイルを読み込むだけでも相当な時間がかかってしまいます。また、Webでは同時に大勢がアクセスしてきますが、普通のテキストファイルは同時に複数のユーザーが開こうとすると問題を起こしがちです。

Webでは、膨大なデータから瞬時に必要な情報を探して取り出すことができないといけません。普通に「ファイルに保存して、必要なら読み込む」では難しいのです。

では、どうすればいいか。こういう場合に用いられるのが「データベース」なのです。

図3-1 テキストファイルなどの一般的なファイルに保存する場合、なにかと問題が多い。

そこで、データベース！

データベースは、その名前の通り、データを保管することに特化したプログラムです。データベースが一般的なファイル保存などより優れている点をまとめるなら、以下のようになるでしょう。

●アクセスが速い！
データベースの最大の魅力は、スピードです。膨大なデータの中から必要なものを探し出す場合、データベースの速さは圧倒的です。

●検索が高度！
データベースには、必要なデータを探し出すための高度な機能が用意されています。多くのデータベースでは、「SQL」というデータアクセスの専用言語を搭載していて、それを使って非常に高度な検索作業を行えるようになっているのです。

●膨大なデータも管理できる！
1GB（ギガバイト）のテキストファイルは、ファイルを開くだけでも相当な時間がかかります。が、データベースはGB単位のサイズになっても問題なくデータを管理できます。極端にアクセスが遅くなってしまうこともありません。

●同時に大勢が使える！
データベースは、同時に多数がアクセスできるように設計されています。一人が使い終わってファイルを閉じるまで次の人は開けない、なんてこともありません。

こうした特徴から、Webアプリケーションでは、「普通のファイルより使い方はちょっと難しいけど、データの保存はデータベースを使うのが基本」となっているのです。

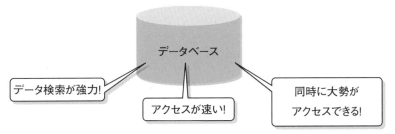

図3-2　データベースは、膨大なデータを保管でき、同時に大勢が高速にアクセスできる。

| Chapter-3 | モデルとデータベース |

Djangoで使えるデータベース

データベースは、さまざまなところが開発してリリースしていますが、Djangoではそれらすべてが使えるわけではありません。対応しているのは、以下の3つと考えてください。

MySQL	オープンソースのデータベースで、おそらく現在、もっとも広く使われているものでしょう。
PostgreSQL	これはLinuxなどで広く使われており、日本でも人気の高いデータベースです。
SQLite	これはデータベースファイルに直接アクセスするタイプのもので、非常に小さいのが特徴です。スマートフォンなども内部で使っています。

これらは共通する特徴があります。それは、「SQLというデータアクセス言語を使っている」という点です。SQLは、多くのデータベースに採用されている言語で、非常に高度なデータベースアクセスが行なえます。

サーバーとエンジン

データベースのプログラムには、大きく2つのタイプがあります。それは「サーバータイプ」と「エンジンタイプ」です。

●サーバータイプ

MySQLとPostgreSQLは、「データベースサーバー」と呼ばれるタイプのものです。これはデータベースにアクセスする専用のサーバープログラムを起動し、Webサーバーとデータベースサーバーの間で通信してデータのやり取りを行なうタイプです。

●エンジンタイプ

これに対して、SQLiteは、データベースファイルに直接アクセスするエンジンプログラムです。非常に小さいため、スマホなどにも組み込むことができます。

Webの世界では、サーバータイプを使うことが多いでしょう。レンタルサーバーなどでは、Webサーバーとデータベースサーバーが最初から用意してあることが多いものです。

エンジンタイプは、スマホなどで広く使われていましたが、最近ではWebの世界で使われることも多くなってきました。レンタルサーバーなどではなく、プログラムをまるごと実行できるクラウドサービスと呼ばれるものでは、プログラムサイズが小さくて負担にならないエンジンタイプのほうが使いやすい、ということもあるのです。

実はPythonには組み込み済み！

では、Djangoではどれを使えばいいのか？ 実は、これは決まっています。SQLiteです。なぜかというと、PythonにはSQLiteのエンジンプログラムが最初から標準ライブラリとして組み込まれているからです。このため、データベースプログラムなどを別途用意したりインストールなどしなくとも、すぐにデータベースを使い始めることができます。

本格的な開発を行なう際に、最初から「データベースはMySQL」というように仕様が決まっているような場合、あるいは「アップロードするレンタルサーバーがPostgreSQLしか対応してない」というような場合には、それらのデータベースを使うようにすればいいでしょう。Djangoの学習をするには、標準のSQLiteで十分です。

データベースの設定をしよう

では、データベースを利用する準備を整えましょう。利用するデータベース「SQLite」のプログラムは既に組み込まれていますが、何もせずにいきなり使えるわけではありません。プロジェクトに用意されているデータベースの設定を確認する必要があります。

データベースの設定は、「settings.py」というファイルに記述されています。プロジェクトのフォルダの中に、プロジェクト名と同じ名前のフォルダがありましたね？ 今回のサンプルでいえば、「django_app」というフォルダです。この中にあるsettings.pyを開いてみてください。

これは以前、helloアプリケーションをプロジェクトに登録するのに編集したことがありました。このファイルの中を見ていくと、DATABASESという変数に値を設定している文が見つかります。これが、データベースの設定です。

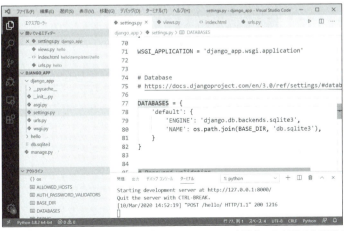

図3-3 「django_app」フォルダ内のsettings.pyを開き、DATABASESという値を探す。

Chapter-3 モデルとデータベース

DATABASES の内容をチェック！

　Djangoでは、データベースの設定は、DATABASESという変数を使って行ないます。この変数に、設定情報を辞書にまとめたものを代入しておくと、その情報を元にデータベースアクセスが行なわれるようになります。

　では、デフォルトでどのような値が設定されているのか見てみましょう。

リスト3-1
```
DATABASES = {
    'default': {
        'ENGINE': 'django.db.backends.sqlite3',
        'NAME': os.path.join(BASE_DIR, 'db.sqlite3'),
    }
}
```

　これが、デフォルトで記述されているデータベース設定です。DATABASESの値は辞書になっているのですが、この辞書の各値も更に辞書になっているんです。整理すると、DATABASESの値はこうなっています。

```
DATABASES = {
    'default' : {……設定情報……},
    '設定名' : {……設定情報……),
    ……略……
}
```

　DATABASESには、設定の値をいくつでも用意しておくことができます。標準では、'default'という設定が用意されています。これは名前の通り、Djangoでデフォルトで使われる設定です。

必要は設定は2つだけ

　SQLiteの場合、用意すべき設定はたった2つです。標準で用意されていますが、こういうものです。

●'ENGINE'

　これは、データベースへのアクセスに使われるプログラムです。SQLiteの場合、django.db.backends.sqlite3というクラスを使います。

●'NAME':

　これは、利用するデータベースの名前です。SQLiteの場合、データベースファイルのパ

スを設定します。標準ではこんなものが用意されていますね。

```
os.path.join(BASE_DIR, 'db.sqlite3')
```

　os.path.joinというのは、2つのパスをつなぎ合わせて1つのパスにするものです。引数には、BASE_DIRという変数と、'db.sqlite3'というファイル名が制定されています。BASE_DIRは、このプロジェクトのフォルダのパスが設定された変数です。
　つまり、この文は、「プロジェクトのフォルダ内にあるdb.sqlite3のパス」を表すものだったんですね。通常は、このデフォルトのデータベースファイルをそのまま使えばいいでしょう。

他のデータベースを使う場合は？

　SQLiteは、このようにデフォルトで用意された設定でそのまま使うことができます。では、その他のデータベースの場合はどうでしょうか。
　本書ではSQLiteしか使いませんが、「自分はMySQLを使いたい」とか「PostgreSQLを使わないといけない」という人もいるでしょう。そうした人のために、これらのデータベースの設定について整理しておきましょう。

MySQLの場合

　MySQLは、サーバータイプのデータベースです。従って、データベースサーバーにアクセスするための情報を用意する必要があります。その書き方を整理しておきましょう。

リスト3-2
```
DATABASES = {
    'default': {
        'ENGINE': 'django.db.backends.mysql',
        'NAME': データベース名,
        'USER': 利用者名,
        'PASSWORD': パスワード,
        'HOST': ホスト名,
        'PORT': '3306',
    }
}
```

　エンジンプログラムは、django.db.backends.mysqlというクラスを使います。HOSTには、データベースサーバーが動いているホストコンピュータのアドレスとポート番号（通常は3306固定）を用意します。また、データベースサーバーにアクセスする際に使用する利用者名とパスワードも用意します。

Chapter-3 モデルとデータベース

PostgreSQLの場合

　PostgreSQLの設定も、実をいえば基本的な内容はMySQLとほとんど同じです。これも基本的な設定内容を以下に整理しておきましょう。

リスト3-3

```
DATABASES = {
    'default': {
        'ENGINE': 'django.db.backends.postgresql',
        'NAME': データベース名,
        'USER': 利用者名,
        'PASSWORD': パスワード,
        'HOST': ホスト名,
        'PORT': '5432',
    }
}
```

　用意されている項目は、MySQLと同じものですね。使用するエンジンプログラム('ENGINE'の値)とポート番号('PORT'、5432が基本)が変更されるぐらいです。後は、使う環境にあわせて値を用意していけばいいでしょう。

データベースの構造について

　これで、データベースの設定は確認できました。次の作業に進む前に、このへんで「データベースの構造」についてちょっと触れておきましょう。

　データベースは、データを適当に保管してあるわけではありません。データベースは、きっちりと決まった構造に従ってデータが保管されるんです。この基本的な構造が頭に入ってないとデータベースは使えません。

　データベースは、「データベース」「テーブル」「レコード」といったもので構成されています。それぞれどういうものか簡単に説明しましょう。

●データベース

　これがデータベースの土台となるものです。SQLiteのような直接ファイルにアクセスするタイプは、データベースのファイルがこれに当たります。またサーバータイプのものは、それぞれのアプリケーションごとに、サーバーにデータベースを用意します。

　ただし、このデータベースの中には、データは保存できません。データベースは、次の「テーブル」というものをまとめておくための入れ物です。

140

●テーブル

データベースの中に用意するものです。このテーブルは、保存するデータの構造を定義するものです。

データベースは、1つの値しか保管しないわけではありません。例えば、名前・メールアドレス・年齢・電話番号・住所……といった項目をひとまとめにして保存する、というようなやり方をします。この「保存する項目の内容」を定義するのがテーブルです。例えば「テキストの値の名前とメールアドレス、整数の値の年齢、……」といった具合に、どういう値を保管するのかを詳しく指定してあるのです。

作成されたテーブルには、定義した内容に従った形式でデータが保管されていきます。このテーブルが、実際にデータを保管する入れ物といってよいでしょう。

●レコード

テーブルの中に保管されるデータのことです。レコードは、テーブルの定義に従って、保管する値を一式揃えたものです。例えば、「名前・メールアドレス・年齢・電話番号・住所」といった項目のテーブルがあったら、そこに保存するレコードも、これら5つの値を揃えたものでないといけません（ただし、テーブルで「年齢や住所は空でいいよ」というように設定してあれば、それらの値はなくてもOKです）。

これが、データベースの構造です。データベースの中に必要なテーブルが揃っており、それぞれのテーブルの中にレコードがまとめてある——そういう構造になっているんですね。

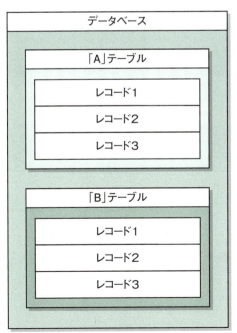

図3-4　データベースの構造。データベースの中にテーブルがあり、テーブルの中にレコード（データ）が保管される。

| Chapter-3 | モデルとデータベース |

テーブルを設計しよう

さて、データベースの基本的な構造がわかったところで、データベース利用の続きに戻りましょう。次にやるべきことはなんでしょうか？ それは、「テーブルの設計」です。

データベースを利用するには、テーブルを用意しないといけません。テーブルを用意するためには、「このアプリケーションではどういうデータが必要か」を考え、それを元にテーブルを設計しておかないといけないのです。

友人テーブルを設計する

ここでは例として、友人の情報を管理するテーブルを考えてみましょう。用意する項目はざっと以下のようになります。

名前	名前を保管します。テキストの値です。
メールアドレス	メールアドレスを保管します。テキストの値です。
性別	性別を表す真偽値です。ここでは「Trueなら男、Falseなら女」といった具合にON/OFF状態を使って設定することにします。
年齢	年齢です。整数値です。
誕生日	誕生日の年月日です。これは日付の値です。

見ればわかるように、「何の値か」だけでなく、「どういう種類の値か（テキストか数字か、など）」も考えておかないといけません。また、後から「やっぱりこれも入れておけばよかった」となっても、既にたくさんレコードが保存された状態では修正するのは相当に大変です。最初にきっちりと必要な項目を揃えて設計しておきましょう。

モデルを作成しよう

さて、テーブルの設計はできました。となると、次は？ まぁ、普通に考えれば、「設計を元に、データベースにテーブルを作る」ということになるでしょう。

が、Djangoは違います。実は、Djangoでは、データベースにテーブルを作っておく必要がないんです。どういうことかというと、プロジェクトにデータベース関係のスクリプトを書いておけば、それを元にデータベースにテーブルを自動生成してくれるのです。

ですから、次にやることは、「Djangoのプロジェクトに、データベースのスクリプトを書いておく」という作業です。

モデル＝テーブル定義？

テーブルの内容は、「モデル」というものとして用意します。MVCのMです。このモデルは、利用するテーブルごとに作成されます。テーブルにどんな値を保管するか、どんな項目があるか、といったことをモデルとして定義しておくのです。

つまり、「モデル＝テーブルの定義」と考えればいいでしょう。更には、そのテーブルのレコードは、Djangoでは対応するモデルのインスタンスとして扱われます。つまり「モデルのインスタンス＝テーブルのレコード」というわけですね。

このモデルは、プロジェクトの各アプリケーションごとに「models.py」という名前のファイルとして用意されています。

「hello」フォルダの中にあるmodels.pyを開いてみましょう。するとそこには以下のようなものが書かれています。

リスト3-4
```
from django.db import models

# Create your models here.
```

見ればわかるように、from django.db import modelsというimport文があるだけです。このdjango.dbというモジュールにあるmodelsというパッケージに、モデル関連のクラスなどがまとめてあります。

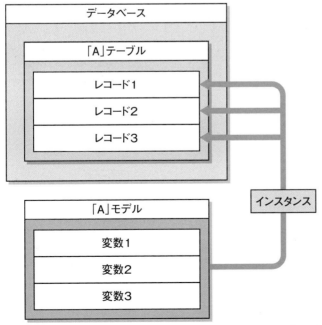

図3-5 モデルは、テーブルに対応するクラス。またレコードもモデルのインスタンスとして扱われる。

Friendモデルクラスの作成

では、モデルクラスを作りましょう。models.pyのスクリプトを以下のように書き換えてください。

リスト3-5
```python
from django.db import models

class Friend(models.Model):
    name = models.CharField(max_length=100)
    mail = models.EmailField(max_length=200)
    gender = models.BooleanField()
    age = models.IntegerField(default=0)
    birthday = models.DateField()

    def __str__(self):
        return '<Friend:id=' + str(self.id) + ', ' + \
            self.name + '(' + str(self.age) + ')>'
```

　モデルは、初めて作るクラスです。が、どことなく見たことある感じがしますね。そう、「フォーム」です。前の章でFormクラスを作りましたが、モデルはあれとそっくりなのです。フォームでは、forms.CharFieldといったものを使いましたが、モデルではmodels.CharFieldというように変わっています。が、基本的な書き方はほぼ同じです。
　mailは、EmailFieldを指定しています。genderはBooleanField、ageはIntegerField、birthdayはDateFieldです。今回は、なるべくさまざまなタイプの値を使うようにしてみました。

モデルクラスの書き方

　モデルクラスは、django.db.modelsにある「Model」クラスを継承して作成をします。基本的な書き方はこんな感じになります。

```
class モデル名(models.Model):
    変数 = フィールドのインスタンス
    ……必要なだけ変数を用意……
```

　クラスの中には、保管する値に関する変数を用意しておきます。これは、フォームのクラスと同じように、フィールドクラスのインスタンスを作って設定します。ただし、フィールドと違い、こちらはdjango.db.modelsというところにあるクラスです。テキストの値を保

管するフィールドはCharFieldですが、フィールドのforms.CharFieldクラスではなく、models.CharFieldクラスになります。同じ名前ですが、別のクラスなんです。

__str__ って、なに？

作成したFriendクラスをよく見ると、その他に「__str__」っていうメソッドも用意されています。これってなんでしょう？

この__str__は、「テキストの値」を返すためのものなんです。Djangoでは、例えばテンプレートなどで{{}}を使って値を表示できますね。これは、その値をテキストの値に変換したものを書き出しているんです。

Friendクラスのインスタンスを{{}}で表示させると、この__str__でreturnされたテキストが表示されます。この__str__を用意することで、テキストとして表示したときの内容をカスタマイズできる、というわけです。

マイグレーションしよう

これで、モデルまで用意できました。次に行なうのは？ それは、「マイグレーション」と呼ばれる作業です。

マイグレーションというのは、データベースの移行を行なうための機能です。あるデータベースから別のデータベースに移行するとき、必要なテーブルを作成したりしてスムーズに移行できるようにするのがマイグレーションです。

このマイグレーションは、他のデータベースへの移行だけでなく、プロジェクトでデータベースをアップデートするのにも使われます。例えば今回のように、「データベースに何もない状態から、モデルを元に必要なテーブルを作成する」という作業にも利用できるのです。

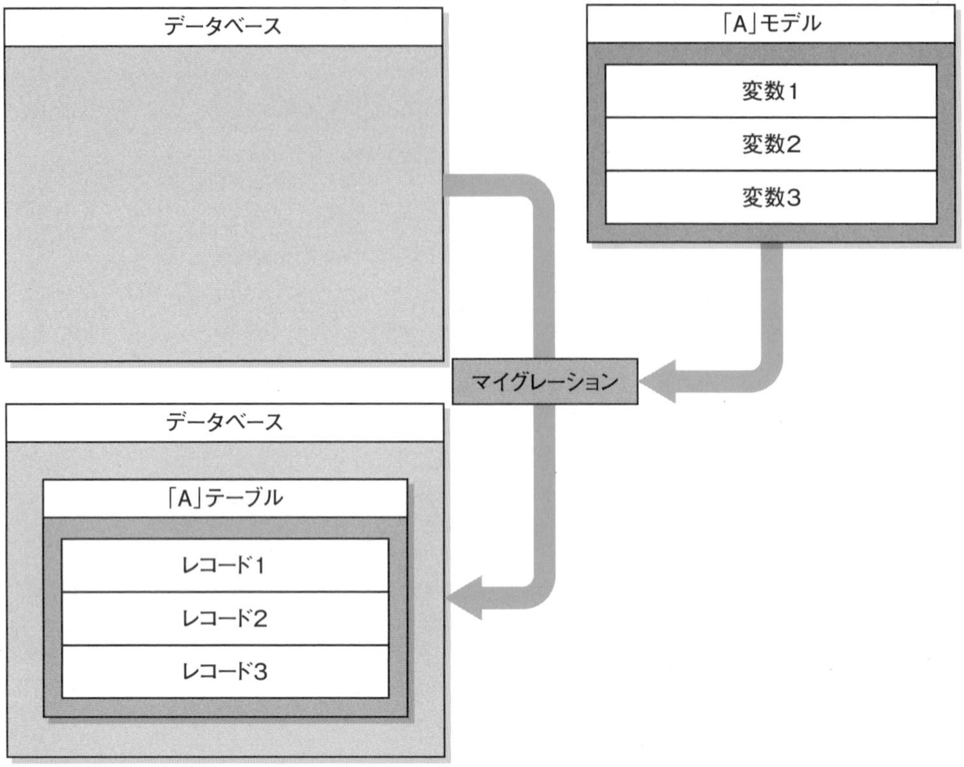

| Chapter-3 | モデルとデータベース |

図3-6 マイグレーションは、モデルなどの情報を元にテーブルを更新し最新の状態にするための機能。

ターミナルの準備

では、実際にマイグレーション作業を行ないましょう。マイグレーションは、2つの作業からなります。1つは「マイグレーションファイルの作成」、もう1つは「マイグレーションの適用」です。

まずは、マイグレーションファイルの作成を行ないましょう。これは、コマンドで実行します。コマンドプロンプトなどを使ってもいいですし、VS Codeで「ターミナル」メニューから「新しいターミナル」メニューを選んでターミナルを開いてもいいでしょう。VS Codeで複数のターミナルを開いた場合は、ターミナル上部の中央付近にあるプルダウンメニューで開いたターミナルを切り替えできます。

図3-7　VS Codeでターミナルを開く。複数開いている場合はプルダウンメニューで切り替えできる。

マイグレーションファイルを作る

ターミナルのウインドウを開いたら、コマンドを実行しましょう。マイグレーションは、以下のようなコマンドで実行します。

```
python manage.py makemigrations 名前
```

最後の「名前」は、マイグレーションを実行するアプリケーション名を指定します。ここでは、「hello」アプリケーションのmodels.pyにモデルなどを記述しましたから、helloに対してマイグレーションファイルの作成を実行してやればいいでしょう。

```
python manage.py makemigrations hello
```

これを実行すると、作成したモデルの情報などを元に、マイグレーションファイルを作成します。エラーなく終了すれば、問題なくファイルが作成できています。

図3-8　makemigrationsでマイグレーションファイルを作成する。

Chapter-3 | モデルとデータベース

マイグレーションを実行する

続いて、マイグレーションを実行しましょう。これは、作成したマイグレーションファイルを適用してデータベースを更新する処理です。これは以下のようにコマンドを実行します。

```
python manage.py migrate
```

パラメータなどはありません。ただ、これを実行するだけです。では、実際にターミナルから入力して実行してみてください。

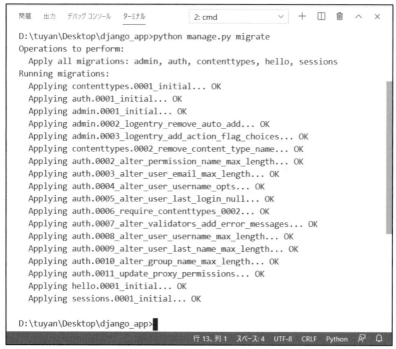

図3-9　migrateでマイグレーションを実行する。実行時に出力される表示はマイグレーションの実行内容によって違ってくる。

マイグレーションファイルの中身って？

これでマイグレーションは行なえました。まだデータベースの中身がどうなっているか見ていませんが、エラーが出なければ、ちゃんと更新されてデータベースファイルの中にテーブルが追加されているはずです。

では、このマイグレーションってどういうことをしていたんでしょうか。ちょっと、作成したマイグレーションファイルの中身を覗いてみましょう。

管理ツールで データベースを作ろう 3-1

　マイグレーションファイルは、アプリケーション内の「migrations」というフォルダに作成
されます。「hello」フォルダ内にある「migrations」フォルダの中を見ると、「0001_initial.
py」というファイルが作成されているでしょう。これが、マイグレーションファイルです。
　このファイルを開くと、以下のようなスクリプトが書かれているのがわかります。

リスト3-6

```
from django.db import migrations, models

class Migration(migrations.Migration):

    initial = True

    dependencies = [
    ]

    operations = [
        migrations.CreateModel(
            name='Friend',
            fields=[
                ('id', models.AutoField(auto_created=True,
                    primary_key=True, \
                        serialize=False, verbose_name='ID')),
                ('name', models.CharField(max_length=100)),
                ('mail', models.EmailField(max_length=200)),
                ('gender', models.BooleanField()),
                ('age', models.IntegerField(default=0)),
                ('birthday', models.DateField()),
            ],
        ),
    ]
```

　Migrationというクラスが用意されていますね。これは、django.db.migrationsというと
ころにあるクラスで、マイグレーションはこのクラスを継承して作られています。
　この中にあるのが「operations」という変数です。これが、実行する処理の内容をまとめた
ものです。ここでは、「migrations.CreateModel」というクラスのインスタンスが用意され
ていますね。これは、モデルを作成する（モデルを元にテーブルを作る）ためのクラスです。
ここで記述されている情報を元に、Friendモデルのテーブルが作られていた、というわけ
です。
　ざっと説明をしましたが、これらは、別に覚えなくてもかまいません。ただ、「こんな具合
にマイグレーションって実行されているんだぁ」ということがわかればそれで十分です。「マ
イグレーションといっても、別に魔法のようなことをしているわけではなくて、実は自動的
にスクリプトを作って実行していたんだ」ということがわかっていればいいでしょう。

149

Chapter 3 モデルとデータベース

Section 3-2 管理ツールを使おう

管理ユーザーを作成しよう

　モデルも作成し、マイグレーションでテーブルも用意できたはずです。もういつでもデータベースを使ったプログラムを書いて動かせます。ただ、まだ今の段階ではテーブルには何もレコードは入っていません。できれば、ダミーのデータをいくつか用意しておきたいところですね。

　実は、Djangoにはデータベースの管理ツールが用意されていて、それを使ってWeb上でテーブルなどの編集が行なえるようになっているんです。これは、非常に便利なものなので、ぜひ使い方を覚えておきましょう。

管理者の作成

　この管理ツールを利用するためには、まず管理者を登録しておく必要があります。これはターミナルからコマンドで行なえます。

```
python manage.py createsuperuser
```

　このようにターミナルから実行してください。次々と管理者情報を尋ねてくるので、順に入力していきます。

Username	管理者名を入力します。ここでは「admin」としておきました。
Email address	メールアドレスを入力します。
Password	パスワードを入力します。これは8文字以上にします。
Password(Again)	パスワードをもう一度入力します。

　これらを入力すると、管理者が作成されます。これは管理ツールへのログイン時に必要と

なるので、入力内容を忘れないようにしましょう。

図3-10　createsuperuserコマンドで管理者を作成する。

Friendを登録しよう

　次に行なうのは、Friendモデルを管理ツールで利用できるように登録する作業です。管理ツールは、すべてのモデルを編集できるわけではありません。あらかじめ「このモデルは管理ツールで利用できる」というように登録されたものだけがツールで編集できるのです。

　これは、アプリケーションの「admin.py」というファイルで行ないます。「hello」フォルダ内にあるadmin.pyを開いてください。ここには、以下のように書かれています。

リスト3-7

```
from django.contrib import admin

# Register your models here.
```

　django.contribのadminというものをimportしていますね。このadminを使って、モデルの登録を行なうようになっているのです。

　では、以下のようにadmin.pyを書き換えてください。

リスト3-8

```
from django.contrib import admin
from .models import Friend

admin.site.register(Friend)
```

　admin.site.registerというのが、登録するメソッドです。これに、登録するモデルクラスを指定すれば、そのクラスが管理ツールで編集できるようになります。

Chapter-3 モデルとデータベース

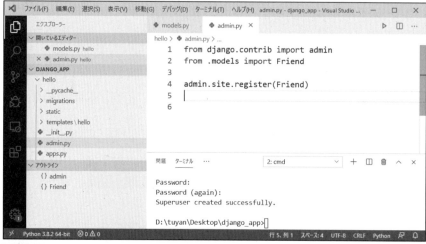

図3-11 admin.pyを開いてスクリプトを編集する。

管理ツールにログインする

　では、管理ツールを使ってみましょう。管理ツールは、DjangoのWebアプリケーションとして用意されています。ですから利用するには、まずサーバーでDjangoプロジェクトを実行する必要があります。

　ターミナルから「python manage.py runserver」を実行してプロジェクトを起動しましょう。そして、Webブラウザから以下のアドレスにアクセスをしてください。

http://localhost:8000/admin

　これが、管理ツールのアドレスです。アクセスすると、ログインページにリダイレクトされます。ここで、先ほど管理者登録したユーザーの名前とパスワードを入力してください。そして「LOG IN」ボタンをクリックすれば、管理ツールにログインできます。

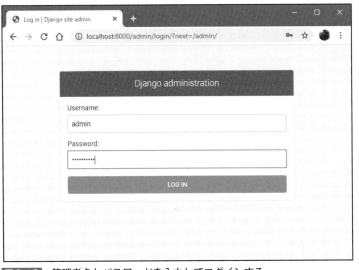

図3-12 管理者名とパスワードを入力してログインする。

管理ツール画面について

　ログインすると、管理画面が現れます。ここでは、利用可能なモデル（テーブル）が表示されています。簡単に表示の内容を説明しておきましょう。

●上部のリスト

　「AUTHENTICATION AND AUTHORIZATION」と表示されているリストです。これは、管理ツールであるadminアプリケーションが使用しているモデルです。「Groups」と「Users」というモデルが用意されています。

●下部のリスト

　「HELLO」と表示されているところが、helloアプリケーションに用意されているモデルです。「Friends」だけが表示されていますね。これが、先ほどマイグレーションで作ったFriendモデルのテーブルです。

●右側のリンク

　「Recent Actions」というところには、最近移動したページへのリンクが表示されます。「前に操作したページに戻りたい」といったときに素早く移動できます。まだ現時点では、何も操作してないので、None availableと表示されているでしょう。

| Chapter-3 | モデルとデータベース |

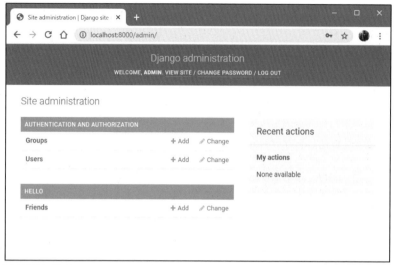

図3-13 管理ツールの画面。プロジェクトのモデル（テーブル）がリスト表示されている。

「Friend」なの？「Friends」なの？

　管理ツールを見ると、helloアプリケーションのところには「Friends」と表示されていますね。でも、作成したモデルは、確か「Friend」だったはず。Friendなのか、Friendsなのか、どっちだ？　と思った人も多いでしょう。

　実は、どっちも使うのです。Djangoでは、モデルは単数形ですが、管理ツールのテーブル名は複数形になっています。データベースは多数のデータを扱いますから、「Friendのデータがたくさん保管されているから、Friends」ということなんでしょう。

　「個々のレコード（保管されているデータ）は単数形、レコード全部をまとめて扱う（テーブルなど）場合は複数形」なので、例えばレコードの一覧を表示するページではFriendsと表示してありますし、レコードを作成するページではFriendとなっています。「1つのレコードを扱うのか、たくさんのレコードを扱うのか」を考えるとよいでしょう。

Friendsテーブルを見てみる

では、HELLOのところにある「Friends」の項目をクリックしてみましょう。これで、Friendsテーブルの編集ページに移動します。

といっても、まだ現時点ではまったくレコードはないので、何も内容は表示されていません。が、本来ならここでレコードの一覧が表示されることになります。

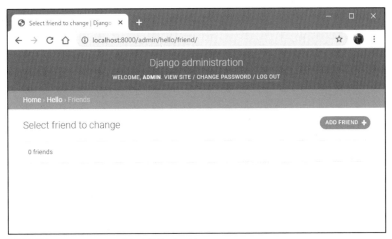

図3-14　Friendsテーブルの編集ページ。

レコードを作成する

では、右側にある「ADD FRIEND＋」というボタンをクリックしてみましょう。すると、レコードの作成ページに移動します。

ここには、Friendの各項目の入力フィールドが表示されます。見ればわかりますが、BooleanFieldを指定したGenderはチェックボックスになっていますし、DateFieldを指定したBirthdayは日付を入力するためのカレンダーアイコンが用意されます。これらを使って、簡単に値を入力できるようにしてあるのですね。

では、実際になにか値を入力してみましょう。そして、右下にある「SAVE」ボタンを押すと、正しく値が入力できていればレコードがテーブルに保存されます。

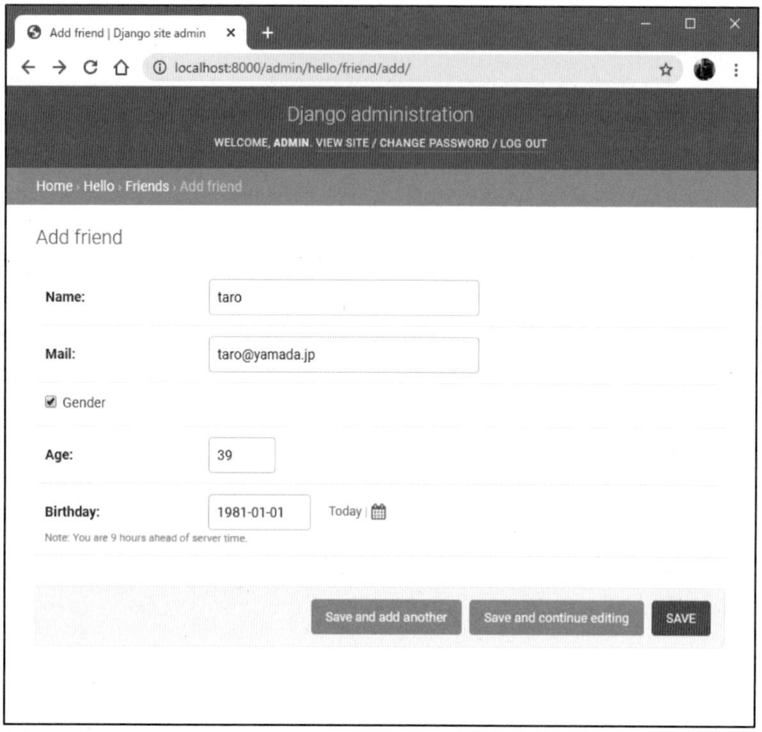

| Chapter-3 | モデルとデータベース |

図3-15 Friendの作成ページ。項目を記入し、「SAVE」ボタンを押す。

レコードが追加された！

　保存すると、Friendsテーブルのレコード一覧のページに移動します。実際にいくつかレコードを保存してみましょう。

　いくつかレコードを追加すると、レコードのリスト部分に、<Friend:id=1, taro(37)>というような形でレコードの内容が表示されます。これは、Friendクラスに__str__メソッドで用意した表示の形式です。Friendインスタンスを{{}}で表示すると、このように__str__で出力した形になるんですね。

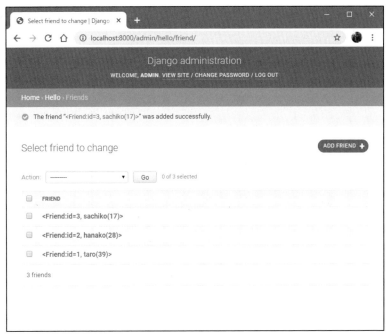

図3-16 いくつかレコードを登録したところ。レコードとして表示される値は、__str__で出力したものになっている。

利用者の管理ページ

　アプリケーションに用意したモデルのテーブルにレコードを保存するのはこれでわかりました。が、管理ツールには、アプリケーションのモデルの他にも項目が用意されていましたね。それは、この管理ツールで利用する利用者などのモデルです。

　管理ツールのトップページに戻りましょう(タイトルの下にある、Home >> Hello >> Friendsというリンクから、Homeをクリックすると戻ります)。そして、「Users」のリンクをクリックしてみてください。これで、Userの管理ページに移動します。

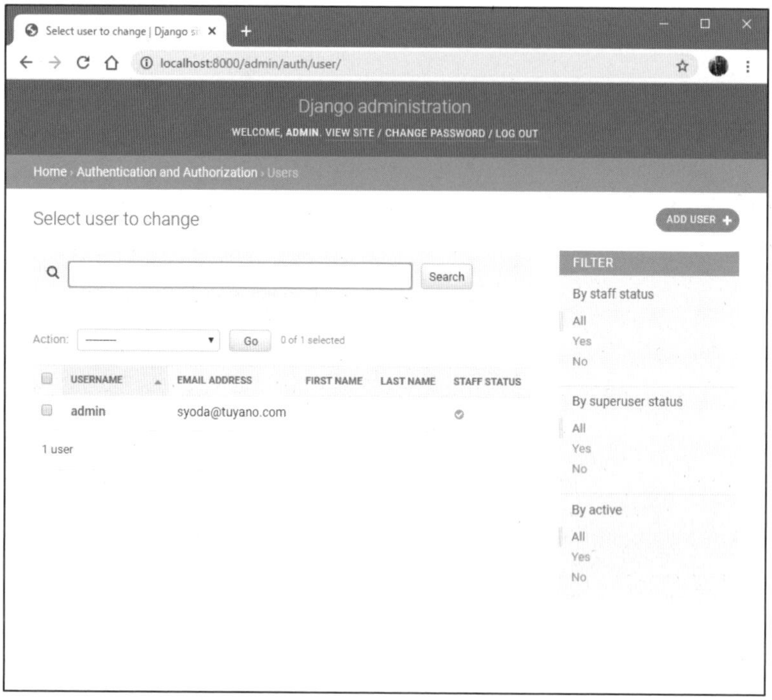

| Chapter-3 | モデルとデータベース |

図3-17　Usersテーブルの管理ページ。

Usersページの機能

　このUsersのページ、先ほどのFriendsのページとはちょっと表示が違っていますね。レコードの一覧リストの他にもいろいろと表示がされています。簡単に説明しましょう。

●検索フィールド

　上部にある入力フィールドは、レコードを検索するためのものです。ここで利用者名を書いて「Search」ボタンを押すと、その名前の利用者レコードを検索し下に表示します。

●Action

　これは、実はFriendsでも（レコードを登録すれば）表示されます。レコードのリストの上にあるプルダウンメニューは、選択したレコードを操作するためのものです。標準では、選択したレコードを削除するためのメニュー項目だけが用意されています。

●Filter

　ウインドウの右側には、フィルター機能のリンクがまとめてあります。フィルターというのは、特定の条件に合うものだけ絞り込んで表示する機能のことです。ここにあるリンクをクリックすることで、管理者（superuser）だけを表示したり、スタッフ（staff）だけを表示し

管理ツールを使おう | 3-2

たりできます。

利用者を追加してみる

では、「ADD USER＋」ボタンをクリックして、利用者を追加してみましょう。

ボタンをクリックすると、利用者登録のページに移動します。ここで適当に項目を記入します。

Username	利用者の名前です。
Password	パスワードです。8文字以上にしましょう。
Password Confirmation	パスワードの確認用です。Passwordと同じものをもう一度記入します。

これらを記入して「SAVE」ボタンをクリックします。

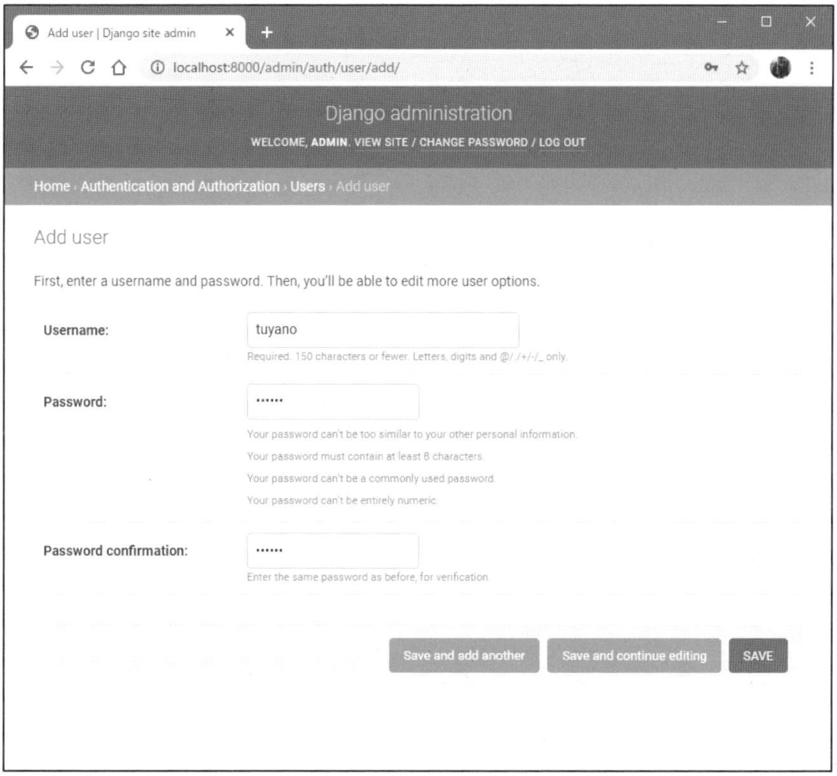

図3-18 利用者の登録ページ。

159

| Chapter-3 | モデルとデータベース

追加の設定を行なう

「SAVE」ボタンを押すと、追加の設定を行なうページに移動します。ここには、さまざまな項目が用意されています。このページは、実は利用者の作成だけでなく、既にある利用者の設定を変更する際にも表示されます。

まぁ、これらは今ここで覚える必要はありませんが、どういうものが用意されているのかざっと紹介だけしておきましょう。

●Change user

登録されている利用者名とパスワードが表示されています。パスワードは変更できませんが、利用者名は変更できます。

●Personal info

利用者の個人情報を入力します。氏名、メールアドレスなどの項目があります。

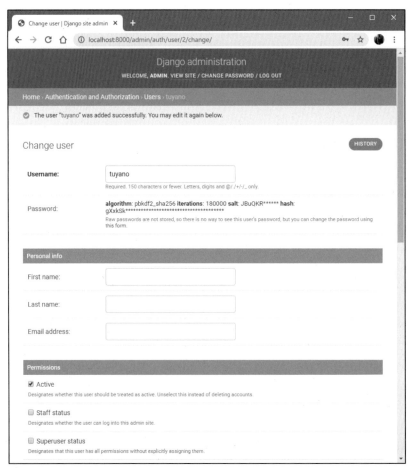

図3-19　利用者の名前とパスワード、その下にPersonal infoの項目。

●Permissions

これはパーミッション(アクセス権)に関するものです。これは非常に多くの項目が用意されています。

Active	アクティブ(利用中)か否か。
Staff status	スタッフ権限を持っているかどうか。
Superuser status	管理者権限を持っているかどうか。
Groups	グループ(複数の利用者をまとめたもの)の所属の設定。
User permissions	利用者に割り当てる権限のリスト。管理者の権限や、登録してあるモデル(Friendなど)の作成や削除などの権限を個別に割り当てられる。

図3-20　Permissionsの項目。けっこう多くの項目がある。

| Chapter-3 | モデルとデータベース |

●Important dates

これは、この利用者を追加した日時と、最後にログインした日時が設定されています。これらは変更することもできます。

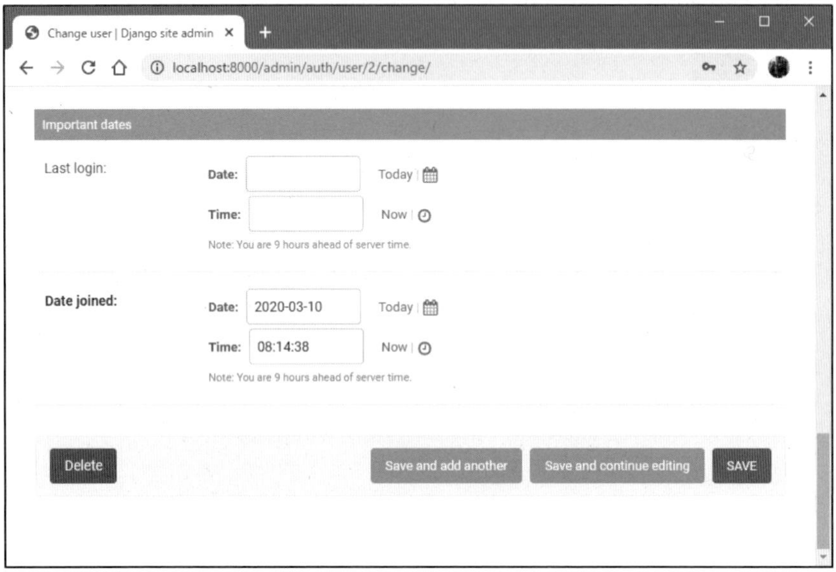

図3-21 Important dates。追加日時と最終ログイン日時がある。

パスワードの変更は？

たくさんの項目が用意されていますが、なぜか見当たらないのが「パスワードの変更」です。利用者の作成でも編集でも、たくさんの設定が表示されますが、なぜかパスワードは編集できません。

パスワードの編集には専用のフォームを利用する必要があります。Change Userのページのpasswordのところに、小さく「this form」と表示がされていました。このリンクをクリックすると、パスワードの変更フォームに移動します。

ここで新しいパスワードを入力して送信すれば、パスワードを変更できます。

なぜ、パスワードだけ普通に編集できないのかというと、パスワードはデフォルトで暗号化したものが保存されているためです。パスワードそのものは保存されていません。編集しようにもできないのです。

そこで、パスワードだけは、新しい値を入力してもらうフォームを用意してあるんですね。

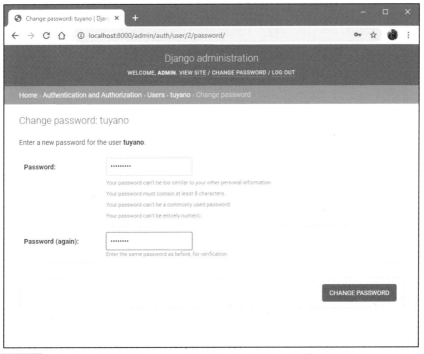

図3-22 パスワードの変更フォーム。ここで新しいパスワードに変更できる。

本格開発に管理ツールは必須！

　というわけで、管理ツールの使い方を一通り説明しました。これがあれば、作成したモデルのレコードを追加したり、誰かが作ったレコードを後で編集したりできるようになります。

　また、管理者(利用者)の編集についても簡単に説明をしておきました。「自分はもうログインできるんだから、他の利用者なんていらないだろう？」と思ったかもしれませんね。

　複数の人間が開発を行なっている場合、この管理ツールは非常に重要ですし、それ以外のところでも実は管理ツールは重要な役割を果たしています。

　Webアプリケーションの中には、「ユーザーがログインして操作をする」というものがあります。例えば、Gmailのようなビジネスアプリケーションもそうですし、アマゾンのようなショッピングサイトもそうですね。Djangoでこうしたサイトを作る場合、ユーザーのログインシステムはそのまま管理ツールの機能が使われるのです(正確には、Djangoに用意されているログインシステムをそのまま利用して管理ツールが作られている、ということです)。

　従って、ログインして利用するサイトの構築では、管理ツールでユーザーの管理をして処理することになるでしょう。実際、この本の最後に作成するプログラムでは、管理ツールでユーザーを作るようになっています。

Chapter-3 | モデルとデータベース

　これらはもちろん、今すぐ覚える必要はまったくありません。今は、自分が作ったモデル（ここではFriend）を管理ツールに登録して編集できれば、それで十分です。ただ、「ログインして利用するWebアプリケーションを作る場合は、管理ツールを使う」ということは頭に入れておきましょう。

Chapter 3 モデルとデータベース

レコード取得の基本とManager

レコードを表示しよう

さて、管理ツールでダミーのレコードも用意しました。いよいよDjangoのアプリケーションからデータベースを利用していきましょう。

まずは、もっとも基本的なアクセスとして、「Friendの全レコードを表示する」ということからやってみましょう。

データベースのアクセスも、これまで使っていた「hello」フォルダ内のviews.pyを利用して行なっていきましょう。このファイルを開いて、以下のように修正をしてください。

リスト3-9
```python
from django.shortcuts import render
from django.http import HttpResponse
from .models import Friend

def index(request):
    data = Friend.objects.all()
    params = {
        'title': 'Hello',
        'message': 'all friends.',
        'data': data,
    }
    return render(request, 'hello/index.html', params)
```

モデルの「objects」と「all」

今回は、しばらく使っていたHelloViewクラスによる処理から、またindexビュー関数による処理に戻しました。前章でクラスを使ったやり方はだいぶわかってきたでしょうし、こちらのやり方のほうがシンプルですからね。

165

indexでは、Friendsテーブルのレコードをすべて取り出すのに、こんなやり方をしています。

```
data = Friend.objects.all()
```

たったこれだけです。実にシンプル！

ここでは、Friendクラスの機能を使っています。Friendは、先に作成したモデルクラスでしたね。

モデルクラスには「objects」という属性が用意されています。このobjectsには、「Manager」というクラスのインスタンスが設定されています（Managerについては後で説明します）。

すべてのレコードを取り出すには、このobjectsにある「all」というメソッドを利用します。このallは、テーブルにあるレコードをモデルのインスタンスのセット（たくさんの値をまとめて扱うオブジェクトです）として取り出します。つまり、1つ1つのレコードをモデルのインスタンスにして、それをセットにまとめてあるんです。

モデルを使ってデータベースから多数のレコードを取り出す場合は、たいていこんな具合に「モデルのインスタンスのセット」の形で取り出します。

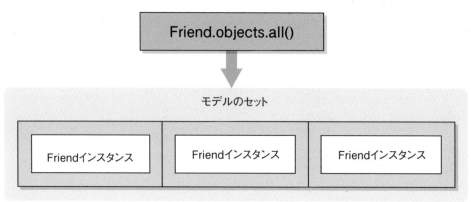

図3-23　モデルのobjectsにあるallメソッドを呼び出すと、レコードをモデル・インスタンスのセットとして返す。

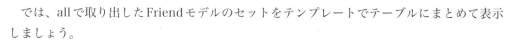 モデルの内容を表示する

では、allで取り出したFriendモデルのセットをテンプレートでテーブルにまとめて表示しましょう。

「templates」フォルダ内の「hello」フォルダ内にあるindex.htmlを開き、以下のようにソースコードを編集してください。

レコード取得の基本とManager | 3-3 |

リスト3-10

```
{% load static %}
<!doctype html>
<html lang="ja">
<head>
    <meta charset="utf-8">
    <title>{{title}}</title>
    <link rel="stylesheet"
    href="https://stackpath.bootstrapcdn.com/bootstrap/4.3.1/css/
        bootstrap.min.css"
    crossorigin="anonymous">
</head>
<body class="container">
    <h1 class="display-4 text-primary">{{title}}</h1>
    <p class="h5 mt-4">{{message|safe}}</p>
    <table class="table">
        <tr>
            <th>ID</th>
            <th>NAME</th>
            <th>GENDER</th>
            <th>MAIL</th>
            <th>AGE</th>
            <th>BIRTHDAY</th>
        </tr>
    {% for item in data %}
        <tr>
            <td>{{item.id}}</td>
            <td>{{item.name}}</td>
            <td>{% if item.gender == False %}male{% endif %}
                {% if item.gender == True %}female{% endif %}</td>
            <td>{{item.mail}}</td>
            <td>{{item.age}}</td>
            <td>{{item.birthday}}</td>
        <tr>
    {% endfor %}
    </table>
</body>
</html>
```

　これで表示は完成しました。が、まだ動きませんよ。この後でURLの登録が終わるまで
は動きません。もう少しの我慢です！

Chapter-3 | モデルとデータベース |

for inで繰り返し表示する

　ここでは、ビュー関数側から渡された変数dataから順にオブジェクトを取り出してテーブルの表示を作っています。これには、「forタグ」というテンプレートタグを利用しています。このforタグを使った基本的な処理の流れを整理すると、こんな感じになるでしょう。

```
{% for item in data %}
    ……繰り返す表示……
{% endfor %}
```

　forタグは、{% for ○○ in ○○ %}というタグで始まり、{% endfor %}というタグで終わります。ここでは、{% for item in data %}としていますね。これで、変数dataから順にオブジェクトを取り出し、itemに代入する、ということを繰り返していきます。ここから{% endfor %}までの間に表示内容を書いておくと、それが毎回繰り返すごとに表示されていくのです。

　繰り返し内でやっている処理を見ると、

```
<td>{{item.name}}</td>
```

　例えばこんな具合に、item内から値を取り出して出力していることがわかるでしょう。こうして、モデルに保管されている値をテーブルに書き出していたんですね。

コラム 「id」ってなんだ？ **Column**

　index.htmlの内容を見てみると、繰り返し部分で、{{item.id}}という値を表示しているのに気がつきます。idって？ Friendクラスには、そんな値は用意してありませんでしたね。これって一体、なんなんでしょう？

　種を明かせば、これは「Djangoが自動的に追加する値」なんです。データベースでは、テーブルのレコードにはすべて「プライマリキー」と呼ばれるものを用意します。これは、すべてのレコードで異なる値が割り振られている特別な項目なんです。データベースでは、このプライマリキーという項目の値を使って、1つ1つのレコードを識別しているんです。

　これは非常に特殊なものなので、ユーザーが自分で用意するのに任せるより、Djangoが自動的に用意したほうが安心ですね。それで、モデルを作ると、その中に「id」という名前でプライマリキー用の値を用意するようにしてあるんです。

レコード取得の基本とManager | 3-3

ifタグで条件分岐

もう1つ、見慣れない処理がありますね。genderの値を表示させている部分です。これは、こんな具合になっています。

```
{% if item.gender == False %}male{% endif %}
{% if item.gender == True %}female{% endif %}
```

なんだか複雑そうに見えますが、これは同じような文を2つ書いているんです。それは「ifタグ」と呼ばれるテンプレートタグを使ったものです。ifタグは、こういう形のタグです。

```
{% if 条件 %}
    ……表示内容……
{% endif %}
```

ifの後に用意した条件の式がTrueならば、その後にある部分を画面に表示します。Falseならば表示しません。

ここでは、item.genderの値がFalseのときは「male」、Trueのときは「female」とテキストを表示するようにしていたのですね！

モデルの表示を完成させよう

さあ、これでビュー関数とテンプレートはできました。urlpatternsを追記してプログラムを完成させてしまいましょう。「hello」フォルダ内のurls.pyを開き、urlpatterns変数の部分を以下のように修正します。

リスト3-11
```
from django.urls import path
from . import views

urlpatterns = [
    path('', views.index, name='index'),
]
```

前回、views.pyのところで、HelloViewクラスを作って試したりしましたね。そのurlpatternsが残ったままになっているかもしれません。これから先は、クラスではなく関数を使ってviews.pyを作成していきますので、urls.pyのimport文もそれに合わせて修正しておきましょう。

169

これで、/hello/にアクセスをしたら、views.pyのindex関数が呼び出されるようになりました。実際にhttp://localhost:8000/hello/にアクセスをしてみてください。Friendsテーブルにサンプルとして追加しておいたレコードの内容がテーブルにまとめて表示されますよ。

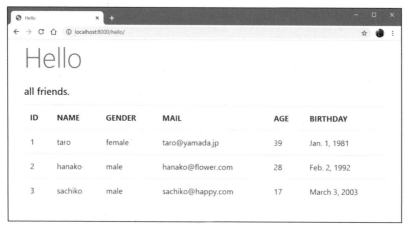

図3-24　/helloにアクセスすると、Friendsテーブルのレコードが一覧表示される。

指定のIDのレコードだけ取り出す

全レコードを取り出すのは、これでできるようになりました。次は「特定のレコードだけ取り出す」というのをやってみましょう。もっとも基本的なものとして、「ID番号を指定してレコードを取り出す」ということを考えてみます。

これには、フォームを用意する必要がありますね。では「hello」フォルダ内のforms.pyを開いて、中身を以下のように編集しましょう。

リスト3-12

```
from django import forms

class HelloForm(forms.Form):
    id = forms.IntegerField(label='ID')
```

今回は、idというIntegerFieldを1つだけ用意しておきました。これにID番号を入力して送信すると、そのレコードが表示される、というようにしてみます。

レコード取得の基本とManager | 3-3

index.htmlを修正する

では、このHelloFormを組み込んでテンプレートを作りましょう。「templates」フォルダ内の「hello」フォルダ内にあるindex.htmlを開いて修正をします。今回は、<body>タグの部分だけを抜き出して掲載しておきます。それ以外の部分はまったく変わらないので省略してもいいでしょう。

リスト3-13

```
<body class="container">
    <h1 class="display-4 text-primary">{{title}}</h1>
    <p class="h5 mt-4">{{message|safe}}</p>
    <form action="{% url 'index' %}" method="post">
        {% csrf_token %}
        {{ form }}
        <input type="submit" value="click">
    </form>
    <hr>
    <table class="table">
    <tr>
        <th>ID</th>
        <th>NAME</th>
        <th>GENDER</th>
        <th>MAIL</th>
        <th>AGE</th>
        <th>BIRTHDAY</th>
    </tr>
    {% for item in data %}
    <tr>
        <td>{{item.id}}</td>
        <td>{{item.name}}</td>
        <td>{% if item.gender == False %}male{% endif %}
            {% if item.gender == True %}female{% endif %}</td>
        <td>{{item.mail}}</td>
        <td>{{item.age}}</td>
        <td>{{item.birthday}}</td>
    <tr>
    {% endfor %}
    </table>
</body>
```

テーブルを表示する<table>タグの前に、フォームを表示する<table>タグを追記してあります。{{ form.as_table }}で、フォームを表示させていますので、ビュー関数でformという変数にHelloFormを用意しておくようにします。

Chapter-3 | モデルとデータベース

ビュー関数を修正しよう

　では、ビュー関数を修正しましょう。「hello」フォルダ内のviews.pyを開き、内容を以下のように書き換えてください。

リスト3-14

```python
from django.shortcuts import render
from django.http import HttpResponse
from .models import Friend
from .forms import HelloForm

def index(request):
    params = {
        'title': 'Hello',
        'message': 'all friends.',
        'form':HelloForm(),
        'data': [],
    }
    if (request.method == 'POST'):
        num=request.POST['id']
        item = Friend.objects.get(id=num)
        params['data'] = [item]
        params['form'] = HelloForm(request.POST)
    else:
        params['data'] = Friend.objects.all()
    return render(request, 'hello/index.html', params)
```

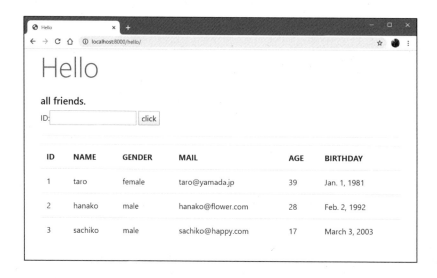

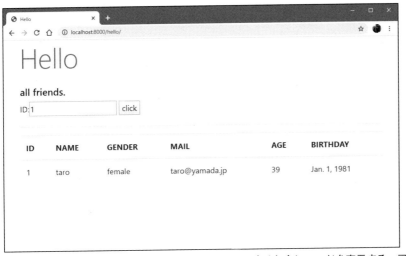

図3-25 http://localhost:8000/hello/ にアクセスすると全レコードを表示する。フィールドにID番号を書いて送信すると、そのレコードだけを表示する。

IDを指定して取り出すには？

　今回は、if (request.method == 'POST'):でPOST送信されたかどうかをチェックし、異なる処理を行なうようにしてあります。POST送信された場合は、フォームから送られた値を元に、指定のIDのレコードをモデルインスタンスとして取り出しています。

```
num=request.POST['id']
item = Friend.objects.get(id=num)
```

　request.POST['id']でフォームの値を取り出したら、Friend.objectsの「get」というメソッドをつけて実行しています。これは、idという引数を指定していますね。このget(id=num)というもので、「IDの値がnumのレコードを1つだけ取り出す」ということをやっていたのです。
　注意してほしいのは、「このgetで取り出されるのは、モデルのインスタンス1つだけ」という点です。allのようにセットにはなっていません。
　ここでは、テンプレート側で「セットから順にインスタンスを取り出して表示する」というように処理をしているので、getで取り出したインスタンスは、

```
params['data'] = [item]
```

　こんな具合にして、セットに入れてparams['data']に代入しています。こうすれば、「項目が1つだけのセット」としてちゃんとテンプレート側で処理してくれます。

Chapter-3 | モデルとデータベース

Managerクラスってなに？

ここまで、Friend.objectsのallやgetといったメソッドを使って、レコードをFriendインスタンスとして取り出してきました。このFriend.objectsというのは「Managerというクラスのインスタンスが入っている」と前にいいましたね。

このManagerっていうのは、一体なんなのでしょうか？

Managerは「データベースクエリ」のクラス

このManagerクラスは、「データベースクエリ」を操作するための機能を提供するためのものです。

データベースクエリっていうのはなにか？ これは整理すると、「データベースに対して、さまざまな要求をするためのもの」です。クエリというのは、テーブルへのアクセスや、取り出すレコードの条件などの指定のことでです。

前に、SQLiteなどでは「SQLという言語を使っている」といいましたね。SQLデータベースでは、このSQLという言語を使って、データベースへ問い合わせる内容を記述した命令文を「クエリ」と呼ぶのです。

Managerクラスは、メソッドなどの内部から、このSQLのクエリを作成してデータベースに問い合わせをし、その結果(レコードなど)を受け取ります。つまりManagerクラスは、「Pythonのメソッドを、データベースクエリに翻訳して実行するもの」と考えるとよいでしょう。

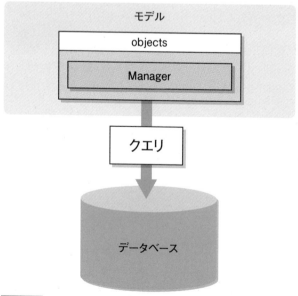

図3-26　モデルのobjectsには、Managerが設定されている。このManagerは、メソッドをデータベースクエリに変換してデータベースに問い合わせる。

モデルのリストを調べてみる

さて、レコードの取り出し方がわかったところで、取り出されるレコードのオブジェクトについて少し調べてみることにしましょう。

先ほど、allメソッドを使って全レコードをオブジェクトで取り出しました。この「取り出したオブジェクト」についてもう少し詳しく見てみます。

まず、ビュー関数を修正しましょう。「hello」フォルダ内のviews.pyを開き、以下のように書き換えます。

リスト3-15

```python
from django.shortcuts import render
from django.http import HttpResponse
from .models import Friend

def index(request):
    data = Friend.objects.all()
    params = {
        'title': 'Hello',
        'data': data,
    }
    return render(request, 'hello/index.html', params)
```

見ればわかるように、単純にFriend.objects.allを呼び出してテンプレートに渡すだけにしてあります。テンプレート側では、これをそのまま表示させてみます。

「templates」フォルダ内の「hello」フォルダ内にあるindex.htmlを開いて、<body>タグの部分を以下のように修正します。

リスト3-16

```html
<body class="container">
    <h1 class="display-4 text-primary">{{title}}</h1>
    <p class="h6 mt-4">{{data}}</p>
    <table class="table">
        <tr>
            <th>data</th>
        </tr>
    {% for item in data %}
        <tr>
            <td>{{item}}</td>
        <tr>
    {% endfor %}
    </table>
</body>
```

まず、最初に{{data}}で変数dataをそのまま表示させています。その後の<table>では、dataから順にオブジェクトを取り出して{{item}}で表示しています。どちらも、具体的なレコードの値ではなく、取り出したオブジェクトをそのままテキストで表示させています。

allで得られるのは「QuerySet」

http://localhost:8000/hello/にアクセスしてみると、<QuerySet [……]> といった表示がされるのがわかります。つまり、allで取り出されていたのは、QuerySetというクラスのインスタンスだったんですね。

このQuerySetは、Setの派生クラスで、クエリ取得用にいろいろ機能拡張したセットです。これを使って、データベースからレコード(実際にはモデルのインスタンスですが)を取り出していたんですね。

図3-27　allで取り出した内容。QuerySetというオブジェクトが取り出されていることがわかる。

valuesメソッドについて

このallで得られるQuerySetには、いろいろなメソッドが用意されています。allで得られるのは、モデルのインスタンスのセットでしたね。先ほどの例では、テーブルには、<Friend:id=○○……>といった表示が並んでいました。これは、Friendクラスに用意した__str__の出力でしたね。つまり、QuerySetには、Friendインスタンスがずらっと収めてあったわけです。

モデルのままでも値を取り出したりできますが、「レコードの値だけ欲しい」という場合は、「values」というメソッドを利用することができます。

ちょっと使ってみましょう。まず、「hello」フォルダを開いて、views.pyのindex関数を

3-3 レコード取得の基本とManager

以下のように書き換えてください(import文は省略してあります)。

リスト3-17
```python
def index(request):
    data = Friend.objects.all().values()
    params = {
        'title': 'Hello',
        'data': data,
    }
    return render(request, 'hello/index.html', params)
```

それから、「templates」フォルダ内の「hello」フォルダ内にあるindex.htmlを開いて、\<body\>部分にある、

```
<p class="h6 mt-4">{{data}}</p>
```

この行を探して、削除しておきましょう。もう、allで得られるのがQuerySetであることはわかったので、これは不要ですから。

そして、http://localhost:8000/hello/にアクセスしてみてください。今度は、テーブルに表示される内容が少し変わっています。{'id': 1, 'name': '○○',……}みたいな形になっていますね。

これはなにか？ というと、「辞書」です。辞書っていうのは、Pythonのオブジェクトで、1つ1つの値に名前(キー)をつけてまとめたものです(よくわからない人は、巻末のPython超入門で調べてください)。

こんな具合に、valuesメソッドを使うと、モデルに保管されている値を辞書の形にして取り出すことができます。

図3-28 アクセスすると、Friendの内容が辞書の形で表示される。

|Chapter-3|モデルとデータベース|

コラム メソッドチェーンは最強！　　　　　　　　　　　　Column

　ここでは、Friend.objectsのallメソッドを呼び出した後に、更に続けてvaluesメソッドを呼び出しています。こんな具合に、メソッドを次々と続けて呼び出していく書き方を「メソッドチェーン」と呼びます。

　このメソッドチェーンは、クラスがメソッドをそういう具合に利用できるように設計していないと使えません。ここで使っているQuerySetなどは、メソッドを呼び出して検索の条件などを追加していくことが多いので、メソッドチェーンの書き方ができるようになっています。

　メソッドチェーンは、使いこなせるようになれば、1つの文で複雑な処理を実行できるようになります。かなり強力な武器となるテクニックですので、ここでぜひ使い方をマスターしておきましょう！

特定の項目だけ取り出す

　このvaluesメソッドは、面白い機能を持っています。引数に項目名を書いておくと、その項目の値だけを取り出せるんです。

　試しに、「hello」フォルダ内のviews.pyを開いて、index関数を以下のように書き換えてみましょう。

リスト3-18

```python
def index(request):
    data = Friend.objects.all().values('id', 'name')
    params = {
        'title': 'Hello',
        'data': data,
    }
    return render(request, 'hello/index.html', params)
```

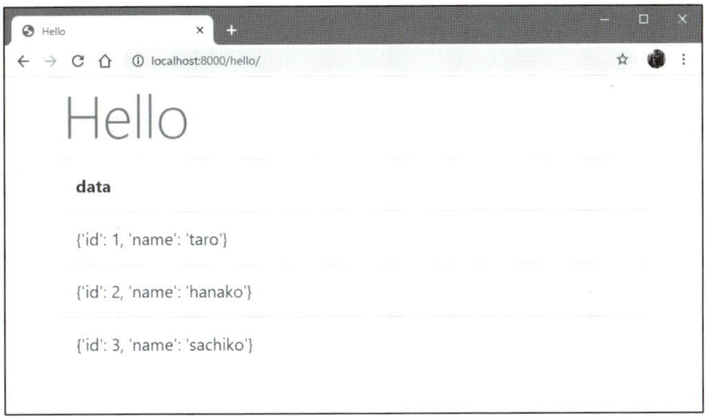

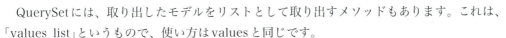

図3-29 アクセスすると、idとnameだけ表示される。

http://localhost:8000/hello/ にアクセスすると、idとnameの値だけが表示されます。取り出したレコードは例によって辞書の形になっていますが、idとname以外の値しかありません。

valuesで項目を指定する

ここでのレコード取得部分を見てみると、先の例とは少しだけ違っているのがわかります。

```
data = Friend.objects.all().values('id', 'name')
```

valuesの引数に、'id'と'name'が指定されていますね。このように、valuesは引数に項目名を指定すると、その項目の値だけを取り出します。項目名は、必要なだけ用意することができます。

リストとして取り出す

QuerySetには、取り出したモデルをリストとして取り出すメソッドもあります。これは、「values_list」というもので、使い方はvaluesと同じです。

では、使ってみましょう。「hello」フォルダ内のviews.pyにあるindex関数を以下のように書き換えてみてください。

リスト3-19

```
def index(request):
    data = Friend.objects.all().values_list('id','name','age')
    params = {
        'title': 'Hello',
```

```
            'data': data,
    }
    return render(request, 'hello/index.html', params)
```

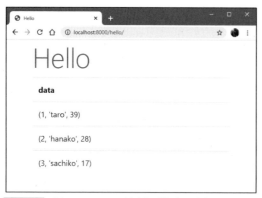

図3-30 id, name, ageがそれぞれ表示される。

　今回は、values_list('id','name','age') というようにしてレコードの値を取り出しています。表示される値を見て気づいた人もいるかもしれませんが、「リストとして返す」といいながら、実際に返ってくるのはタプルです。まぁ、「辞書ではなくて、レコードの値だけまとめたものを取り出す」という意味では、リストもタプルも大差ないでしょう。

最初と最後、レコード数

　レコードの取得には、all と get の他にもちょっと便利なものが用意されています。それは以下のようなものです。

first	allなどで得られたレコードの内、最初のものだけを返すメソッドです。
last	やはり多数のレコードの中から、最後のものだけを返すメソッドです。
count	これは、取得したレコード数を返すメソッドです。

　レコードの最初と最後は、取得できるといろいろ使えます。例えば取り出したレコードについて「○○から××まで」と表示をするような場合、最初と最後のレコードを取り出して処理したいですね。また取り出したレコード数も必要となるシーンはけっこう多いでしょう。
　では、実際の利用例をあげておきましょう。「hello」フォルダ内のviews.pyを開き、index関数を以下のように修正してください。

リスト3-20
```
def index(request):
    num = Friend.objects.all().count()
    first = Friend.objects.all().first()
    last = Friend.objects.all().last()
    data = [num, first, last]
    params = {
        'title': 'Hello',
        'data': data,
    }
    return render(request, 'hello/index.html', params)
```

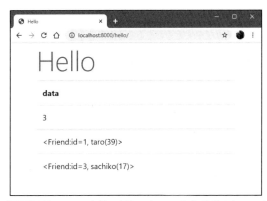

図3-31 レコード数、最初のレコードと最後のレコードを表示する。

アクセスすると、レコード数、最初のレコード(モデル)、最後のレコード(モデル)をテーブルにまとめて表示しています。ここでは、Friend.objects.allから、更にcountやfirst、lastといったメソッドを呼び出して値を取得しています。

QuerySetの表示をカスタマイズ！

　allでは、QuerySetというクラスのインスタンスとしてレコードの値が取り出されます。このQuerySetクラスをいろいろと操作すれば、取り出したレコードデータの使いこなしもしやすくなります。

　QuerySetのように、Djangoに用意されているクラスも、実は私たちが後から機能を追加したり変更したりできるのです。そのやり方を使いこなせるようになれば、かなり面白いことができるようになるんですよ。

　言葉で説明しただけではちょっとわからないでしょうから、実際にQuerySetの機能を書き換える例をあげておきましょう。

| Chapter-3 | モデルとデータベース |

「hello」フォルダ内のviews.pyを開き、以下のようにソースコードを修正してください。

リスト3-21

```python
from django.shortcuts import render
from django.http import HttpResponse
from .models import Friend
from django.db.models import QuerySet

def __new_str__(self):
    result = ''
    for item in self:
        result += '<tr>'
        for k in item:
            result += '<td>' + str(k) + '=' + str(item[k]) + '</td>'
        result += '</tr>'
    return result

QuerySet.__str__ = __new_str__

def index(request):
    data = Friend.objects.all().values('id', 'name', 'age')
    params = {
        'title': 'Hello',
        'data': data,
    }
    return render(request, 'hello/index.html', params)
```

これは、QuerySetをテキストにキャストしたときの表示内容を変更する例です。クラスには、__str__というメソッドが用意されています。これは、オブジェクトをテキスト(string値)として取り出すときに利用されるメソッドです。このメソッドを変更すれば、QuerySetをテキストにキャストしたときの内容を変更することができます。

ここでは、__new_str__という関数を定義しておき、これをQuerySetの__str__に設定しています。

```python
QuerySet.__str__ = __new_str__
```

こんな具合に、関数名を__str__に代入すれば、もうこれでテキストにキャストするとき新たに設定したメソッドが実行されるようになります。

QuerySetを表示しよう

では、実際にQuerySetを表示してみましょう。「templates」フォルダ内の「hello」フォルダ内にあるindex.htmlを開き、<body>タグの部分を下のように修正してみてください。

リスト3-22
```
<body class="container">
    <h1 class="display-4 text-primary">{{title}}</h1>
    <table class="table">
        {{data|safe}}
    </table>
</body>
```

図3-32　アクセスすると、レコードのid, name, ageの値がそれぞれ区切られて表示される。

これでアクセスをすると、取り出したレコード1つ1つのid、name、ageの値が「id=○○」という具合にテーブルにまとめて表示されます。テンプレートを見ると、実際の表示は、{{data|safe}}としているだけです。これだけで、レコードの値をテーブルにまとめて表示できるようになります。どうです、メソッドの書き換えができるとなかなか便利でしょう？

Chapter 3 モデルとデータベース

Section 3-4 CRUDを作ろう

CRUDってなに？

　データベースとモデルの使い方がわかったところで、次はデータベースの基本的な機能の実装方法について見ていくことにしましょう。

　データベースを利用するための基本機能は、一般に「CRUD」という4文字で表されます。これはそれぞれ以下のようなものです。

Create	新たにレコードを作成しテーブルに保存します。
Read	テーブルからレコードを取得します。
Update	既にテーブルにあるレコードの内容を変更し保存します。
Delete	既にテーブルにあるレコードを削除します。

　この4つの機能が実装できれば、Djangoのスクリプトからデータベースに保存されているレコードを操作できるようになります。

　ただし！　これは「この4つだけわかれば完璧」という意味ではありませんよ。これらは、「必要最低限の機能」であって、実際にはそれ以外のもの(例えば、複雑な検索処理など)が必要になります。また、アプリケーションによっては、これら4つのすべてを用意する必要がないことだってあります。

　あくまで「基本の機能」であって、それ以上のものではないんです。アプリケーション開発には、それ以外のものがいろいろと必要です。そこを勘違いしないようにしましょう。

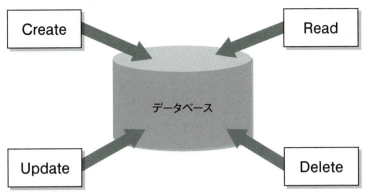

図3-33　データベースアクセスの基本は、CRUDの4つの機能だ。

Createを作ろう

では、順番に説明していきましょう。まずは「Create（レコードの新規作成）」からです。

レコードの作成は、「モデルのインスタンスを用意し、保存のメソッドを実行する」というやり方をします。保存のメソッドは、「save」というものです。例えば、今回のFriendモデルならば、

```
friend = Friend()
……friendに値を設定……
friend.save()
```

こんな形で行なえばいいわけですね。では、実際に簡単なサンプルを作ってみましょう。

HelloFormの作成

まずは、保存用のフォームからです。「hello」フォルダ内のforms.pyに、HelloFormというクラスを作成しましたね。あれを修正して使いましょう。forms.pyの内容を以下のように書き換えてください。

リスト3-23

```
from django import forms

class HelloForm(forms.Form):
    name = forms.CharField(label='Name', \
        widget=forms.TextInput(attrs={'class':'form-control'}))
    mail = forms.EmailField(label='Email', \
        widget=forms.EmailInput(attrs={'class':'form-control'}))
```

| Chapter-3 | モデルとデータベース |

```
gender = forms.BooleanField(label='Gender', required=False, \
    widget=forms.CheckboxInput(attrs={'class':'form-check'}))
age = forms.IntegerField(label='Age', \
    widget=forms.NumberInput(attrs={'class':'form-control'}))
birthday = forms.DateField(label='Birth', \
    widget=forms.DateInput(attrs={'class':'form-control'}))
```

　見ればわかるように、forms.Formを継承したHelloFormを再利用しています。フォーム
の項目として、name、mail、gender、age、birthdayの5つを用意してあります。それぞ
れ用意するフィールドは違っているので注意しましょう。

　なお、Bootstrapのクラスを設定したかったので、それぞれwidget引数にウィジェット
のインスタンスを用意しておきました。ここでは、TextInput, EmailInput, NumberInput,
DateInputといったものを使っています。attrs引数にはclassの値だけを用意していますが、
BooleanFieldのウィジェットに設定しているCheckboxInputだけは'form-check'というク
ラスを指定してあります。これはチェックボックス用のクラスです。

create.htmlの作成

　続いて、テンプレートです。CRUDは、今までのようにindex.htmlを書き換えるのでなく、
それぞれファイルを用意してすべて動くようにしたほうが動作の確認もしやすいので、新た
にテンプレートファイルを用意することにします。

　「templates」フォルダ内の「hello」フォルダの中に、「create.html」という名前でファイル
を用意しましょう。そして、以下のように記述をしてください。

リスト3-24

```
{% load static %}
<!doctype html>
<html lang="ja">
<head>
    <meta charset="utf-8">
    <title>{{title}}</title>
    <link rel="stylesheet"
    href="https://stackpath.bootstrapcdn.com/bootstrap/4.3.1/css/
        bootstrap.min.css"
    crossorigin="anonymous">
</head>
<body class="container">
    <h1 class="display-4 text-primary">
        {{title}}</h1>
    <form action="{% url 'create' %}"
        method="post">
```

```
    {% csrf_token %}
    {{ form.as_p }}
    <input type="submit" value="click"
        class="btn btn-primary mt-2">
</form>
</body>
</html>
```

図3-34 「templates」内の「hello」フォルダ内に、create.htmlファイルを作成する。

index.htmlも修正しよう

ついでにindex.htmlも修正して、保存されているレコードを表示し確認できるようにしておきましょう。「templates」フォルダ内の「hello」フォルダ内にあるindex.htmlを開き、<body>の部分を以下のように修正してください。

リスト3-25
```
<body class="container">
    <h1 class="display-4 text-primary">
        {{title}}</h1>
    <table class="table">
        <tr>
            <th>data</th>
        </tr>
    {% for item in data %}
        <tr>
            <td>{{item}}</td>
        <tr>
    {% endfor %}
    </table>
</body>
```

Chapter-3 モデルとデータベース

図3-35 index.htmlを修正し、レコードを一覧表示するようにしておく。この後view.pyが完成したら動かそう。

views.pyを修正しよう

では、ビュー関数を作成しましょう。「hello」フォルダ内のviews.pyを開き、以下のように書き換えてください。

リスト3-26

```python
from django.shortcuts import render
from django.http import HttpResponse
from django.shortcuts import redirect
from .models import Friend
from .forms import HelloForm

def index(request):
    data = Friend.objects.all()
    params = {
        'title': 'Hello',
        'data': data,
    }
    return render(request, 'hello/index.html', params)

# create model
def create(request):
    params = {
        'title': 'Hello',
        'form': HelloForm(),
    }
    if (request.method == 'POST'):
        name = request.POST['name']
        mail = request.POST['mail']
        gender = 'gender' in request.POST
```

```
        age = int(request.POST['age'])
        birth = request.POST['birthday']
        friend = Friend(name=name,mail=mail,gender=gender,\
                age=age,birthday=birth)
        friend.save()
        return redirect(to='/hello')
    return render(request, 'hello/create.html', params)
```

レコード保存の流れをチェック

今回のスクリプトには、indexとcreate関数が用意されています。indexは、まぁ今まで何度もやったような処理なのでいいでしょう。問題は、createですね。

ここでは、params変数を用意した後、if (request.method == 'POST'):でPOST送信されたかチェックしています。そしてPOST送信の場合は、レコード保存の処理を行なっています。

まず、送信された値を一通り変数に取り出していきます。

```
name = request.POST['name']
mail = request.POST['mail']
gender = 'gender' in request.POST
age = int(request.POST['age'])
birth = request.POST['birthday']
```

これらの値を元に、Friendインスタンスを作成します。

```
friend = Friend(name=name,mail=mail,gender=gender,\
        age=age,birthday=birth)
```

インスタンスを作成後、1つ1つの値を設定していくのはちょっと面倒なので、インスタンス作成時に必要な値を引数で渡すようにしました。モデルクラスはインスタンスを作成する際、このように用意されている項目に代入する値を引数で指定することができます。

後は、インスタンスを保存するだけです。

```
friend.save()
```

これで、送信されたフォームの情報を元にインスタンスが作成され、テーブルにレコードとして保存されました。やってしまえば割と簡単ですね。

リダイレクトについて

POST送信された際には、モデルを作成し保存した後、/helloにリダイレクトしています。リダイレクトは、「redirect」という関数で行なえます。この部分ですね。

```
return redirect(to='/hello')
```

普通は、returnでrender関数の戻り値を返していますが、その代りにredirect関数の戻り値を返しています。これで、引数のtoに指定したアドレスにリダイレクトされます。

このredirect関数を使うには、from django.shortcuts import redirect というようにimport文を用意しておくのを忘れないでください。

urls.pyを修正する

後は、urlpatternsを修正するだけです。「hello」フォルダ内のurls.pyを開き、urlpatterns変数の値を以下のように修正しましょう。

リスト3-27
```
urlpatterns = [
    path('', views.index, name='index'),
    path('create', views.create, name='create'),
]
```

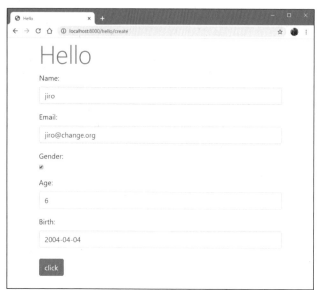

図3-36　http://localhost:8000/hello/createにアクセスすると、フォームが表示される。記入し送信すると、レコードに保存される。

修正したら、http://localhost:8000/hello/create にアクセスをしてください。Friendの項目がフォームとして表示されるので、それらを入力し、送信するとレコードが追加されます。

きちんとレコードが追加されることがわかったら、サンプルとしてたくさんレコードを追加しておきましょう（これは、後で「ページ分け表示」などを行なう際に必要となるので、最低でも4つ以上、できれば7つ以上は用意しておきましょう）。

ModelFormを使う

これでモデルを作成しレコードとして保存する処理はできるようになりました。が、やり方を読みながら、どこか「コレジャナイ」感が漂ってた人も多いんじゃないでしょうか。

フォームクラスを使ってモデルの中身を用意し、送信しているのに、受け取った値は1つずつ取り出してモデルインスタンスに設定している。「ちょっと待て、request.POSTをまるごと指定してモデルを作るとか、もっと簡単な方法はないのか」と思った人も多いことでしょう。

実をいえば、作るフォームが少し違っていたのです。いえ、先ほどのHelloFormでもちゃんと使えるんですが、Djangoにはモデルのためのフォームを作成する「ModelForm」というクラスも用意されています。これを利用することで、もっとスムーズにレコードの保存を行なうことができるのです。

forms.pyにクラスを追加！

では、ModelFormというフォームクラスを利用してみましょう。「hello」フォルダ内のforms.pyを開き、以下のように内容を修正します。

リスト3-28

```
from django import forms
from .models import Friend

class FriendForm(forms.ModelForm):
    class Meta:
        model = Friend
        fields = ['name','mail','gender','age','birthday']
```

先ほど作成したHelloFormは、そのまま残しておいてもかまいませんよ。今回のFriendFormクラスは、ModelFormクラスを継承して作っています。これは以下のような形をしています。

| Chapter-3 | モデルとデータベース |

```
class FriendForm(forms.ModelForm):
    class Meta:
        model = モデルクラス
        fields = [……フィールド……]
```

この ModelForm では、内部に「Meta」というクラスを持ってます。これは「メタクラス」と呼ばれるもので、モデル用のフォームに関する情報が用意されています。ここでは、modelで使用するモデルクラスを、またfieldsで用意するフィールドをそれぞれ設定しています。

用意するのは、たったこれだけです。これまでのフォームのように、個々のフィールドなどは用意する必要ありません。

create関数を修正する

では、ビュー関数側を修正しましょう。先ほど作成したviews.pyのcreate関数を以下のように書き換えてください。

リスト3-29

```
# from .forms import HelloForm #この文を削除する
from .forms import FriendForm #この文を新たに追記
```

```
def create(request):
    if (request.method == 'POST'):
        obj = Friend()
        friend = FriendForm(request.POST, instance=obj)
        friend.save()
        return redirect(to='/hello')
    params = {
        'title': 'Hello',
        'form': FriendForm(),
    }
    return render(request, 'hello/create.html', params)
```

CRUDを作ろう | 3-4

create.htmlを修正する

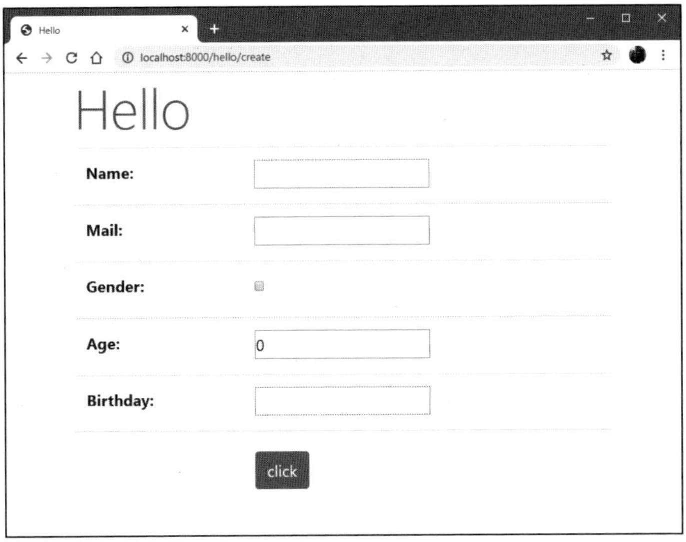

あわせて、create.htmlの<body>部分も少し修正しておきます。今回は{{ form.as_table }}を使って<table>タグで整形するようにしておきましょう。

リスト3-30

```
<body class="container">
    <h1 class="display-4 text-primary">
        {{title}}</h1>
    <form action="{% url 'create' %}"
        method="post">
    {% csrf_token %}
        <table class="table">
        {{ form.as_table }}
            <tr><th><td>
                <input type="submit" value="click"
                    class="btn btn-primary mt-2">
            </td></th></tr>
        </table>
    </form>
</body>
```

図3-37　http://localhost:8000/hello/create にアクセスすると表示される ModelForm によるフォーム。普通のフォームとほとんど違いはない。

　これで完成です。今回は<table>を使い、Bootstrapのテーブル用クラスで整形して表示をしてみました。表示されるフォームにはBootstrapのクラスは適用されていません。これについてはもう少し後で触れる予定なので、今はこれでよしとしましょう。

193

ModelFormによる保存の流れ

では、create関数で実行している処理を見てみましょう。POST送信されたなら、まずFriendクラスのインスタンスを作成します。

```
obj = Friend()
```

これは、引数などには何も指定していません。いわば、「初期状態のインスタンス」です。続いて、FriendFormインスタンスを作成します。

```
friend = FriendForm(request.POST, instance=obj)
```

これがModelForm利用のポイントです。FriendFormインスタンスを作成する際、引数にはrequest.POSTを指定しています。これは、POST送信されたフォームの情報がすべてまとめてあるところでしたね。

そしてもう1つ、「instance」という引数を指定しています。これで、先ほど作成したFriendインスタンスを指定するのです。

```
friend.save()
```

このまま、ModelFormの「save」メソッドを呼び出すと、ModelFormに設定されたrequest.POSTの値をinstanceに設定したFriendインスタンスに設定し、レコードが保存されます。

このやり方ならば、先のHelloFormを使った方法よりもだいぶすっきりしますね。保存処理も簡単ですし、フォームの定義も非常にシンプルで済みます。

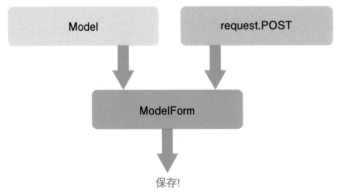

図3-38　Modelとrequest.POSTをModelFormで1つにまとめ、保存する。

Updateを作ろう

続いて、Update（更新）です。既にあるレコードの更新も、保存そのものは「save」を使って行ないます。違いは、「あらかじめ更新するレコードのモデルを用意しておく」という点です。

先ほど、FriendFormを使って保存を行なったとき、まずFriendインスタンスを作成し、それと送信フォームの値をFriendFormでまとめてから保存をしていました。編集するFriendインスタンスを使ってFriendFormを作成すれば、そのFriendインスタンスを更新することができるのです。

edit.htmlを作る

では、実際にやってみましょう。まず最初に、URLの登録から行なうことにします。「hello」フォルダ内のurls.pyを開き、urlpatterns変数を以下のように書き換えてください。

リスト3-31
```python
urlpatterns = [
    path('', views.index, name='index'),
    path('create', views.create, name='create'),
    path('edit/<int:num>', views.edit, name='edit'),
]
```

今回は、editというページを追加します。これは、/edit/1というように、ID番号をURLに含むようにしておきます。こうすることで、どのレコードを編集するか指定できるようにするわけです。例えば、/edit/3とすれば、ID番号が「3」のレコードを編集するページが現れる、というようにするのです。

index.htmlを修正する

ついでに、「templates」フォルダ内の「hello」フォルダ内にあるindex.htmlも修正をしておきましょう。<body>タグの部分を以下のように修正してください。

リスト3-32
```html
<body class="container">
    <h1 class="display-4 text-primary">
        {{title}}</h1>
    <table class="table">
        <tr>
            <th>data</th>
```

```
            </tr>
    {% for item in data %}
        <tr>
            <td>{{item}}</td>
            <td><a href="{% url 'edit' item.id %}">Edit</a></td>
        <tr>
    {% endfor %}
    </table>
</body>
```

図3-39 /helloにアクセスすると、各レコードに「Edit」というリンクが追加される。ただし今の段階では完成していないので動かない。リスト3-34まで記述してから動作確認しよう。

　トップページのレコード一覧表示に、更新用のリンクを追記してあります。テーブルの一番右側に「Edit」というリンクが追加されていますが、これをクリックするとそのレコードの編集ページに移動する、というように設計をします。
　編集ページへのリンクには、こんな<a>タグを用意しています。

```
<a href="{% url 'edit' item.id %}">
```

　url 'edit'の後に、item.idをつけていますね。これにより、/edit/1というようにeditの後にID番号をつけてアクセスできるようにします。

edit.htmlを作る

　では、編集用のテンプレートを用意しましょう。「templates」フォルダ内の「hello」フォルダの中に、「edit.html」といった名前でファイルを作成してください。そして以下のように記述をしましょう。

CRUDを作ろう | 3-4

リスト3-33

```
{% load static %}
<!doctype html>
<html lang="ja">
<head>
    <meta charset="utf-8">
    <title>{{title}}</title>
    <link rel="stylesheet"
    href="https://stackpath.bootstrapcdn.com/bootstrap/4.3.1/css/
        bootstrap.min.css"
    crossorigin="anonymous">
</head>
<body class="container">
    <h1 class="display-4 text-primary">
        {{title}}</h1>
    <form action="{% url 'edit' id %}"
        method="post">
    {% csrf_token %}
        <table class="table">
        {{ form.as_table }}
            <tr><th><td>
                <input type="submit" value="click"
                    class="btn btn-primary mt-2">
            </td></th></tr>
        </table>
    </form>
</body>
</html>
```

　見ればわかるように、ほぼcreate.htmlと内容は同じです。用意されているフォームの送信先が、action="{% url 'edit' id %}" というように設定されていますね。これで、例えばID＝1の編集をする場合は、/hello/edit/1 というようにアドレスが設定されるようになります。

edit関数を作る

　続いて、編集用のビュー関数を作りましょう。「hello」フォルダ内のviews.pyを開き、その中に「edit」というビュー関数を追記します。既に書いてあるスクリプトはそのままにして、誤って消したりしないよう注意してください。

リスト3-34

```
def edit(request, num):
```

```
    obj = Friend.objects.get(id=num)
    if (request.method == 'POST'):
        friend = FriendForm(request.POST, instance=obj)
        friend.save()
        return redirect(to='/hello')
    params = {
        'title': 'Hello',
        'id':num,
        'form': FriendForm(instance=obj),
    }
    return render(request, 'hello/edit.html', params)
```

　これで必要なファイルやコードは一通りできましたね。helloアプリケーションのトップページ(http://localhost:8000/hello/)にアクセスすると、テーブル表示されるレコードの右端に「Edit」が表示されるようになります。

　このEditリンクをクリックすると、/editの指定のIDを編集するページに移動します。移動すると、フォームにレコードの値が設定された形で表示されます。そのまま値を書き換えて送信すれば、レコードの内容が更新されます。

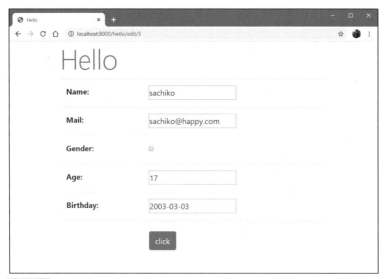

図3-40　トップページのEditリンクをクリックすると、そのレコードを編集する画面に移動する。レコードの内容はフォームに設定されている。

> CRUDを作ろう | 3-4 |

更新の仕組み

　では、editメソッドで値をレコードとして保存している部分を見てみましょう。ここでは、以下のように関数が定義されていますね。

```
def edit(request, num):
```

　urlpatternsに用意したURLでは、'edit/<int:num>'というように設定をしていましたから、アドレスのnumの値がそのまま引数numに渡されます。
　このnumの値を使って、Friendインスタンスを取得します。

```
obj = Friend.objects.get(id=num)
```

　インスタンスの取得は、getメソッドを使って行ないます。引数idに番号を指定すれば、そのID番号のインスタンスが取り出せましたね。
　後は、このFriendインスタンスを使ってFriendFormインスタンスを作成し、保存するだけです。

```
friend = FriendForm(request.POST, instance=obj)
friend.save()
```

　instance引数に、getで取得したインスタンスを指定しています。フォームから送信された値(request.POST)は、create関数のときと同じように用意してあります。そしてインスタンスを作成し、saveを呼び出せば、取得したFriendインスタンスの内容が更新されレコードが保存されます。
　更新の場合、あらかじめ「どのレコードを編集するのか」を指定し、そのレコードの値をフォームに表示するなどの下準備をしておかないといけませんが、保存そのものは新規作成の場合とほとんど変わりありません。

Deleteを作ろう

　残るは、Delete（削除）ですね。これも、考え方としては更新に非常に近いものがあります。
　まず、ID番号などを使って、削除するレコードのモデルインスタンスを取得しておきます。そして、そのインスタンスの「delete」メソッドを実行すれば、そのモデルに対応するレコードが削除されます。削除するレコードを指定して内容を確認して……という「削除の手前」の部分を作るのに少し手間がかかりますが、削除そのものはとっても簡単なのです。

| Chapter-3 | モデルとデータベース |

urlpatternsの追記

では、これもサンプルを作成しましょう。まず最初に、URLから登録しておきましょう。「hello」フォルダ内のurls.pyを開き、urlpatterns変数を以下のように書き換えておきます。

リスト3-35

```python
urlpatterns = [
    path('', views.index, name='index'),
    path('create', views.create, name='create'),
    path('edit/<int:num>', views.edit, name='edit'),
    path('delete/<int:num>', views.delete, name='delete'),
]
```

editと同様に、<int:num>をアドレスの中に埋め込んでおきます。これで、削除するIDをビュー関数に伝えることができますね。

index.htmlの修正

更新の場合と同様、DeleteもID番号を指定してページにアクセスしないといけません。そこで、index.htmlにリンクを用意しておくことにしましょう。

「templates」フォルダ内の「hello」フォルダ内にあるindex.htmlを開き、<body>の部分を以下のように修正してください。

リスト3-36

```html
<body class="container">
    <h1 class="display-4 text-primary">
        {{title}}</h1>
    <table class="table">
        <tr>
            <th>data</th><th></th><th></th>
        </tr>
{% for item in data %}
        <tr>
            <td>{{item}}</td>
            <td><a href="{% url 'edit' item.id %}">Edit</a></td>
            <td><a href="{% url 'delete' item.id %}">Delete</a></td>
        <tr>
{% endfor %}
    </table>
</body>
```

図3-41 index.htmlを修正し、各レコードにDeleteリンクを追加した。

　ここでは、<a>タグのリンク先に、href="{% url 'delete' item.id %}"と値を指定してあります。その上にあるEditリンクと同様に、これで、/delete/番号という形でアドレスが作成されます。

delete.htmlを作成する

　では、削除処理のページを作りましょう。まずはテンプレートからです。「templates」フォルダ内の「hello」フォルダの中に、新たに「delete.html」という名前でファイルを作成しましょう。そして以下のように内容を記述しておきます。

リスト3-37
```
{% load static %}
<!doctype html>
<html lang="ja">
<head>
    <meta charset="utf-8">
    <title>{{title}}</title>
    <link rel="stylesheet"
    href="https://stackpath.bootstrapcdn.com/bootstrap/4.3.1/css/
        bootstrap.min.css"
    crossorigin="anonymous">
</head>
<body class="container">
    <h1 class="display-4 text-primary">
        {{title}}</h1>
    <p>※以下のレコードを削除します。</p>
    <table class="table">
        <tr><th>ID</th><td>{{obj.id}}</td></tr>
```

201

Chapter-3 モデルとデータベース

```
<tr><th>Name</th><td>{{obj.name}}</td></tr>
<tr><th>Gender</th><td>
{% if obj.gender == False %}male{% endif %}
{% if obj.gender == True %}female{% endif %}</td></tr>
<tr><th>Email</th><td>{{obj.mail}}</td></tr>
<tr><th>Age</th><td>{{obj.age}}</td></tr>
<tr><th>Birth</th><td>{{obj.birthday}}</td></tr>
<form action="{% url 'delete' id %}" method="post">
{% csrf_token %}
<tr><th></th><td>
    <input type="submit" value="click"
        class="btn btn-primary">
</td></tr>
</form>
    </table>
</body>
</html>
```

　今回は、ビュー関数側から渡された変数objの値を表示し、その下に送信ボタンだけの
フォームを用意しておきました。フォーム関係のタグだけを見ると、こうなっているのがわ
かるでしょう。

```
<form action="{% url 'delete' id %}" method="post">
        {% csrf_token %}
        <input type="submit" value="click"
                class="btn btn-primary">

</form>
```

　見ればわかるように、{% csrf_token %}と<input type="submit">だけしかありません。
何も送信していないフォームなのです。送信先のアドレスには、{% url 'delete' id %}が指
定されていますから、idの値は送られています。IDさえわかれば、どのレコードを削除す
ればいいか、わかりますから、それ以外の情報は送る必要がないのです。

delete関数を作る

　残るは、ビュー関数ですね。「hello」フォルダ内にあるviews.pyを開き、以下のdelete関
数を追記しましょう(既に書いてあるスクリプトを消さないように注意してください)。

リスト3-38
```
def delete(request, num):
```

```
    friend = Friend.objects.get(id=num)
    if (request.method == 'POST'):
        friend.delete()
        return redirect(to='/hello')
    params = {
        'title': 'Hello',
        'id':num,
        'obj': friend,
    }
    return render(request, 'hello/delete.html', params)
```

図3-42 レコード削除のページ。削除するレコードの内容が表示される。このまま送信すれば、このレコードが削除される。

　修正ができたら、http://localhost:8000/hello/ にアクセスをして、削除したいレコードの「Delete」ボタンをクリックしてみましょう。そのレコードの内容が表示されます。これで内容を確認し、送信ボタンを押すと、そのレコードが削除されます。

ジェネリックビューについて

　これでCRUDの基本はだいたい作成できました。実際にやってみると、レコードを取り出して表示したりする操作は意外と単純で決まりきったやり方になっていることがわかります。全部取り出すならモデルのobjects.allを呼び出すだけですし、特定のIDのレコードを取り出したければモデルのobjects.getでIDを指定するだけです。後は取り出した値をテン

Chapter-3 モデルとデータベース

プレートで表示していくだけ。

　こういう「全部取り出す」「指定のIDだけ取り出す」といった単純な作業は、やることが決まっていますから、誰が作ってもだいたいビュー関数は同じになります。だったら、最初から「こういうことを自動でやってくれるビュー」といったものを用意してあれば、もっと作業が簡単になりますよね？

　こうした考えから用意されたのが「ジェネリックビュー」と呼ばれるものです。これは、指定したモデルの全レコードを取り出したり、特定のIDのものだけを取り出すもっとも基本的な機能を持った既定のビュークラスです。このビュークラスを利用することで、面倒な処理を書くことなくレコードを取り出せるようになります。

　ここでは、ジェネリックビューの代表的なものとして「ListView」と「DetailView」の2つのクラスを使ってみましょう。

ListView について

　ListViewは、指定のモデルの全レコードを取り出すためのジェネリックビューです。これは、以下のような形で作成します。

●ListViewクラスの定義

```
from django.views.generic import ListView

class クラス名(ListView):
    model = モデル
```

　実にシンプルですね。クラスには「model」という値を1つ用意しておくだけです。これにモデルのクラスを指定するだけで、そのモデルの全レコードが取り出されるようになります。

　取り出されたレコードの値は、テンプレート側に「object_list」という名前の変数として渡されます。使用されるテンプレートは、「モデル_list.html」という名前のファイルになります。あらかじめこの名前のテンプレートファイルを用意しておき、その中でobject_listの値を順に取り出し表示するようにしておけばいいのです。

DetailView について

　もう1つのDetailViewは、特定のレコードだけを取り出すためのジェネリックビューです。これは、以下のような形で作成します。

```
from django.views.generic import DetailView

class クラス名(DetailView):
    model = モデル
```

| CRUDを作ろう | 3-4 |

継承するクラスが違うだけで、基本的な使い方はListViewの場合とほとんど同じです。modelに利用するモデルのクラスを指定しておくだけで、そのモデルから値を取り出します。取り出されるレコードは、「pk」というパラメータでプライマリキーの値を渡すようになっています。

取り出された値は、objectという名前の変数としてテンプレートに渡されます。また利用されるテンプレートは、「モデル_detail.html」というファイル名のものになります。あらかじめこの名前のテンプレートを作成し、objectの値を利用する処理を用意しておけばいい、というわけですね。

Friendをジェネリックビューで表示する

では、実際にジェネリックビューを使ってみましょう。ここでは、Friendモデルを使い、ListViewで全リストを、DetailViewで個々の詳細表示を行なってみることにします。

まず、ビュークラスから用意しましょう。「hello」フォルダ内のviews.pyファイルを開き、以下の文を追記してください。

リスト3-39

```
from django.views.generic import ListView
from django.views.generic import DetailView


class FriendList(ListView):
    model = Friend


class FriendDetail(DetailView):
    model = Friend
```

ここでは、FriendListとFriendDetailという2つのクラスを作成しています。それぞれListView, DetailViewを継承し、modelにFriendを設定しているだけの単純なものです。これでビューは完成です。実に簡単ですね！

urlpatternsの登録

続いて、それぞれのビューにアクセスするためのURLを登録しておきましょう。「hello」フォルダ内のurls.pyを開いて、urlpatterns変数の部分を以下の文を追記してください。

リスト3-40

```
from .views import FriendList
from .views import FriendDetail
```

205

Chapter-3 モデルとデータベース

```
urlpatterns = [
    ……略……,
    path('list', FriendList.as_view()), #☆
    path('detail/<int:pk>', FriendDetail.as_view()), #☆
]
```

　urlpatternsの値は、既にあるものまで削除する必要はありませんよ。☆マークの2文を追記すればいいだけです(合わせて2つのimport文も追記しておきます)。

　ここでは、まず'list'というURLにFriendList.as_view()を指定してあります。as_viewというのは、FriendListをビュークラスであるViewインスタンスとして取り出すためのメソッドです。要するに、「as_viewをつければ、ビューとしてpathに指定できる」と考えてください。

　また、'detail'では、URLに<int:pk>というパラメータの指定が記述されています。これにより、/detail/番号という形でアクセスすると、その番号がpkというパラメータとして渡されるようになります。DetailViewでは、pkパラメータの値を元にレコードを取得する、というのを思い出しましょう。

friend_list.htmlの作成

　これで準備は整いました。後は、テンプレートを用意するだけです。では、FriendListクラスで使われるテンプレートから作成しましょう。これは、「templates」フォルダ内の「hello」フォルダの中に、「friend_list.html」という名前で作成をします。ファイルを用意したら、以下のように記述しておきましょう。

リスト3-41

```
{% load static %}
<!doctype html>
<html lang="ja">
<head>
    <meta charset="utf-8">
    <title>{{title}}</title>
    <link rel="stylesheet"
    href="https://stackpath.bootstrapcdn.com/bootstrap/4.3.1/css/
        bootstrap.min.css"
    crossorigin="anonymous">
</head>
<body class="container">
    <h1 class="display-4 text-primary">
        Friends List</h1>
```

```html
    <table class="table">
        <tr>
            <th>id</th>
            <th>name</th>
            <th></th>
        </tr>
    {% for item in object_list %}
        <tr>
            <th>{{item.id}}</th>
            <td>{{item.name}}</td>
            <td><a href="/hello/detail/{{item.id}}">detail</a></td>
        <tr>
    {% endfor %}
    </table>
</body>

</html>
```

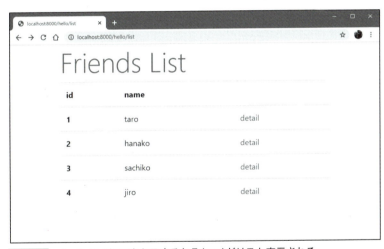

図3-43　/hello/listにアクセスするとFriendがリスト表示される。

　ここでは、{% for item in object_list %}と繰り返しを用意してobject_listから順に値を取り出し、その内容をテーブルに出力しています。完成したら、http://localhost:8000/hello/listにアクセスして表示を確かめてみましょう。Friendのレコードがテーブルにまとめて表示されます。

| Chapter-3 | モデルとデータベース |

friend_detail.htmlの作成

続いて、FriendDetailクラスで利用するテンプレートを作成しましょう。「templates」フォルダ内の「hello」フォルダ内に「friend_detail.html」という名前でファイルを用意します。そして以下のように記述をしましょう。

リスト3-42

```
{% load static %}
<!doctype html>
<html lang="ja">
<head>
    <meta charset="utf-8">
    <title>{{title}}</title>
    <link rel="stylesheet"
    href="https://stackpath.bootstrapcdn.com/bootstrap/4.3.1/css/
        bootstrap.min.css"
    crossorigin="anonymous">
</head>
<body class="container">
    <h1 class="display-4 text-primary">
        Friends List</h1>
    <table class="table">
        <tr>
            <th>id</th>
            <th>{{object.id}}</th>
        </tr>
        <tr>
            <th>name</th>
            <td>{{object.name}}</td>
        </tr>
        <tr>
            <th>mail</th>
            <td>{{object.mail}}</td>
        </tr>
        <tr>
            <th>gender</th>
            <td>{{object.gender}}</td>
        </tr>
        <tr>
            <th>age</th>
            <td>{{object.age}}</td>
        </tr>
    </table>
</body>
</html>
```

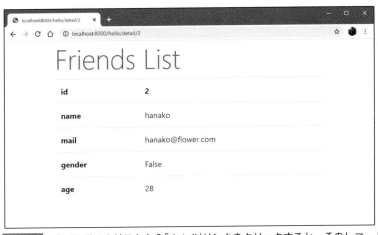

図3-44 /hello/listのリストから「detail」リンクをクリックすると、そのレコードの詳細表示画面になる。

　/hello/listにアクセスして表示されるリストには、「detail」というリンクが用意されていましたね。これをクリックすると、/hello/detail/番号というアドレスにアクセスし、指定のIDのレコード内容を表示します。ここでは、objectの中から値を取り出して表示しているだけです。

　ジェネリックビューを使うと、ほとんどビューの部分を作成することなくレコードの表示が行なえることがわかったでしょう。こういう「全レコードを取り出して表示する」といった処理はけっこう頻繁に行ないます。ただ表示するだけなら、ジェネリックビューを使えばこんなに簡単に表示ページを作れるのです。ぜひ、基本的な使い方ぐらいは覚えておきましょう。

CRUDより重要なものは？

　ということで、CRUDの基本について説明をしました。「まだ、Readをやってないぞ」と思った人。Readは、レコードを取り出すことです。つまり、CRUDの説明の前にやった、allやgetを使った処理のことで、既に説明済みなんですよ。
　さて、これで「データベースアクセスの基本」といわれるCRUDができるようになりました。どうでしょう、データベースを使ったアプリケーションが作れそうになってきましたか？「全然、そうは思えない」って人もきっと多いでしょうね。それは、別にあなたの理解不足なわけではありません。
　CRUDは、データベースアクセスの基本であって、「データベースを使ったアプリケーションの基本機能」というわけではありません。データベースを使ったアプリケーションを作ろうと思ったら、実はCRUDなんかよりはるかに重要なものがあるんです。

| Chapter-3 | モデルとデータベース |

　それは、「検索」です。いかに的確に必要なレコードを取り出すか。これこそが、データベース利用アプリケーションを作る上でもっとも重要なことなんです。

　では、いよいよこの「検索」について説明をしていきましょう！

Chapter 3 モデルとデータベース

Section 3-5 検索をマスターしよう

検索とフィルター

さて、「検索」です。Djangoでは、モデルにはobjectsという属性があり、この中にManagerというクラスのインスタンスが入っていました。検索関係も、このManagerに用意されている機能を使います。それは「フィルター」という機能です。

フィルターは、たくさんあるデータの中から必要なものを絞り込むためのものです。このフィルターは、以下のようなメソッドとして用意されています。

```
変数 =《Model》.objects.filter( フィルターの内容 )
```

メソッド自体の使い方はとても単純です。問題は、フィルターの内容をどう設定すればいいかでしょう。この部分が、検索のテクニックともいえる部分なのです。これは、実際にいろいろと検索を行なって身につけていくしかないでしょう。

ということで、さっそく検索を行なうためのサンプルを作ってみましょう。

urlpatternsの修正

今回は、findというページを新たに用意することにします。まずはurlpatternsに追記をしておきましょう。「hello」フォルダ内のurls.pyを開き、変数urlpatternsの値を以下のように修正します。

リスト3-43
```
urlpatterns = [
    ……略……
    path('find', views.find, name='find'), #☆
]
```

urlpatternsのリストの最後に、path('find', views.find, name='find')というように文が

| Chapter-3 | モデルとデータベース |

追加されていますね(☆の文)。これで、/hello/findにアクセスしたらviews.pyのfind関数が実行されるようになります。それ以外の、既に書かれているpath文は、そのまま残しておいてかまいません。

FindFormを作る

では、findページを作りましょう。まずは、フォームからです。「hello」フォルダ内のforms.pyを開き、以下のスクリプトを追記してください。

リスト3-44

```python
class FindForm(forms.Form):
    find = forms.CharField(label='Find', required=False, \
        widget=forms.TextInput(attrs={'class':'form-control'}))
```

非常にシンプルなFormクラスですね。findというCharFieldが1つ用意されているだけです。これで簡単な検索フォームを用意し、検索を行なうことにしましょう。

find.htmlを作る

では、検索用のテンプレートを用意しましょう。「templates」フォルダ内の「hello」フォルダの中に、新たに「find.html」という名前でファイルを作成しましょう。そして以下のように内容を記述してください。

リスト3-45

```html
{% load static %}
<!doctype html>
<html lang="ja">
<head>
    <meta charset="utf-8">
    <title>{{title}}</title>
    <link rel="stylesheet"
    href="https://stackpath.bootstrapcdn.com/bootstrap/4.3.1/css/
        bootstrap.min.css"
    crossorigin="anonymous">
</head>
<body class="container">
    <h1 class="display-4 text-primary">
        {{title}}</h1>
    <p>{{message|safe}}</p>
    <form action="{% url 'find' %}" method="post">
    {% csrf_token %}
```

```
    {{ form.as_p }}
    <tr><th></th><td>
        <input type="submit" value="click"
            class="btn btn-primary mt-2"></td></tr>
</form>
<hr>
<table class="table">
    <tr>
        <th>id</th>
        <th>name</th>
        <th>mail</th>
    </tr>
{% for item in data %}
    <tr>
        <th>{{item.id}}</th>
        <td>{{item.name}}({{item.age}})</td>
        <td>{{item.mail}}</td>
    <tr>
{% endfor %}
</table>
</body>
</html>
```

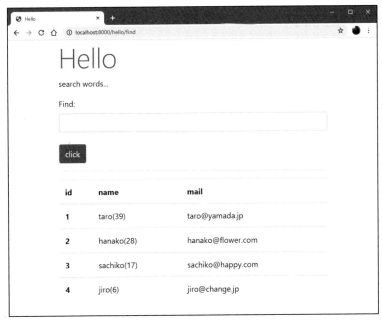

図3-45 find.htmlの表示。ただし、まだビュー関数がないので現時点では表示できない。これは完成した状態。

find関数を作る

続いて、ビュー関数です。「hello」フォルダ内のviews.pyを開き、以下のfind関数を追記しましょう(既に書かれている内容は消さないでください)。

リスト3-46

```python
from .forms import FindForm #この文を追記


def find(request):
    if (request.method == 'POST'):
        form = FindForm(request.POST)
        find = request.POST['find']
        data = Friend.objects.filter(name=find)
        msg = 'Result: ' + str(data.count())
    else:
        msg = 'search words...'
        form = FindForm()
        data =Friend.objects.all()
    params = {
        'title': 'Hello',
        'message': msg,
        'form':form,
        'data':data,
    }
    return render(request, 'hello/find.html', params)
```

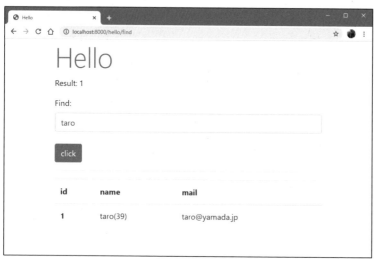

図3-46 入力フィールドに名前を書いて送信すると、その名前のレコードだけが表示される。

記述したら、http://localhost:8000/hello/findにアクセスしてみましょう。アクセスすると、フォームと全レコードを並べたテーブルが表示されます。このフォームに、検索したいレコードの名前を記入して送信すると、nameの値が入力したテキストと同じレコードだけを検索して表示します。

filterのもっともシンプルな使い方

ここでは、送信されたフォームの値を取り出し、nameからその値を探しています。この部分です。

```
find = request.POST['find']
data = Friend.objects.filter(name=find)
```

filterメソッドの引数には、「name=値」というように指定がされています。こんな具合に、検索する項目名の引数に値を指定することで、その項目から検索を行なうことができます。例えば、ここではname=findとしていますね？ これで、「name項目の値がfindのレコード」だけを検索することができるのです。

こんな具合に、「項目名=値」という形でfilterの引数を指定すれば、それだけで指定のレコードを検索することができます。

あいまい検索ってなに？

filter(name=find)による検索は、nameの値が変数findと一致するものだけを検索します。これは確かに便利なのですが、テキストの検索というのはもう少し柔軟性がないと使いにくいですね。例えば、「太郎」と検索したとき、「一太郎」も「山田太郎」も「太郎君」も検索できず、ただ「太郎」だけしか見つけられない、なんていうのでは困ります。

こうした、より柔軟な検索が必要となったときに用いられるのが「あいまい検索」と呼ばれるものです。これは、検索テキストと完全一致するものだけを取り出すのではなく、検索テキストを含むものを取り出せるようにするためのものです。

これは、filterメソッドの「項目名＝値」の書き方に少し追記をするだけで利用できるようになります。以下に整理しましょう。

●値を含む検索

```
項目名__contains=値
```

| Chapter-3 | モデルとデータベース |

●値で始まるものを検索

項目名__startswith=値

●値で終わるものを検索

項目名__endswith=値

　例えば、name項目から、'太郎'を含むものを検索したければ、filterメソッドの引数に「name__contains='太郎'」と指定をすればいいわけです。これで、「一太郎」も「山田太郎」も「太郎君」も検索されるようになります。

▌__containsを試してみよう

　では、実際に試してみましょう。先ほど記述したfind関数を修正してみます。「hello」フォルダ内にあるviews.pyを開き、そこにあるfind関数を以下のように修正してください。

リスト3-47

```python
def find(request):
    if (request.method == 'POST'):
        form = FindForm(request.POST)
        find = request.POST['find']
        data = Friend.objects.filter(name__contains=find)  #☆
        msg = 'Result: ' + str(data.count())
    else:
        msg = 'search words...'
        form = FindForm()
        data =Friend.objects.all()
    params = {
        'title': 'Hello',
        'message': msg,
        'form':form,
        'data':data,
    }
    return render(request, 'hello/find.html', params)
```

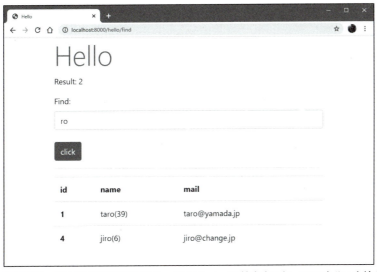

図3-47　あいまい検索を利用する。例えば、'ro'で検索すると、taroもjiroも検索される。

　☆の行が、修正された部分です。これで検索を実行すると、入力フィールドに書いたテキストをnameに含むものをすべて検索します。

　ここでは__containsを使いましたが、name__startswithを使えば検索テキストで始まるものだけ、name__endswithならば検索テキストで終わるものだけを取り出すことができます。例えば、メールアドレスで「.comで終わるものだけ取り出したい」といったときは、mail__endswith='.com'なんて具合にすればいいわけですね！

大文字小文字を区別しない

　アルファベットのテキストを扱うとき、注意しないといけないのが「大文字と小文字」です。filterの検索では、大文字と小文字は別の文字として扱われます。例えば、'taro'を検索する場合、'Taro'や'TARO'は探し出せないのです。

　こうした場合に用意されるのが、以下のようなものです。

●大文字小文字を区別しない検索

項目名__iexact=値

●大文字小文字を区別しないあいまい検索

項目名__icontains=値
項目名__istartswith=値
項目名__iendswith=値

__iexactは、完全一致の検索を行なうものです。例えば、name__iexact='taro'とすれば、'taro'も'Taro'も'TARO'も探し出すことができます。

その後の3つは、大文字小文字を区別しないあいまい検索のためのものです。名前を見ればわかるように、それぞれ__の後に「i」がついています。__containsならば、__icontainsとするだけで大文字小文字を区別しなくなるのです。

先ほどfind関数を修正しましたが、その☆の文を以下のように書き換えてみましょう。

リスト3-48

```
data = Friend.objects.filter(name__iexact=find)
```

書き換える際は、インデント(文の開始位置)に注意をしてください。インデントが正しくないとエラーになってしまいますから。書き換える文のすぐ上の文と同じ位置で始まるようにします。

これで、大文字小文字を区別せずに検索を行なうようになります。試してみましょう。

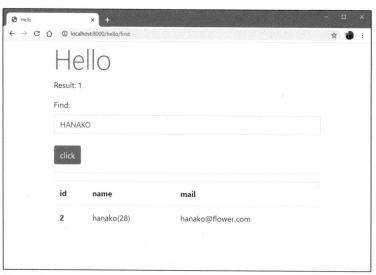

図3-48　検索すると、nameの値を大文字小文字を区別せずに検索する。

数値の比較

数値を扱う検索の場合、重要なのは「数値の比較」です。例えば、「ageの値が20のものを検索」というならば、単純に「age=20」とすればよいでしょう。が、「ageが20以下のもの」というようになったときはどうすればいいのでしょう?

こうした場合も、項目名の後にテキストをつなげることで検索を行なうことができます。

数値関係の検索について以下にまとめておきましょう。

値と等しい	項目名＝値
値よりも大きい	項目名__gt＝値
値と等しいか大きい	項目名__gte＝値
値よりも小さい	項目名__lt＝値
値と等しいか小さい	項目名__lte＝値

　これも実際に使ってみましょう。find関数の☆マークの文を以下のように書き換えてみてください。

リスト3-49

```
data = Friend.objects.filter(age__lte=int(find))
```

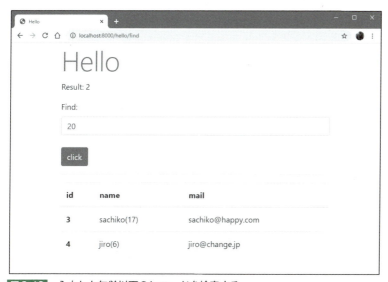

図3-49　入力した年齢以下のレコードを検索する。

　入力フィールドに年齢を示す整数値を記入して送信すると、その年齢以下のレコードを検索し表示します。例えば、「20」と送信すれば、20歳以下のレコードを表示するわけですね。
　ここでは、「age__lte=int(find)」というように実行をしていますね。フォームに用意してある入力フィールドはCharFieldで作成してあるので、送られてくる値はテキストであるため、intで整数にして比較してあります（ただし、これは省略してage__lte=findでもちゃんと動作してくれます。が、テキストを__lteで比較するのはなんとなく気持ちが悪いので整数に変換しています）。

○○歳以上○○歳以下はどうする？

「20歳以下」を検索するのはできました。では、「十代を検索」というのはどうでしょうか。これ、実は意外と難しいんです。なぜなら、これは同時に2つの条件を設定しなければいけないからです。

「十代を検索」というのは、年齢の値が10以上で、かつ20未満のものを探す、ということになります。両方の条件に合うものを探すわけで、そのためには同時に複数の条件を設定しなければいけません。

こうした「複数の条件を設定する」という場合、2種類のやり方があります。1つは「両方の条件に合うものを探す」というもの。もう1つは「どちらか1つでも合えば全部探す」というものです。

まずは、「両方の条件に合うものを探す」という場合から考えてみましょう。これは、実はとても簡単です。filterの引数に2つの条件を書けばいいんです。

```
変数 =《モデル》.objects.filter( 1つ目の条件 , 2つ目の条件 )
```

こうすれば、両方の条件を満たすものを検索することができます。

このように、複数の条件のすべてに合致するものだけを検索するやり方を「AND検索」といいます。ANDは、日本語では「論理積」と呼んだりします。「どちらも正しいもの」を探すやり方です。

図3-50　AND検索は、2つの条件の両方に合うものだけを検索する。どちらか一方でも合わなければ検索しない。

検索をマスターしよう｜3-5

○○以上○○以下を試してみる

では、実際にやってみましょう。「hello」フォルダ内のviews.pyを開き、find関数を以下のように書き換えてください。

リスト3-50
```
def find(request):
    if (request.method == 'POST'):
        form = FindForm(request.POST)
        find = request.POST['find']
        val = find.split()
        data = Friend.objects.filter(age__gte=val[0], age__lte=val[1])  #☆
        msg = 'search result: ' + str(data.count())
    else:
        msg = 'search words...'
        form = FindForm()
        data =Friend.objects.all()
    params = {
        'title': 'Hello',
        'message': msg,
        'form':form,
        'data':data,
    }
    return render(request, 'hello/find.html', params)
```

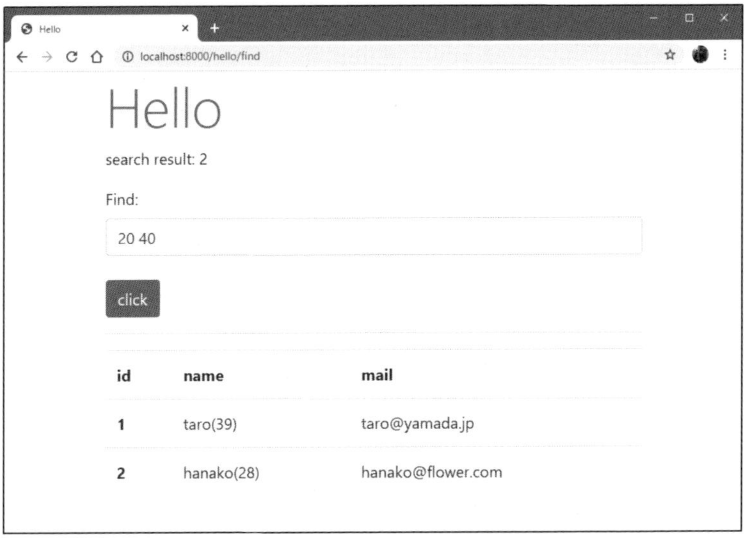

図3-51 「20 40」というように2つの整数をスペースで区切って書くと、20歳以上40歳以下のレコードを検索する。

Chapter-3 モデルとデータベース

これは、「○○歳以上○○歳以下」を検索するサンプルです。入力フィールドに、検索する最小年齢と最大年齢を半角スペースで区切って書いてください。例えば、「10 20」とすれば、10歳以上20歳以下を検索します。

ここでは、まず入力されたテキストを取り出し、それをスペースで分けます。

```
find = request.POST['find']
val = find.split()
```

「split」というメソッドは、テキストを決まった文字や記号で分割したリストを返します。引数を省略すると、半角スペースや改行でテキストを分割します。これで、例えば「10 20」と入力されたテキストは、[10, 20] というリストになります。

後は、リストの値を使ってfilterメソッドを呼び出し、検索を行なうだけです。

```
data = Friend.objects.filter(age__gte=val[0], age__lte=val[1])
```

この文ですね。1つ目の引数では「age__gte=val[0]」という条件を、2つ目は「age__lte=val[1]」という条件をそれぞれ実行しています。これで、val[0]以上val[1]以下のレコードが取り出されるわけです。

filterメソッドは、引数は2つだけでなく、いくつでも条件を記述することができます。つまり、3つでも4つでも条件を設定し、「すべての条件に合うもの」を検索できるんです。

別の書き方もある！

このやり方はとてもわかりやすいんですが、filterの引数内にいくつもの条件を記述するため、かなりわかりにくいコードになってしまいます。実際に試してみると、filterの引数が延々と続く文ができあがってしまうでしょう。もう少しわかりやすい書き方はないのか？と思う人もいるかもしれませんね。

実は、もっとわかりやすい書き方もあります。filterメソッドを複数書けばいいのです。つまり、こういうことです。

```
変数 =《モデル》.objects \
    .filter( 1つ目の条件 ) \
    .filter( 2つ目の条件 ) \
    .filter( 3つ目の条件 ) \
    .filter( 4つ目の条件 ) \
    ……略……
```

こんな具合にすれば、だいぶ条件もわかりやすくなりますね。条件の数が増えた場合もまったく同様なので、1つ1つの条件も整理できます。

先ほど書いたサンプル(find関数)の☆マークの部分を以下のように書き換えてみてください。

リスト3-51
```
data = Friend.objects \
    .filter(age__gte=val[0]) \
    .filter(age__lte=val[1])
```

これでも、まったく同じように検索できます。この例では、2つのfilterが連続して実行されているのがわかりますね。

AもBもどっちも検索したい！

もう1つの「どちらか一方でも合えば検索」というものも、けっこう必要となることは多いものです。例えば、「名前かメールアドレスのどちらかが'taro'のもの」を探す、となると、nameとmailの両方から検索をしないといけませんね。こういうときに必要となります。

これは、ちょっとわかりにくいのでしっかり書き方を頭に入れておきましょう。

```
変数 = 《モデル》.objects.filter( Q( 1つ目の条件 ) | Q( 2つ目の条件 ) )
```

なんだか不思議な書き方をしていますね。Qという関数の引数に条件を指定したものを「|」記号でつなげてfilterの引数に書いています。わかりにくいですが、「条件は、Qという関数の引数に書く」「それぞれの条件は、|記号でつなげて書く」というこの2点をしっかり理解すれば、書けるようになるはずですよ。

この書き方も、2つ以上の条件を設定できます。それぞれの条件を|記号でつなげていけばいいのです。

このように、「複数の条件のどれかが合えば検索する」というやり方を「OR検索」といいます。日本語でいうと「論理和検索」というものです。

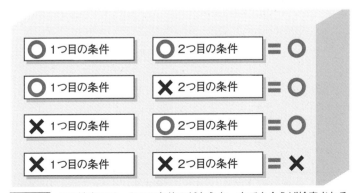

図3-52　OR検索では、2つの条件のどちらか一方でも合えば検索される。

| Chapter-3 | モデルとデータベース |

nameとmailから検索する

では、これもやってみましょう。「hello」フォルダ内のviews.pyを開いて、先ほど修正したfind関数を以下のように書き換えてください。

リスト3-52

```
from django.db.models import Q     # 追記
```

```
def find(request):
    if (request.method == 'POST'):
        msg = 'search result:'
        form = FindForm(request.POST)
        find = request.POST['find']
        data = Friend.objects.filter(Q(name__contains=find)|
            Q(mail__contains=find))     #☆
    else:
        msg = 'search words...'
        form = FindForm()
        data =Friend.objects.all()
    params = {
        'title': 'Hello',
        'message': msg,
        'form':form,
        'data':data,
    }
    return render(request, 'hello/find.html', params)
```

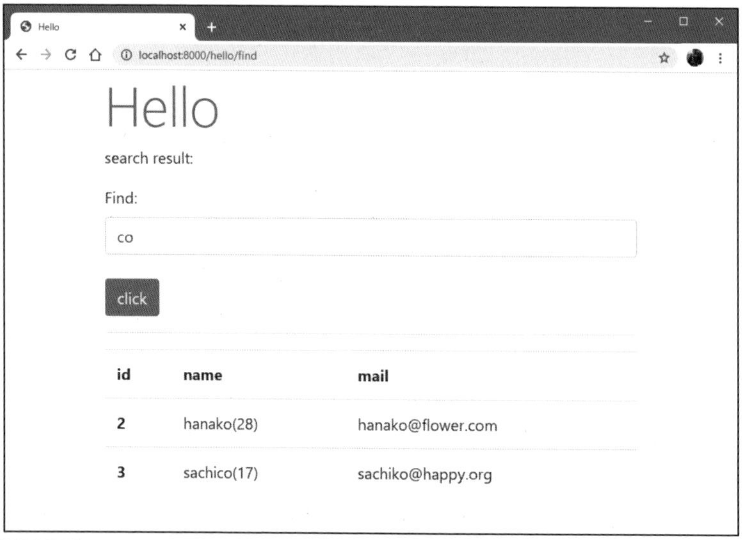

図3-53　nameかmailかのどちらかに検索テキストがあればすべて検索する。

224

最初にあるfrom django.db.models import Qは、スクリプトの最初のところに忘れず書いてくださいね。これがないと、Q関数でエラーになってしまいますから。

これで入力フィールドにテキストを書いて検索すると、nameかmailのどちらかにテキストが含まれているレコードを全部検索します。

リストを使って検索

例えば、名前でレコードを検索するとき、「検索したい名前がたくさんある」というときはどうするのがよいでしょう。1つ1つをOR検索でつなぐ？ そうすると、「検索したい名前がいくつあるかわからないけど、でも全部探したい！」なんて場合は難しそうですね。

こういうとき、filterには「リストを使った検索」を行なう機能があります。これは以下のように実行します。

```
変数 =《モデル》.objects.filter( 項目名__in=リスト )
```

これで、指定の項目にリストの中の値があれば検索するようになります。例えば、['太郎', '次郎', '三郎']とすれば、この3人のレコードを全部取り出すことができる、というわけです。

書いた名前を全部検索する！

では、実際にこれも試してみましょう。「hello」フォルダ内のviews.pyを開き、find関数を以下のように書き換えてください。

リスト3-53
```python
def find(request):
    if (request.method == 'POST'):
        msg = 'search result:'
        form = FindForm(request.POST)
        find = request.POST['find']
        list = find.split()
        data = Friend.objects.filter(name__in=list)     #☆
    else:
        msg = 'search words...'
        form = FindForm()
        data =Friend.objects.all()
    params = {
        'title': 'Hello',
        'message': msg,
        'form':form,
```

```
        'data':data,
    }
    return render(request, 'hello/find.html', params)
```

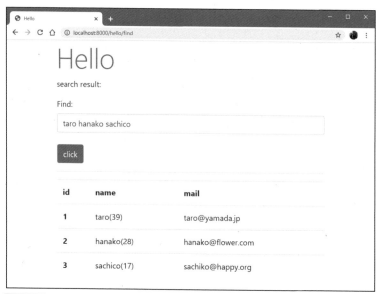

図3-54 名前をスペースで区切って記述していくと、それらの名前のレコードをすべて検索し表示する。

　入力フィールドに、検索したい名前を半角スペースで区切って書いていきましょう。「taro jiro ichiro ……」みたいな感じですね。いくつ書いてもかまいません。すべて書いたら送信すると、それらの名前のレコードがすべて表示されます。
　ここでは、まず入力された名前をリストに変換します。

```
find = request.POST['find']
list = find.split()
```

　これは前にもやりましたね。splitで半角スペースでテキストを分割しリストを作ります。これを元に検索を行なえばいいのです。

```
data = Friend.objects.filter(name__in=list)
```

　これで、nameからリストの名前を検索していきます。nameの名前が、リストのどれか1つにでも合えばすべて取り出されます。

検索をマスターしよう | 3-5 |

この章のまとめ

　この章は、データベースの基本的な機能をすべて詰め込んだので、これまたかなり濃厚な内容になってしまいました。これら説明したものをすべて覚えるのは至難の業です。まぁ、いずれDjangoを使いこなすようになった頃には、ここで説明したものを一通り使いこなせるようになっていることでしょう。が、今すぐ覚えないとダメ！　というわけではありません。

　とりあえず、Djangoを使ってそこそこ動くプログラムを作っていくためには、この章で説明した中からいくつか覚えておけばそれで十分です。なにを覚えておけばいいか、簡単に整理しましょう。

allとgetは基本中の基本！

　最初に使った、allメソッドとgetメソッド。この2つは、データベースを扱う上でのもっとも基本となるものです。「全部取り出す」「指定のIDを取り出す」の2つですね。これらの使い方だけはしっかり覚えておきましょう。

CRUDは「C」だけは覚えよう！

　データベースアクセスの基本はCRUDですが、今すぐこれらすべてをマスターする必要はありません。とりあえず、「Create」（新規作成）だけできるようになっておきましょう。フォームを送信してレコードを保存するというのは、どんなWebアプリケーションでも必ず必要となる機能ですから。

　このCreateでは、forms.Formを使ったやり方と、ModelFormを使ったやり方について説明をしましたが、ModelFormのほうだけ覚えておけば十分ですよ。

filterの基本だけ覚えておこう

　検索の基本は、filterメソッドです。とりあえず、「項目名＝値」と引数に指定して検索するやり方だけはしっかり覚えておきましょう。これは、検索の基本です。それ以外のものは、「覚えられたら覚える」と考えておきましょう。__containsを使ったあいまい検索ぐらいは覚えておくと後でいろいろ使えますね。

　数字の比較に関するものもいろいろありましたが、このへんも「覚えられたら覚える」ぐらいに考えておきましょう。今ここで全部暗記する必要はありません。覚えてなくても、いざ必要になったらまたここに戻って調べればいいんですからね。

| Chapter-3 | モデルとデータベース |

基本は「検索」と「新規作成」

　データベースにはさまざまな機能がありますが、おそらくアプリケーションを作るとき最初に必要となるのは「検索」と「新規作成」です。他はとりあえずなくともなんとかなるはずです。

　検索は、機能がいろいろありすぎるので、一番の基本である「全部取り出す」「ID番号で取り出す」「同じ値のものを取り出す」の3つだけできるようになりましょう。このぐらいできるようになれば、データベースを使った簡単なプログラムぐらいは作れるようになるはずです。

　この章で説明した内容は、データベースの基本です。データベースにはまだまだ重要な機能がたくさんあります。また、これまで説明してきたMVCの基本部分以外にも覚えておきたい機能というのはまだまだあります。

　そうした重要な機能について、次の章でまとめて説明をしていきましょう。

Chapter

4

データベースを
使いこなそう

データベース関連は、まだまだ多くの機能が盛り込まれています。ここではそれらの中から、重要なものをピックアップして説明していくことにしましょう。

Chapter 4 データベースを使いこなそう

Section 4-1 データベースを更に極める！

レコードの並べ替え

　この章では、モデル関連について更に突っ込んで説明していくことにします。といっても、ここで取り上げるものは「今すぐ全部覚えないとダメ！」というものでは全然ありません。どちらかというと、「簡単なアプリケーションを作るぐらいなら、まぁ知らなくても大丈夫」というものです。ですから、この章は「おまけ」と思って読んでいきましょう。

　もちろん、覚えられるなら覚えたほうがいいのはいうまでもありませんよ。「覚えておくと絶対便利！」というものだから、ここでわざわざ説明しているんですから。でも、それは「今すぐ」でなくても大丈夫です。Djangoに慣れてある程度使いこなせるようになってからでも遅くはありません。

　ということで、最初から全部覚えようと気負わずに、「どんなものがあるか、ざっと目を通しておく」ぐらいの気持ちで読んでください。

並べ替えの基本

　まずは、データベース関係の機能から見ていきましょう。最初に挙げるのは、レコードの「並べ替え」についてです。allやfilterなどで多数のレコードを検索したとき、基本的にはレコードの作成順（ID番号順）に並んで表示されます。が、場合によっては他の基準で並べ替えて表示したい場合もあります。

　レコードの並べ替えは、Managerクラスの「order_by」というメソッドで行なえます。

```
《モデル》.objects.《allやfilterなど》.order_by( 項目名 )
```

　order_byは、allやfilterなど複数レコードを取得するメソッドの後に続けて記述します。引数には、並べ替えの基準となる項目の名前を指定します。これは、複数を指定することもできます。例えば、('name', 'mail')と引数を指定すれば、まずname順で並べ替え、同じnameのものがあった場合はそれらをmail順に並べるようにできます。

データベースを更に極める！ | 4-1

年齢順に並べ替える

では、実際に並べ替えをやってみましょう。「hello」アプリケーションのindexページを書き換えて使うことにします。「hello」フォルダ内のviews.pyを開き、そこにあるindex関数を下のように書き換えてください。

リスト4-1

```python
def index(request):
    data = Friend.objects.all().order_by('age')      #☆
    params = {
        'title': 'Hello',
        'message':'',
        'data': data,
    }
    return render(request, 'hello/index.html', params)
```

ここでは、order_by('age')とメソッドを追記してあります。これで、レコードをage順に並べ替えるようになります。

ついでに、テンプレートも少し修正しておきましょう。「templates」フォルダ内の「hello」フォルダ内にあるindex.htmlを開き、<body>タグの部分を以下のように書き換えましょう。

リスト4-2

```html
<body class="container">
    <h1 class="display-4 text-primary">
        {{title}}</h1>
    <p>{{message|safe}}</p>
    <table class="table">
        <tr>
            <th>id</th>
            <th>name</th>
            <th>age</th>
            <th>mail</th>
            <th>birthday</th>
        </tr>
    {% for item in data %}
        <tr>
            <td>{{item.id}}</td>
            <td>{{item.name}}</td>
            <td>{{item.age}}</td>
            <td>{{item.mail}}</td>
            <td>{{item.birthday}}</td>
        <tr>
```

231

```
    {% endfor %}
    </table>
</body>
```

　今まで、オブジェクトをそのまま表示していたためちょっとわかりにくかったので、レコードの全値をテーブル表示する形に改めました。http://localhost:8000/hello/ にアクセスしてみましょう。レコードがageの小さいものから順に並べ替えられているのがよくわかります。

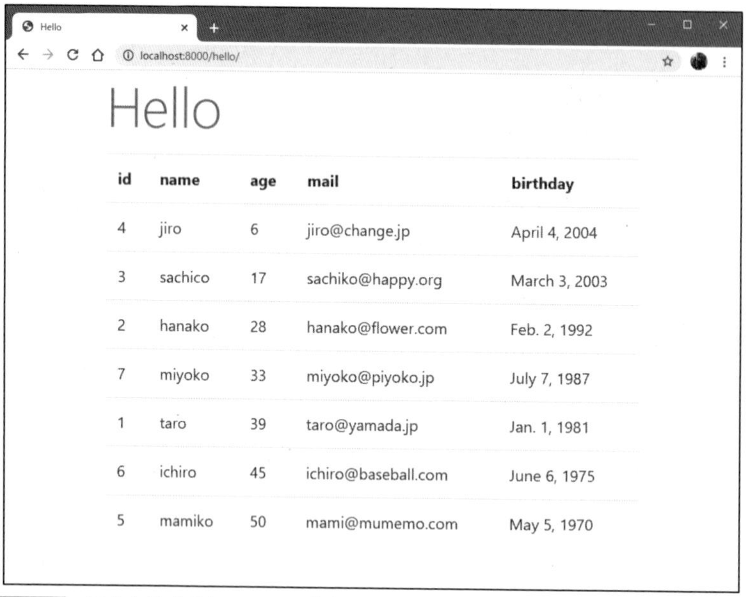

図4-1　アクセスすると、ageの小さいものから順に並べ替えて表示される。

逆順はどうする？

　order_byメソッドは非常にシンプルです。ただ項目名を指定するだけで自動的に並べ替えてくれます。あまりにシンプルすぎて、こういう疑問が湧くでしょう。「で、逆順にするにはどうするんだ？」と。
　実は、order_byメソッドには、そんな機能はありません。常に昇順(ABC順、小さい順)で並べ替えます。
　では逆順にはできないのか？　もちろん、そんなことはありません。これは「並び順を逆にするメソッド」を使うのです。

《allやfilterなど》.order_by(項目名).reverse()

このようにすると、指定した項目で逆順に並べることができます。最後の「reverse」というメソッドが、並び順を逆にするためのものです。

先ほど修正したindex関数を少し書き換えて、逆順にしてみましょう。

リスト4-3

```
def index(request):
    data = Friend.objects.all().order_by('age').reverse()    #☆
    params = {
        'title': 'Hello',
        'message':'',
        'data': data,
    }
    return render(request, 'hello/index.html', params)
```

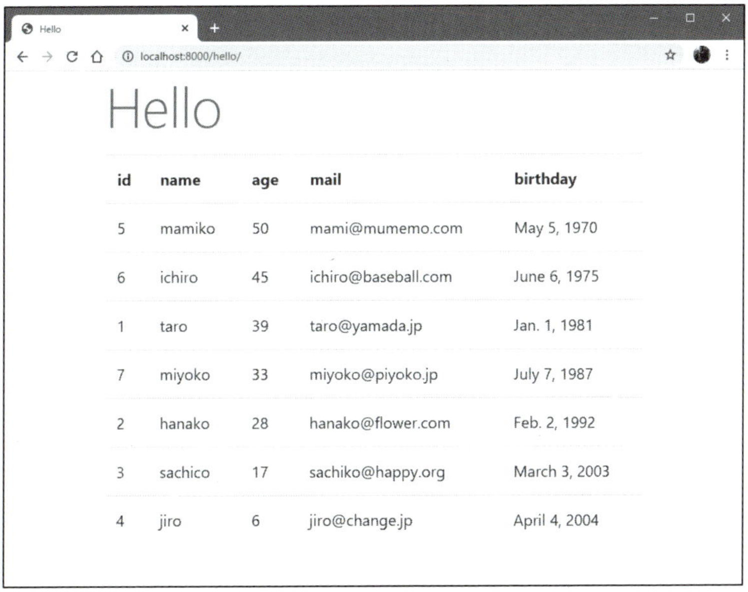

id	name	age	mail	birthday
5	mamiko	50	mami@mumemo.com	May 5, 1970
6	ichiro	45	ichiro@baseball.com	June 6, 1975
1	taro	39	taro@yamada.jp	Jan. 1, 1981
7	miyoko	33	miyoko@piyoko.jp	July 7, 1987
2	hanako	28	hanako@flower.com	Feb. 2, 1992
3	sachico	17	sachiko@happy.org	March 3, 2003
4	jiro	6	jiro@change.jp	April 4, 2004

図4-2　アクセスすると、年齢(age)の大きいものから順に表示される。

修正したらhttp://localhost:8000/hello/ にアクセスして表示を確かめましょう。今度はageの大きいものから順に並べられるのがわかります。

(※逆順は、Modelクラスを利用したやり方もあります。これについては次章のサンプルで触れる予定です)

指定した範囲のレコードを取り出す

レコードの数が多くなってくると、「全部表示する」とはいかなくなってきます。全体の中から一部のものだけを取り出して表示する必要が出てくるでしょう。

allやfilterなどで取り出されるのは、QuerySetというクラスのインスタンスです。このQuerySetでは、一般的なリストと同じように、その後に[]記号を使って取り出す値を指定することができます。

《QuerySet》[開始位置 ： 終了位置]

位置は、最初のレコードの前がゼロとなり、1つ目と2つ目の間が1，2つ目と3つ目の間が2……となります。この[]記号を使って取り出す値の位置を指定すれば、好きなように値が取り出せます。

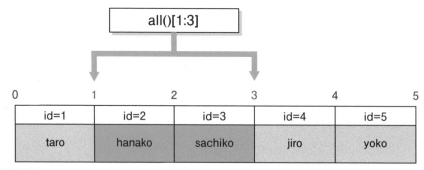

図4-3 []を使うことで、特定の範囲のレコードを取り出すことができる。

位置を指定して取り出してみる

では、これも試してみましょう。今回は、findページを利用することにします。「hello」フォルダ内のviews.pyを開き、find関数を以下のように書き換えてください。

リスト4-4

```
def find(request):
    if (request.method == 'POST'):
        msg = 'search result:'
        form = FindForm(request.POST)
        find = request.POST['find']
        list = find.split()
        data = Friend.objects.all()[int(list[0]):int(list[1])]      #☆
```

```
else:
    msg = 'search words...'
    form = FindForm()
    data =Friend.objects.all()
params = {
    'title': 'Hello',
    'message': msg,
    'form':form,
    'data':data,
}
return render(request, 'hello/find.html', params)
```

find.htmlを修正しよう

ついでに、テンプレートの表示も修正しておきましょう。「templates」フォルダ内の「hello」フォルダ内にあるfind.htmlを開き、<body>タグの部分を以下のように書き換えてください。

リスト4-5

```
<body class="container">
    <h1 class="display-4 text-primary">
        {{title}}</h1>
    <p>{{message|safe}}</p>
    <form action="{% url 'find' %}" method="post">
    {% csrf_token %}
    {{ form.as_p }}
    <tr><th></th><td>
        <input type="submit" value="click"
            class="btn btn-primary mt-2"></td></tr>
    </form>
    <hr>
    <table class="table">
        <tr>
            <th>id</th>
            <th>name</th>
            <th>age</th>
            <th>mail</th>
            <th>birthday</th>
        </tr>
    {% for item in data %}
        <tr>
            <td>{{item.id}}</td>
            <td>{{item.name}}</td>
```

```
                <td>{{item.age}}</td>
                <td>{{item.mail}}</td>
                <td>{{item.birthday}}</td>
            <tr>
        {% endfor %}
        </table>
</body>
```

　修正したら、http://localhost:8000/hello/find にアクセスをしましょう。そして、入力フィールドに「２ ５」というように、開始位置と終了位置を半角スペースで区切って記述し、送信します。これで、指定した範囲のレコードだけが表示されるようになります。

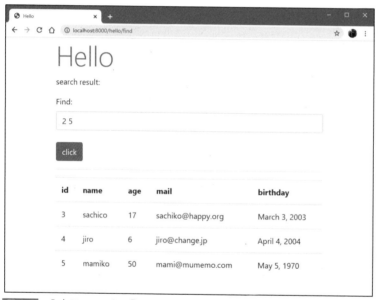

図4-4 入力フィールドに「２ ５」とすると、id＝3 〜 5のレコードが表示された。テーブルの状態によって、取り出されるIDなどは変わることもある。

レコード検索の流れ

　ここでは、ifでPOST送信されたかどうかをチェックし、送信された場合には、テキストを分割してリストにします。これは既におなじみの処理ですね。

```
find = request.POST['find']
list = find.split()
```

そして、送られた値を元にallで得た中から指定範囲のレコードだけを取り出します。

```
data = Friend.objects.all()[int(list[0]):int(list[1])]
```

送信されたlist[0]からlist[1]までの範囲に絞り込んでいるのがわかるでしょう。ただし、この[]で指定する値は整数値でなければいけないので、int(list[0])というように整数に変換して利用しています。テキスト値のままではエラーになるので注意しましょう。

レコードを集計するには？

多量の数値データなどを扱う場合、保存してある値を取り出すだけでなく、必要なレコードの値を集計処理することもよくあります。こういうときは、必要なレコードをallやfilterで取り出し、そこから値を順に取り出して集計し計算する、というのが一般的でしょう。

が、例えば「合計」や「平均」などの一般的な集計ならば、もっと簡単な方法があります。集計用の関数を使い、「aggregate」というメソッドで集計を行なわせるのです。これは、以下のように利用します。

```
変数 =《モデル》.objects.aggregate( 関数 )
```

引数には、django.db.modelsに用意されている集計用の関数を記述します。これは以下のようなものがあります。

Count(項目名)	指定した項目のレコード数を返します。
Sum(項目名)	指定した項目の合計を計算します。
Avg(項目名)	指定した項目の平均を計算します。
Min(項目名)	指定した項目から最小値を返します。
Max(項目名)	指定した項目から最大値を返します。

これらの関数を、aggregateの引数に指定して呼び出すことで、簡単な集計を行なうことができるのです。

ageの集計をしてみる

では、実際に試してみましょう。今回も、indexページを修正して使うことにします。「hello」フォルダ内のviews.pyを開き、index関数を以下のように書き直してください。

Chapter-4 | データベースを使いこなそう

リスト4-6

```python
from django.db.models import Count,Sum,Avg,Min,Max


def index(request):
    data = Friend.objects.all()
    re1 = Friend.objects.aggregate(Count('age'))    #☆
    re2 = Friend.objects.aggregate(Sum('age'))      #☆
    re3 = Friend.objects.aggregate(Avg('age'))      #☆
    re4 = Friend.objects.aggregate(Min('age'))      #☆
    re5 = Friend.objects.aggregate(Max('age'))      #☆
    msg = 'count:' + str(re1['age__count']) \
            + '<br>Sum:' + str(re2['age__sum']) \
            + '<br>Average:' + str(re3['age__avg']) \
            + '<br>Min:' + str(re4['age__min']) \
            + '<br>Max:' + str(re5['age__max'])
    params = {
        'title': 'Hello',
        'message':msg,
        'data': data,
    }
    return render(request, 'hello/index.html', params)
```

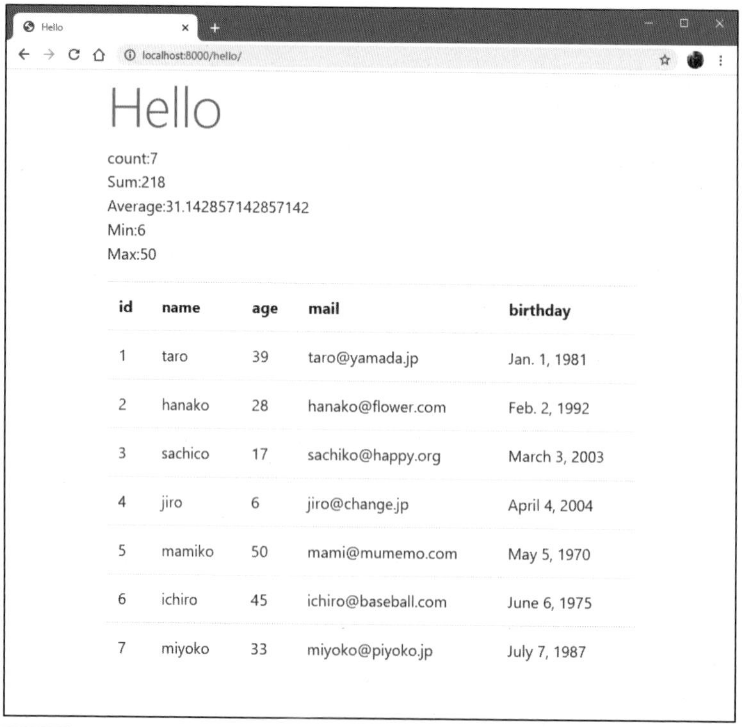

図4-5 ageのレコード数、合計、平均、最大値、最小値といったものを表示する。

データベースを更に極める！ | 4-1

　今回は、集計用の関数を利用するため、最初のfrom django.db.models import Count,Sum,Avg,Min,Maxという文を必ず追記しておいてください。

　http://localhost:8000/hello/にアクセスすると、ageのレコード数、合計、平均、最小値、最大値を表示します。こうした集計処理が非常に簡単に行なえることがわかりますね。

　ここでの集計処理を行なっている部分を見てみましょう。こんな具合に計算しています。

```
re1 = Friend.objects.aggregate(Count('age'))
re2 = Friend.objects.aggregate(Sum('age'))
re3 = Friend.objects.aggregate(Avg('age'))
re4 = Friend.objects.aggregate(Min('age'))
re5 = Friend.objects.aggregate(Max('age'))
```

　aggregateメソッドの引数に、Count、Sum、Avg、Min、Maxといった関数を指定しています。これで値が取り出せます。ただし！ 得られるのは整数値ではありません。辞書の形になっているため、そこから値を取り出す必要があります。

```
msg = 'count:' + str(re1['age__count']) \
        + '<br>Sum:' + str(re2['age__sum']) \
        + '<br>Average:' + str(re3['age__avg']) \
        + '<br>Min:' + str(re4['age__min']) \
        + '<br>Max:' + str(re5['age__max'])
```

　re1['age__count']というようにして値を取り出していますね。Count('age')による値は、'age__count'という値として保管されています。得られる値は、以下のような名前になっているのです。

```
'項目名__関数名'
```

　項目名と、使用した関数名を半角アンダースコア2文字でつないだ名前になります。なお、得られる値は整数値なので、ここではテキストに変換して利用しています。

SQLを直接実行するには？

　Djangoでは、filterを使ってたいていの検索は行なえるようになっています。が、本格的なアプリケーション開発で、非常に複雑な検索を行なう必要があるような場合、filterを組み合わせてそれを実現するのはかなり大変かもしれません。

　そういうときは、「SQLのクエリを直接実行する」という技が用意されています。SQLデータベースは、SQLのクエリ（要するにコマンド）でデータベースとやり取りしますから、

Djangoの中から直接SQLクエリを実行できれば、どんなアクセスも思いのままというわけです。

これには、Managerクラスに用意されている「raw」というメソッドを使います。Managerというのは、モデルのobjectsに設定されているオブジェクトでしたね。

```
変数 =《モデル》.objects.raw( クエリ文 )
```

このように、引数にSQLクエリのテキストを指定して実行することで、それを実行した結果を受け取ることができます。

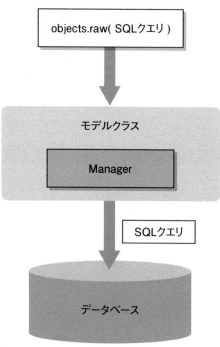

図4-6　SQLクエリを引数にしてrawメソッドを呼び出すと、そのSQLクエリがそのままSQLデータベースに送られて実行される。

findを修正しよう

これは、SQLクエリがどういうものかわからないと使えません。そこで、実際にSQLクエリを実行できるサンプルを作ってみましょう。

これは、findページを利用することにします。「hello」フォルダ内のviews.pyを開き、find関数を以下のように書き換えてください。

リスト4-7

```python
def find(request):
    if (request.method == 'POST'):
        msg = request.POST['find']
        form = FindForm(request.POST)
        sql = 'select * from hello_friend'
        if (msg != ''):
            sql += ' where ' + msg
        data = Friend.objects.raw(sql)
        msg = sql
    else:
        msg = 'search words...'
        form = FindForm()
        data =Friend.objects.all()
    params = {
        'title': 'Hello',
        'message': msg,
        'form':form,
        'data':data,
    }
    return render(request, 'hello/find.html', params)
```

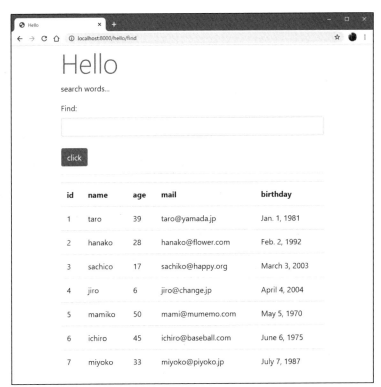

図4-7　何も入力せず実行すると、全Friendレコードを表示する。

| Chapter-4 | データベースを使いこなそう |

修正したら、実際にhttp://localhost:8000/hello/findにアクセスしてみましょう。とりあえず、何も入力せずに実行すると、全レコードが表示されます。データベースアクセスそのものはちゃんと動いているのが確認できますね。

SQL文実行の流れ

では、ここでどうやってSQLクエリを実行しているのか見てみましょう。まず、ifを使ってPOST送信されているのをチェックし、変数sqlにアクセスするSQLクエリ文を用意します。

```
sql = 'select * from hello_friend'
```

これがその文です。これの働きについては後で説明するとして、これで全レコードを取り出す処理ができたと考えてください。

フォームからなにかテキストが送信されてきた場合は、このSQLクエリの後に更に文を追加します。

```
if (msg != ''):
    sql += ' where ' + msg
```

先ほどのテキストの後に、'where ○○'という形でテキストを追加します。これも後で説明しますが、これで検索の条件などを設定できるようにしているのです。

```
data = Friend.objects.raw(sql)
```

最後に、完成した変数sqlを引数にしてrawメソッドを呼び出せばそのSQLクエリが実行されるというわけです。

🐕 SQLクエリを実行しよう

では、具体的にどういう文を書けばいいんでしょうか。SQLクエリがどんなものか知らないと、これはまったく使えませんよね。そこで、SQLクエリの基本的なものについて簡単に説明しておきましょう。

ただし！ SQLは、これだけでも非常に奥の深い世界ですから、「ここにあるものを覚えたら完璧！」なんて思わないでください。ここで紹介するのは、ごくごく基本的なSQLクエリの使い方だけです。これらを実際に使ってみて、「データベースアクセスって、やりだすとなかなか面白いな」と思ったなら、別途SQLについて勉強してみましょう。

データベースを更に極める！ | 4-1

テーブル名は「hello_friend」

さて、まずは先ほど使ったSQLクエリについて改めて説明しておきましょう。ここでは、何もテキストを入力していない場合も、変数sqlに以下のようなテキストを設定していました。

```
select * from hello_friend
```

hello_friendは、テーブルの名前です。ここまで、「Friendのテーブル名はfriendsだ」と説明してきました。adminによる管理ツールでも、friendsと表示されていましたね。

ところが、実際にデータベースに作成されているテーブル名は、「hello_friend」なのです。Djangoでは、マイグレーションを使ってテーブルの生成を行なう場合、以下のような形でテーブルの名前が設定されます。

```
アプリケーション名_モデル名
```

ここでは、「hello」というアプリケーションに「Friend」モデルを作成して利用をしています。ということは、データベースに実際に保存されているテーブルは「hello_friend」というものになるのです。

select文が検索の基本

ここで実行しているのは、「select」文と呼ばれるもので、SQLクエリでレコードを検索する際の基本となるものです。これは以下のような形をしています。

```
select 項目名 from テーブル名
```

selectの後には、値を取り出す項目の指定を用意します。全部の項目を取り出すなら、「*」という記号を指定します。つまり、hello_friendテーブルのレコードを全部取り出すなら、こうなるわけですね。

```
select * from hello_friend
```

whereで条件を指定する

では、作成したフィールドになにか書いて実行してみましょう。例として、「id = 1」とフィールドに書いて実行してみてください。ID番号が1番のレコードが表示されます。

243

Chapter-4 データベースを使いこなそう

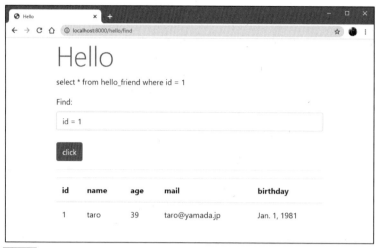

図4-8 「id=1」と実行すると、ID番号が1番のレコードが表示される。

なにかのテキストを記入すると、「where」というものが追加されます。これは以下のように利用します。

```
select 項目 from テーブル where 条件
```

whereの後に、検索の条件を指定します。これによって、その条件に合うレコードだけを探して取り出すことができるのです。Djangoのfilterに相当するものをイメージすればいいでしょう。

ここでは、「id=1」と入力していましたね。これで、ID番号が1のレコードを検索していた、というわけです。

基本的な検索条件

では、検索条件はどのように記述すればいいのでしょうか。基本的な条件の式について簡単にまとめておきましょう。

●完全一致

```
項目名 = 値
```

指定した値と完全に一致するものだけを検索するには、イコール記号を使います。先ほど「id=1」というように入力しましたが、これは「idの値が1である」という条件を設定していたんですね。

●あいまい検索

```
項目名 like 値
```

テキストの「あいまい検索」は、「like」という記号を使います。ただし、ただlikeを指定しただけでは検索できません。テキストの前後に「%」という記号を付けて、「ここにはどんなテキストも入ってよし」ということを指定します。

例えば、「mail like '%.jp'」とすれば、メールアドレスがjpで終わるレコードをすべて検索します('%.jp' というように、%.jp の前後に「'」記号がついています。間違えないように！)。jpも、co.jpも、ne.jpもすべて検索できます。ただし、例えばjp.orgのようにjpの後にテキストがあるものは検索されません。

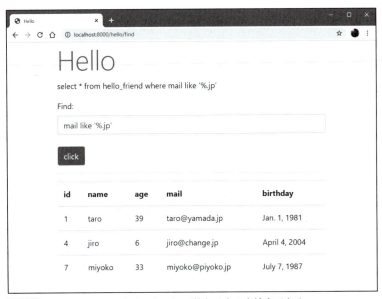

図4-9 mail like '%.jp'とすると、jpで終わるものを検索できる。

●数字の比較

```
項目名 < 値
項目名 <= 値
項目名 > 値
項目名 >= 値
```

数字の値は、<>=といった記号を使って値を比較することができます。例えば、「age <= 20」とすれば、ageの値が20以下のものを検索できます。

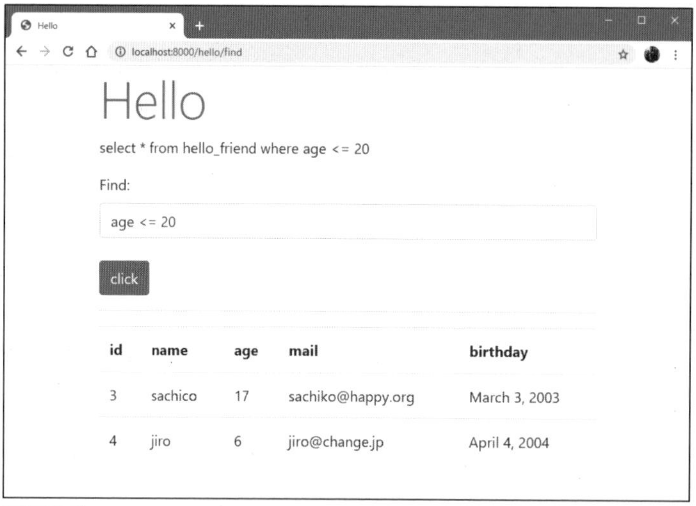

図4-10　age <= 20で、ageの値が20以下のものを検索できる。

●AND/OR検索

```
式1 and 式2
式1 or 式2
```

　2つの条件を設定して検索するような場合、いわゆる「AND検索」「OR検索」というものは、そのまま「and」「or」といった記号を使って式をつなげて書きます。

　例えば、「age > 10 and age < 30」とすると、ageの値が10より大きく30より小さいものだけを検索します。

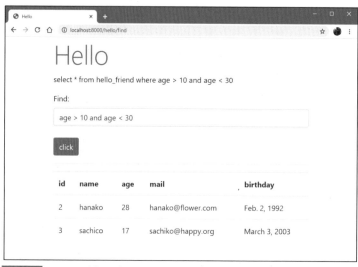

図4-11　age > 10 and age < 30で、ageの値が10より大きく30より小さいものを検索する。

並べ替えと範囲指定

検索条件の他にもSQLにはさまざまなものが用意されています。ここでは比較的多用される「並べ替え」と「範囲の指定」に関するものを紹介しておきましょう。まずは、並べ替えから。

●並べ替え
```
where ○○ order by 項目名
where ○○ order by 項目名 desc
```

並べ替えは、whereによる検索の後に「order by」というものをつけて行ないます。「order by age」とすれば、age順に並べ替えます。また、その後に「desc」をつけると、逆順に並べることができます。

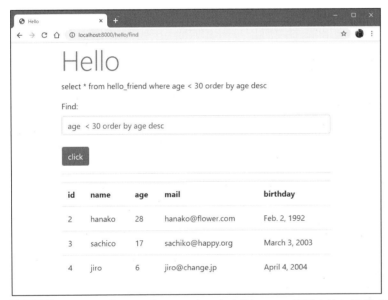

図4-12　age < 30 order by age descとすると、ageが30より小さいものをageの大きいものから順に並べ替える。

●範囲の指定
```
where ○○ limit 個数 offset 開始位置
```

取り出すレコードの位置と個数を設定するものです。「limit」は、その後に指定した数だけレコードを取り出します。またoffsetは、その後に指定した位置からレコードを取り出します。

例えば、「limit 3 offset 2」とすると、最初から2つ移動した位置(つまり3番目)から3個

のレコードを取り出します。

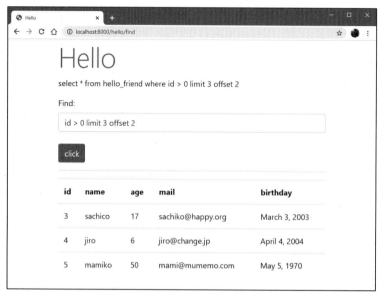

図4-13 id＞0 limit 3 offset 2とすると、最初から3番目のレコードから3個を取り出す。

SQLは非常手段？

　以上、SQLクエリの基本的な使い方をまとめました。が、これだけ説明しておいていうのもなんですが、SQLクエリは、「なるべく使わない」ようにしましょう。

　理由はいくつかありますが、その最大のものは「Pythonのスクリプトの中に、Python以外のコードが含まれてしまう」という点です。Pythonのスクリプトは、Pythonだけでできていたほうがメンテナンス性も良くなります。Pythonのスクリプトなのに、それ以外の要素が書かれているというのは非常にスクリプトの見通しを悪くします。

　また、SQLクエリは「方言」があるのです。すなわち、データベースによって微妙に仕様が違っているんですね。このため、SQLクエリを直接実行するようにプログラムを作っていると、データベースを変更した途端に「動かない！」となることもあるのです。

　そもそも、「SQLのようなややこしいものを使わないで、Pythonですっきりとデータベースアクセスが行なえる」というのが、モデル利用の利点だったはずです。SQLクエリの利用は、モデルの基本的な設計思想に反するやり方といえるでしょう。

　ですから、これは「どうしても他のやり方がないときの非常手段」と考えておきましょう。

Chapter 4 データベースを使いこなそう

Section 4-2 バリデーションを使いこなそう

バリデーションってなに？

　モデルを作成したり編集する場合、考えなければいけないのが「値のチェック」です。モデルは、データベースにデータを保存します。そのデータに問題があった場合、知らずに保存するとエラーになったり、あるいは保存したデータが原因で思わぬトラブルが発生したりするでしょう。

　モデルを使わない、一般的なフォームでも事情は同じです。フォームに記入する値が正しい形で入力されているかどうかをきっちり調べておかないと後でエラーにつながってしまいます。

　こうした「値のチェック」のために用意されている機能が「バリデーション」と呼ばれるものです。

　バリデーションは、フォームなどの入力項目に条件を設定し、その条件を満たしているかどうかを確認する機能です。条件を満たしていれば、そのままレコードを保存したり、フォームの内容を元に処理を実行したりします。満たしていない場合は、再度フォームページに移動してフォームを再表示すればいいのです。

　このバリデーションは、「できれば覚えておきたい」機能と考えてください。今すぐでなくてもいいですが、実際に本格的なWebアプリケーションを作るようになると、必ず必要になってくる機能です。全部は無理でも、基本的な使い方ぐらいは頭に入れておきたいですね！

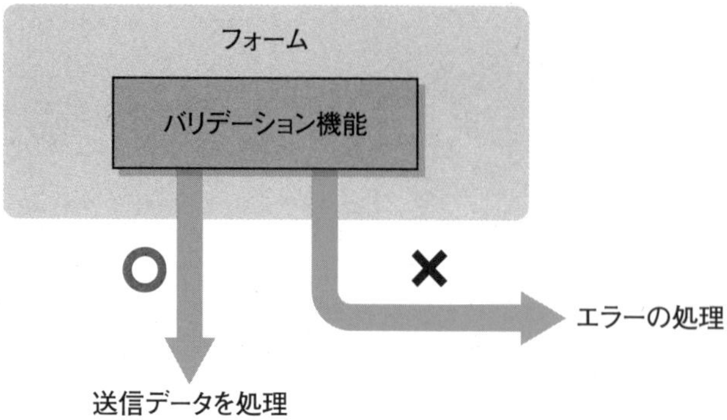

| Chapter-4 | データベースを使いこなそう |

図4-14 フォームには、バリデーション機能をもたせることができる。これを利用して値をチェックし、問題ない場合に限り処理を行なうようにすればいい。

forms.Formのバリデーション

まずは、モデルを使わない、一般的なフォームでのバリデーションについて見てみましょう。

Djangoでは、フォームはforms.Formというクラスの派生クラスとして作成をしました。そこでは、CharFieldなど各種のフィールドクラスを使ってフォームの項目を作成していましたね。

先に、Friendのレコード作成を行なうために「HelloForm」を作成しました。これがどんなものだったか見てみましょう。

リスト4-8

```python
class HelloForm(forms.Form):
    name = forms.CharField(label='Name', \
        widget=forms.TextInput(attrs={'class':'form-control'}))
    mail = forms.EmailField(label='Email', \
        widget=forms.EmailInput(attrs={'class':'form-control'}))
    gender = forms.BooleanField(label='Gender', required=False, \
        widget=forms.CheckboxInput(attrs={'class':'form-check'}))
    age = forms.IntegerField(label='Age', \
        widget=forms.NumberInput(attrs={'class':'form-control'}))
    birthday = forms.DateField(label='Birth', \
        widget=forms.DateInput(attrs={'class':'form-control'}))
```

こんな感じのものでしたね。先に作成したHelloFormではwidgetでclass属性を設定したウィジェットを追加していましたのでちょっと複雑そうに見えますが、今回のポイントはそこではありません。引数をよく見ると、その引数に、label以外にこういうものが設定さ

250

れているのがわかります。

```
required=False
```

　これはなにか？というと、実はこれが「バリデーションの設定」なのです。実は、気がつかなかっただけで、既にバリデーションは使っていたのですね。
　このrequiredは、「必須項目」として設定するためのバリデーション機能です。その値をFalseに設定することで、必須項目ではないようにします。
　なぜ、そんなことをする必要があるのか？　それは、Djangoでは、forms.Formにフィールドの項目を用意すると、自動的にrequiredがTrueに設定されるためです。つまり、何もしないとすべての項目が必須項目扱いとなるんですね。そこで、「これは必須項目にはしたくない」というものに、required=Falseを用意しておいた、というわけです。
　こんな具合に、form.Formのバリデーションは、フィールドのインスタンスを作成する際に、必要なバリデーションの設定を引数として用意しておくだけです。実に簡単ですね！

バリデーションをチェックする

　このバリデーションは、どうやってチェックするんでしょう。モデル用のフォーム(models.Form)の場合なら、saveするときにチェックを自動的に行なうなど想像ができますが、一般的なフォームの場合、送られたフォームの値を自分で取り出して利用するでしょう。となると、バリデーションはいつどうやって行なうんでしょうか。
　答えは、「自分でやる」です。つまり、自分で送られた値のチェックを行ない、その結果に応じて処理をするようにスクリプトを組んでやらないといけないんです。といっても、これはそれほど難しいものではありません。

```
if (《Form》.is_valid()):
    ……正常時の処理……
else:
    ……エラー時の処理……
```

　こんな具合に、forms.Formの「is_valid」というメソッドを使ってバリデーションチェックを行ないます。このメソッドは、フォームに入力された値のチェックを行ない、1つでもエラーがあった場合にはFalseを、まったくなかった場合はTrueをそれぞれ返します。この値をチェックして、Falseならばエラー時の処理を行なえばいいのです。

Chapter-4 データベースを使いこなそう

バリデーションを使ってみる

では、実際にバリデーションを利用してみることにしましょう。今回は、新たにcheckという ページを作ってバリデーションを試すことにします。

まず、テンプレートを用意しましょう。「templates」フォルダ内の「hello」フォルダの中に、新たに「check.html」という名前でファイルを作成しましょう。そして以下のようにソースコードを記述してください。

リスト4-9

```
{% load static %}
<!doctype html>
<html lang="ja">
<head>
    <meta charset="utf-8">
    <title>{{title}}</title>
    <link rel="stylesheet"
    href="https://stackpath.bootstrapcdn.com/bootstrap/4.3.1/css/
        bootstrap.min.css"
    crossorigin="anonymous">
</head>
<body class="container">
    <h1 class="display-4 text-primary">
        {{title}}</h1>
    <p>{{message|safe}}</p>
    <form action="{% url 'check' %}" method="post">
        {% csrf_token %}
        {{ form.as_table }}
        <input type="submit" value="click"
            class="btn btn-primary mt-2">
    </form>
</body>
</html>
```

urlpatternsの追記

作成したら、URLの登録を行なっておきましょう。「hello」フォルダ内のurls.pyを開き、urlpatternsの値に以下の文を追加してください。

リスト4-10

```
path('check', views.check, name='check'),
```

252

バリデーションを使いこなそう | 4-2

urlpatternsの設定は、もう今まで何度となくやってきたので書き方はわかりますね？ 最後の]記号の手前あたりを改行して追記するとよいでしょう。

CheckFormの作成

続いて、フォームを用意します。ここでは、CheckFormというクラスとして作成しておくことにします。

「hello」フォルダ内のforms.pyを開き、以下のスクリプトを追記してください。

リスト4-11

```
class CheckForm(forms.Form):
    str = forms.CharField(label='Name',\
        widget=forms.TextInput(attrs={'class':'form-control'}))
```

これは、「とりあえず動くかどうかチェック」というものなので、1つのフィールドを用意しておくだけにしてあります。これから、このクラスをいろいろと書き換えてバリデーションを検証していくことになります。

check関数を作る

では、ビュー関数を用意しましょう。「hello」フォルダ内のviews.pyを開き、以下のcheck関数を追記してください。

リスト4-12

```
from .forms import CheckForm    #☆

def check(request):
    params = {
        'title': 'Hello',
        'message':'check validation.',
        'form': CheckForm(),
    }
    if (request.method == 'POST'):
        form = CheckForm(request.POST)
        params['form'] = form
        if (form.is_valid()):
            params['message'] = 'OK!'
        else:
            params['message'] = 'no good.'
    return render(request, 'hello/check.html', params)
```

ここでは、CheckFormクラスを利用するので、最初の行にあるimport文を追記しておくのを忘れないようにしてください。

POST送信された場合、以下のようにしてバリデーションのチェックをしています。

```
if (form.is_valid()):
```

これでエラーがあれば、params['message'] = 'OK!'を実行します。そうでなければ、params['message'] = 'no good.'を実行します。バリデーションの結果に応じて、params['message']のメッセージを設定しているわけです。

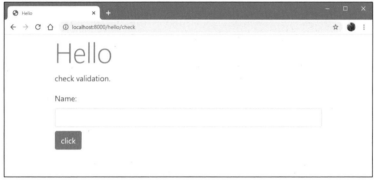

図4-15　用意されたフォームの完成した状態。まだ現段階ではビュー関数がないので表示はされない。

CheckFormでバリデーションチェック

では、実際にフォームを送信してバリデーションをチェックしてみましょう。CheckFormには、CharFieldが1つだけ用意されています。引数には、label以外には何もありません。ということは、requiredというバリデーションのみ設定されていることになりますね。

では、何も入力しないで送信してみましょう。すると、フォームのところにエラーメッセージが表示されるはずです(Webブラウザの種類によって表示は変わります)。

これは、Webブラウザに組み込まれているバリデーション機能です。HTML5では、フォームの入力フィールドに簡単なチェック機能が組み込まれており、未入力だとこのようにブラウザのチェック機能が働くようになっているのです。

ブラウザによる機能ですから、ブラウザによって表示のスタイルやメッセージは違います。また、バージョンの古いブラウザなどでは、(まだこの機能が実装されてないため)動作しないこともあります。

入力フィールドの上を見ると、「check validation:」とテキストが表示されているのがわ

かりますね。初期状態のメッセージのままになっています。つまり、このフォームは送信されていないのです。何も書いてない状態で送信ボタンを押すと、ブラウザの機能により送信そのものがキャンセルされ、エラーメッセージが表示されているんです。

図4-16 未入力だと表示されるエラー。これはブラウザに組み込まれている機能だ。

Djangoでのバリデーションチェック

では、入力フィールドに半角スペースを1つだけ書いて送信してみましょう。今度は、先ほどのエラーは表示されず、フォームは送信されます。そして、「This field is required.」といったメッセージが表示されます。

これは、Django側でのバリデーションチェックの結果です。フィールドの上には「no good」とテキストが表示されています。これはcheck関数で、is_validメソッドの結果がFalseだった場合に表示されるメッセージでしたね。つまり、フォームが送信され、is_validでバリデーションのチェックが実行され、エラーになったのです。

バリデーションのチェックは、こんな具合に「Webブラウザ側のチェック機能」と「Djangoでのチェック機能」の2つが組み合わさって動いてることがわかります。

図4-17 半角スペースを書いて送信すると、サーバー側でバリデーションチェックを行ない、結果を表示する。

| Chapter-4 | データベースを使いこなそう |

どんなバリデーションがあるの？

　Djangoのバリデーション機能がちゃんと動いていることはこれでわかりました。Formにフィールドを用意し、バリデーションの設定を用意すれば、Django側ではis_validだけでチェックが行なえます。

　問題は、「どんなバリデーションが使えるのか」でしょう。これがわからないと設定のしようがありません。また、バリデーションは、入力する値の種類によっても用意されるものが違ってきます。どういうフィールドではどんなバリデーションが使えるのかがわかっていないといけません。

　では、Djangoに用意されているforms.Formのフィールド用バリデーションについて簡単にまとめておきましょう。

CharFieldのバリデーション

　もっとも基本となる、テキスト入力フィールド「CharField」に用意されているバリデーションです。これは以下のようなものがあります。

●required

　既に触れましたが、必須項目とするものでしたね。Trueならば必須項目、Falseならばそうではないようにします。

●min_length, max_length

　入力するテキストの最小文字数、最大文字数を指定するものです。これらはいずれも整数値で指定します。

●empty_value

　空の入力を許可するかどうかを指定します。requiredと似ていますが、requiredでは、例えば半角スペース1個だけの入力などはエラーになりますが、empty_valueではOKです。

　これらのバリデーションは、CharFieldだけでなく、その他のテキスト入力を行なうためのフィールド（EmailFieldやURLFieldなど）でも同じように使えます。

min_length/max_lengthを試す

　実際にこれらをフォームに設定して動作を確認してみましょう。先ほど作ったCheckFormを修正してみます。「hello」フォルダを開き、forms.pyを開いて、そこにあるCheckFormクラスのスクリプトを以下のように修正しましょう。

バリデーションを使いこなそう | 4-2

リスト4-13

```python
class CheckForm(forms.Form):
    empty = forms.CharField(label='Empty', empty_value=True, \
        widget=forms.TextInput(attrs={'class':'form-control'}))
    min = forms.CharField(label='Min', min_length=10, \
        widget=forms.TextInput(attrs={'class':'form-control'}))
    max = forms.CharField(label='Max', max_length=10, \
        widget=forms.TextInput(attrs={'class':'form-control'}))
```

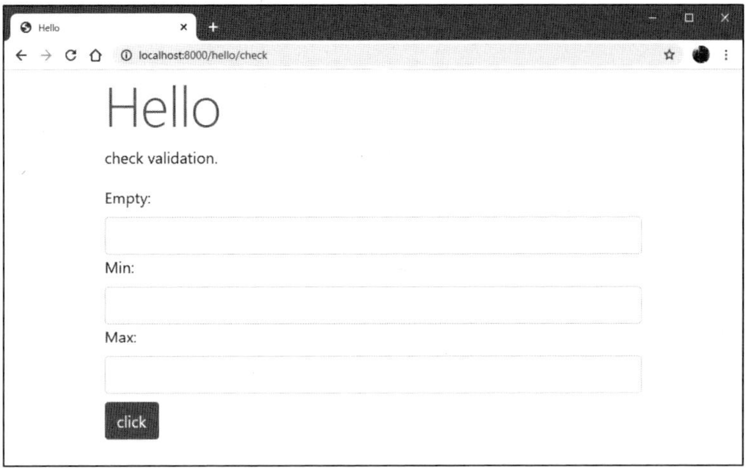

図4-18　修正したフォーム。3つの項目を用意してある。

　今回は、3つのCharFieldを用意してみました。それぞれにempty_value、min_length、max_lengthを設定してあります。実際にhttp://localhost:8000/hello/checkにアクセスをして、入力を確かめてみましょう。

　emptyフィールドは、半角スペースのみの入力を許可します(エラーになりません)。minは、10文字以上を入力する必要があります。またmaxは10文字以下の入力のみ受け付けます。いろいろとテキストを記入して、実際にエラーとして判断されるか確認してみましょう。

Chapter-4 データベースを使いこなそう

図4-19 送信すると、ブラウザ側で設定されるエラーメッセージが表示される。

IntegerField/FloatFieldのバリデーション

続いて、数値を扱うIntegerFieldについて見てみましょう。数字関係のフィールドは他にもあります。forms.FloatFieldという実数を入力するフィールドも使いますね。

これら数値関係のフィールドは、用意されているバリデーションのルールも同じです。まとめて説明しておきましょう。

●required

必須項目とするものでしたね。Trueならば必須項目、Falseならばそうではないようにします。これもIntegerFieldで利用できます。

●min_value, max_value

入力する数値の最小値、最大値を指定するものです。これらはいずれも整数値で指定します。

これも実際に使ってましょう。「hello」フォルダ内のforms.pyを開き、CheckFormクラスを以下のように書き換えてください。

リスト4-14

```
class CheckForm(forms.Form):
    required = forms.IntegerField(label='Required', \
        widget=forms.NumberInput(attrs={'class':'form-control'}))
    min = forms.IntegerField(label='Min', min_value=100, \
        widget=forms.NumberInput(attrs={'class':'form-control'}))
```

バリデーションを使いこなそう | 4-2

```
max = forms.IntegerField(label='Max', max_value=1000, \
    widget=forms.NumberInput(attrs={'class':'form-control'}))
```

今回は、min_value=100、max_value=1000をそれぞれ指定してあります。どちらも
Webブラウザ側のチェック機能が働くようになっているのがわかるでしょう。

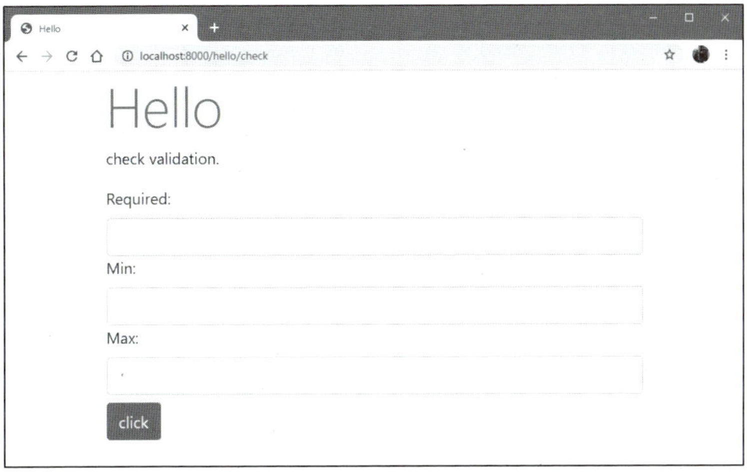

図4-20 今回用意したフィールド。3つの整数を入力フィールドがある。

図4-21 入力すると、Webブラウザのチェック機能が働く。

日時関連のバリデーション

DateField、TimeField、DateTimeFieldといった日時関連のフィールドには、required

| Chapter-4 | データベースを使いこなそう |

の他に、フォーマットに関するバリデーションが設定されています。日時の形式に合わない値が入力されるとエラーになります。

この日時のフォーマットは、「input_formats」という引数で指定することができます。これは以下のような形で指定します。

```
input_formats=[ フォーマット1，フォーマット2，……]
```

input_formatsは、リストの形で値を指定します。リストには、フォーマット形式を表すテキストを必要なだけ用意します。

フォーマットの書き方

フォーマットは、日時の各値を表す記号を組み合わせて作成します。用意されている記号には以下のようなものがあります。

%y	年を表す数字
%m	月を表す数字
%d	日を表す数字
%H	時を表す数字
%M	分を表す数字
%S	秒を表す数字

これらを使って、入力するテキストの形式を作っていきます。例えば、'%y/%m/%d'とすれば、2018/1/2のような形式のフォーマットになります。

では、これも実際に試してましょう。「hello」フォルダ内のforms.pyを開き、CheckFormクラスを以下のように修正します。

リスト4-15
```python
class CheckForm(forms.Form):
    date = forms.DateField(label='Date', input_formats=['%d'], \
        widget=forms.DateInput(attrs={'class':'form-control'}))
    time = forms.TimeField(label='Time', \
        widget=forms.TimeInput(attrs={'class':'form-control'}))
    datetime = forms.DateTimeField(label='DateTime', \
        widget=forms.DateTimeInput(attrs={'class':'form-control'}))
```

バリデーションを使いこなそう | 4-2

　最初のフィールドには、input_formats=['%d'] という形でフォーマットを設定しています。これで、日付を表す整数(1 ～ 31 の間の数)が入力できるようになります。その他の2つは、正しい形式でなければエラーになります。Time ならば「時：分」という形式、日付ならば「日 - 月 - 年」という形式で記述します。

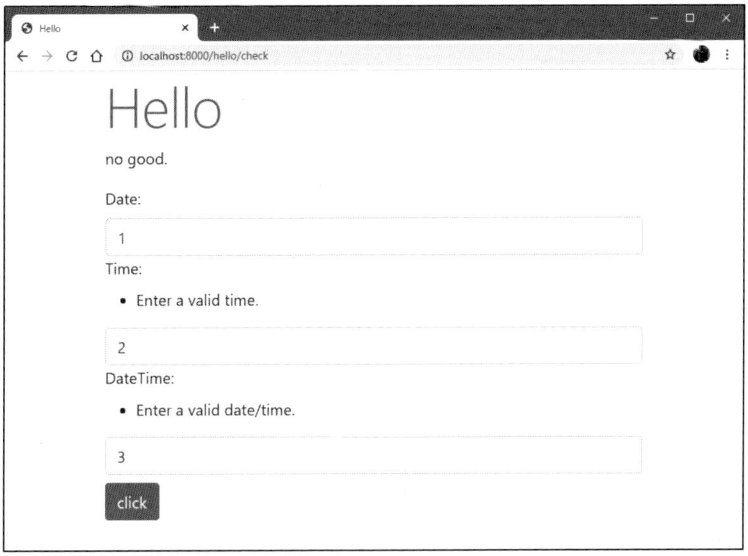

図4-22　1番目は、1 ～ 31 の整数だけでOK。他は正しい形式で記入しないとエラーになる。

バリデーションを追加する

　デフォルトで用意されているバリデーションは、それほど多くはありません。ごく基本的なものだけなのがわかるでしょう。

　もう少し、独自に「こういうときにバリデーションエラーになってほしい」という処理を追加したいこともあります。このような場合は、Form クラスにメソッドを追加します。こんな感じです。

```
class クラス名(forms.Form):
    ……項目の用意……

    def clean(self):
        変数 = super().clean()
        ……値の処理……
```

　「clean」というメソッドは、用意された値の検証を行なう際に呼び出されます。このメソッ

Chapter-4 | データベースを使いこなそう |

ドでは、最初にsuper().clean()というものを呼び出して、基底クラス(継承する元になっているクラス)のcleanを呼び出します。戻り値には、チェック済みの値が返されます。

ここで、super().clean()で得られた値から値を取り出し、チェックを行なえばいいのです。そこでもし、「こういう場合はエラーにしよう」となったらどうすればいいんでしょうか。

これは、「エラーを発生させればいい」のです！

raise ValidationErrorの働き

エラーは、わざと発生させることができるんです。Djangoにはエラーのクラスがあって、そのインスタンスを作って「raise」というキーワードでエラーを送り出せば、エラーを発生させることができます。

バリデーションのエラーは、「ValidationError」というクラスとして用意されています。これは、こんな具合に発生させることができます。

```
raise ValidationError( エラーメッセージ )
```

値をチェックし、必要に応じてValidationErrorを発生させれば、独自のバリデーション処理ができるというわけです。

「NO」でエラー発生！

では、これもやってみましょう。「hello」フォルダ内にあるforms.pyを開き、CheckFormクラスを以下のように書き換えてみてください。

リスト4-16

```
from django import forms    #☆


class CheckForm(forms.Form):
    str = forms.CharField(label='String', \
        widget=forms.TextInput(attrs={'class':'form-control'}))

    def clean(self):
        cleaned_data = super().clean()
        str = cleaned_data['str']
        if (str.lower().startswith('no')):
            raise forms.ValidationError('You input "NO"!')
```

最初にある☆マークのimport文が追加されているか、忘れずに確認しましょう。もし書いてなかった場合は追記してください。これで、CheckFormに独自のチェック機能が追加

されました。

では、http://localhost:8000/hello/check にアクセスして動作を確かめましょう。ここでは、「no」で始まるテキストが入力されると、エラーになります。

図4-23 「no」で始まるテキストを入力すると、「You input "NO"!」というエラーメッセージが表示される。

 ModelFormでのバリデーションは？

forms.Formを使った一般的なフォームのバリデーションは、だいぶわかってきました。けれど、Djangoにはもう1つ、別のフォームがあります。そう、モデルの作成や更新などに用いられる、ModelFormです。これは、どうやってバリデーションの設定を行なうのでしょうか。

試しに、Friendモデルの作成や更新に使ったFriendFormクラスがどうなっていたか確認してみましょう。

リスト4-17
```
class FriendForm(forms.ModelForm):
    class Meta:
        model = Friend
        fields = ['name','mail','gender','age','birthday']
```

クラスの中にMetaクラスというものがあり、そこに使用するモデルに関する設定情報が書かれています。forms.Formのように、1つ1つの項目などの情報はありません。これでは、バリデーションの設定なんてできそうにありませんね。

もしそう考えたとしたら、勘違いをしているのです。モデルの場合、バリデーションの情報はフォームではなく、モデル本体に用意されるのです。

Friendモデルがどのようになっていたか、確認してみましょう。

| Chapter-4 | データベースを使いこなそう |

リスト4-18

```
class Friend(models.Model):
    name = models.CharField(max_length=100)
    mail = models.EmailField(max_length=200)
    gender = models.BooleanField()
    age = models.IntegerField(default=0)
    birthday = models.DateField()
```

　この他、__str__メソッドがありましたが省略してあります。どうですか？ 先ほどのforms.Formにあったものとほとんど同じようなものが用意されていることに気がつきますね。モデルの場合は、フォームではなく、モデル自身にバリデーションを用意するのです。

チェックのタイミング

　では、バリデーションはいつ実行されるのでしょうか。これは、「save」のときです。ModelFormで、どのようにモデルの保存をしたか覚えていますか？ 以前作成したcreate関数を確認してみましょう。

リスト4-19

```
def create(request):
    if (request.method == 'POST'):
        obj = Friend()
        friend = FriendForm(request.POST, instance=obj)
        friend.save()
        return redirect(to='/hello')
    params = {
        'title': 'Hello',
        'form': FriendForm(),
    }
    return render(request, 'hello/create.html', params)
```

　このようになっていました。POST送信されたら、Friendインスタンスとrequest.POSTを引数に指定してFriendFormインスタンスを作っています。そして、このFriendFormのsaveメソッドを呼び出して保存を行なっていたのでした。

　FriendFormは、ModelFormを継承して作った派生クラスです。このModelFormにあるsaveでは、保存の命令がされると、用意されているフォームの項目と、モデルインスタンスの項目をそれぞれバリデーションチェックし、双方に問題がなければモデルにフォームの値を設定して保存を実行しています。

　つまり、モデルの保存や更新では、「バリデーションをいつ実行するか」なんてことは考え

なくていいのです。普通にインスタンスを作って保存しようとすれば、必ずどこかのタイミングでDjangoがバリデーションチェックをやってくれるようになっているのです。

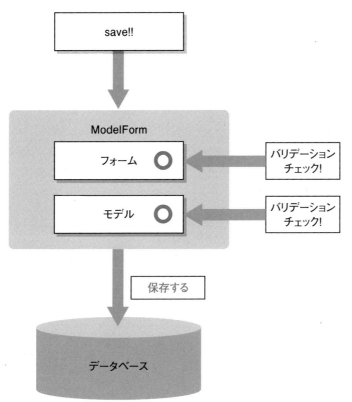

図4-24 ModelFormでは、saveメソッドが呼び出されると、フォームとモデルの両方のバリデーションをチェックし、問題なければ保存を行なう。

checkでFriendモデルを利用する

では、save以外に、自分でチェックを行なわせることはできるんでしょうか。これは、もちろん可能です。forms.Formと同様、「is_valid」メソッドを使ってチェックできるんです。

では、これも実際に試してみましょう。「hello」フォルダ内のviews.pyを開き、先ほど使ったcheck関数を以下のように書き換えてください。

リスト4-20

```
def check(request):
    params = {
        'title': 'Hello',
        'message':'check validation.',
```

```
        'form': FriendForm(),
    }
    if (request.method == 'POST'):
        obj = Friend()
        form = FriendForm(request.POST, instance=obj)
        params['form'] = form
        if (form.is_valid()):
            params['message'] = 'OK!'
        else:
            params['message'] = 'no good.'
    return render(request, 'hello/check.html', params)
```

　今回はModelFormベースのFriendFormを利用するので、Bootstrapのclassが用意されていません。そこでcheck.htmlの表示も少し手を入れておきましょう。<body>タグ部分を以下のように修正してください。

リスト4-21

```
<body class="container">
    <h1 class="display-4 text-primary">
        {{title}}</h1>
    <p>{{message|safe}}</p>
    <form action="{% url 'check' %}" method="post">
        {% csrf_token %}
        <table class="table">
        {{ form.as_table }}
        <tr><th></th><td>
            <input type="submit" value="click"
                class="btn btn-primary mt-2">
        </td></tr>
        </table>
    </form>
</body>
```

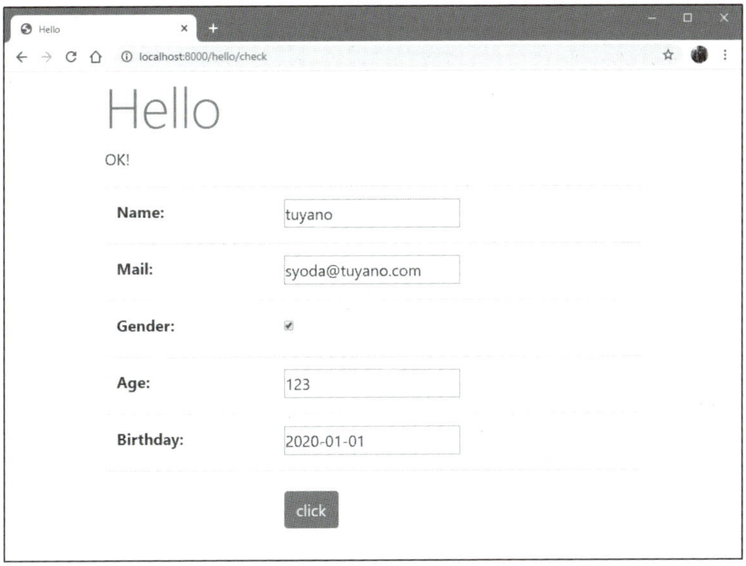

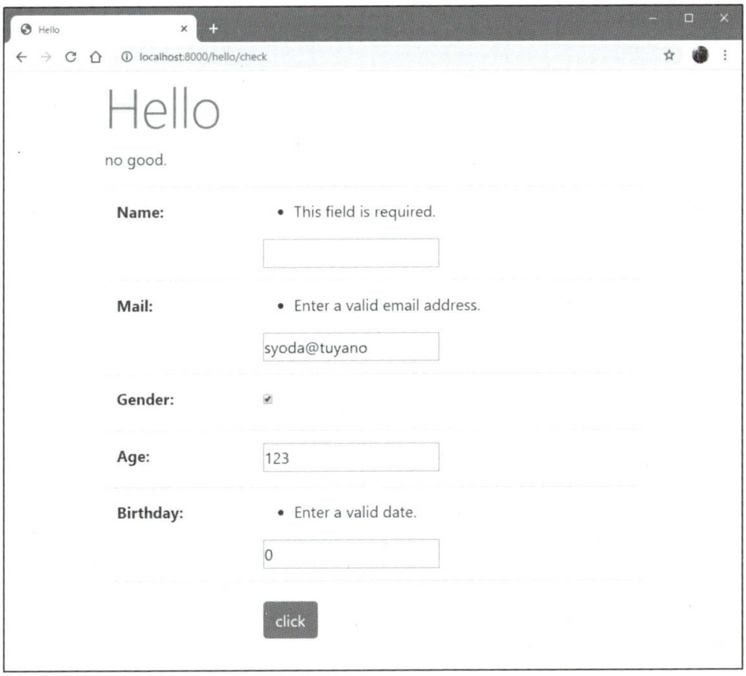

バリデーションを使いこなそう 4-2

図4-25 フォームを送信すると、問題がなければ「OK!」と表示される。問題があれば「no good.」と表示され
エラーメッセージが現れる。

修正できたら、実際にhttp://localhost:8000/hello/checkにアクセスして表示を確かめ
てみましょう。フォームすべてに正しい値が入力されていれば、送信すると「OK!」と表示さ
れます。が、入力に問題があると「no good.」と表示されます。

ここでは、POST送信されたらFriendFormを作成し、if (form.is_valid()):でバリデーショ
ンチェックを行なっています。チェックをしているだけで保存はしていないので、送信して

| Chapter-4 | データベースを使いこなそう |

も新しいレコードは追加されません。が、値が正しければ「OK!」、問題があれば「no good」と表示されるメッセージが変わるので、正しく送信されたかどうかは確認できるでしょう。

モデルのバリデーション設定は？

では、モデルで利用できるバリデーションにはどのようなものがあるんでしょうか。「forms.Formと同じでしょ」と思った人。これが困ったことに、違うんです。

では、どのような点が違うのでしょうか。それは、バリデーションルールです。Friendモデルクラスでは、こんなバリデーションが設定されていました。

```
name = models.CharField(max_length=100)
mail = models.EmailField(max_length=200)
```

それぞれにmax_lengthという引数が用意されています。これで最大文字数を設定していたのですね。「なんだ、forms.Formと同じじゃないか」と思うかもしれません。

が、同じなのはこれぐらいです。requireも、min_lengthも、min_value/max_valueも、モデルでは動きません。基本的に、「forms.FormとModelFormのバリデーションは違う」と考えたほうがよいでしょう。

バリデーションルールの組み込み

では、どうやってバリデーションのルールを設定すればいいのか。例として、Friendのageに、最小値・最大値のルールを設定してみましょう。

「hello」フォルダ内のmodels.pyを開き、以下のようにFriendクラスを修正してください（なお、__str__メソッドは省略してあります）。ここではバリデーション関係のクラスをいくつも使っているので、import文もちゃんと用意できているかよく確認し、用意してないimportは必ず追記しておきましょう。

リスト4-22

```
from django.db import models
from django.core.validators import MinValueValidator, MaxValueValidator

class Friend(models.Model):
    name = models.CharField(max_length=100)
    mail = models.EmailField(max_length=200)
    gender = models.BooleanField()
    age = models.IntegerField(validators=[ \
```

バリデーションを使いこなそう | 4-2 |

```
        MinValueValidator(0), \
        MaxValueValidator(150)])
    birthday = models.DateField()

    def __str__(self):以降省略
```

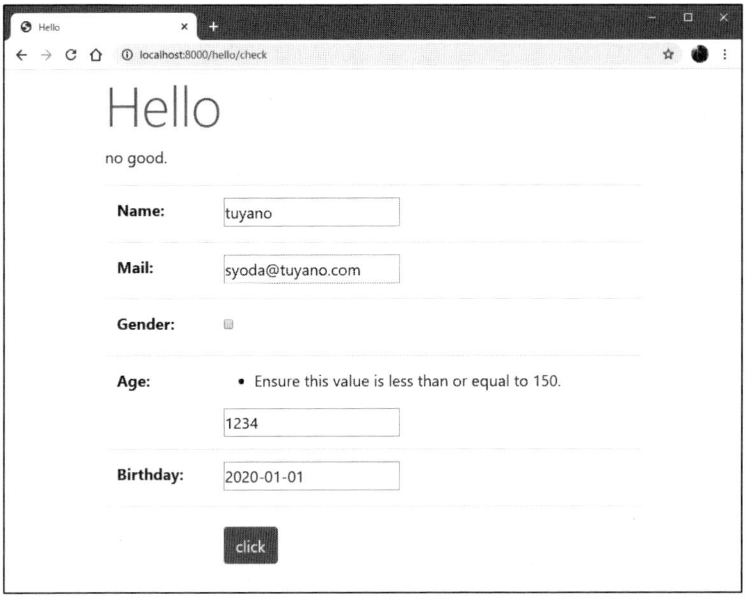

図4-26 ageの値がゼロ未満か150より大きくなるとエラーになる。

　ここでは、ageの値をチェックし、ゼロより小さいか150より大きい値が入力されるとエラーになります。

　ageに代入しているIntegerFieldインスタンスの引数を見てください。こうなっているのがわかるでしょう。

```
IntegerField( validators=[……バリデータ……] )
```

　validatorsという引数に、リストが設定されています。このリストには、「バリデータ」と呼ばれるクラスのインスタンスが用意されています。バリデータは、バリデーションルールを実装するクラスです。

　ここでは、MinValueValidatorとMaxValueValidatorという2つのバリデータを用意しています。これで、最小値と最大値を設定していたのですね。

269

Chapter-4 │ データベースを使いこなそう

モデルで使えるバリデータ

では、モデルにはどのようなバリデータが用意されているのでしょうか。主なバリデータについてまとめていきましょう。

MinValueValidator/MaxValueValidator

先ほど利用しましたね。これは数値を扱う項目で利用されるもので、それぞれ入力可能な最小値と最大値を指定するものです。これにより、MinValueValidatorで設定した値より小さいもの、あるいはMaxValueValidatorの値より大きいものは入力できなくなります。

これらは、インスタンスを作成する際、引数に数値を指定します。

```
MinValueValidator( 値 )
MaxValueValidator( 値 )
```

このような形ですね。こうして作成したインスタンスを、validatorsのリストに追加します。これは、既に先ほど使いましたから、利用例は改めて挙げなくともよいでしょう。

MinLengthValidator/MaxLengthValidator

テキストを扱う項目で利用するものです。それぞれ入力するテキストの最小文字数・最大文字数を指定します。インスタンス作成の際、整数値を引数に指定します。

```
MinLengthValidator( 値 )
MaxLengthValidator( 値 )
```

このような形でインスタンスを作成し、利用します。では、これも利用例を見てみましょう。

「hello」フォルダ内のmodels.pyを開き、Friendクラスを以下のように修正してみます。なお、先に書いてあったfrom django.core.validators 〜で始まるimport文は、☆マークのように修正しておいてください。先のリストと同様、__str__メソッド以降は省略してあります。

リスト4-23
```
from django.core.validators import MinLengthValidator    #☆

class Friend(models.Model):
    name = models.CharField(max_length=100, \
```

バリデーションを使いこなそう | 4-2

```
        validators=[MinLengthValidator(10)])
    mail = models.EmailField(max_length=200, \
        validators=[MinLengthValidator(10)])
    gender = models.BooleanField()
    age = models.IntegerField()
    birthday = models.DateField()

    def __str__(self):以降省略
```

　nameとmailには、既にmax_lengthで最大文字数は設定されているので、MinLength
Validatorで最小文字数を10文字に指定しました。http://localhost:8000/hello/checkか
らアクセスして、10文字以内だとエラーになることを確認しましょう。

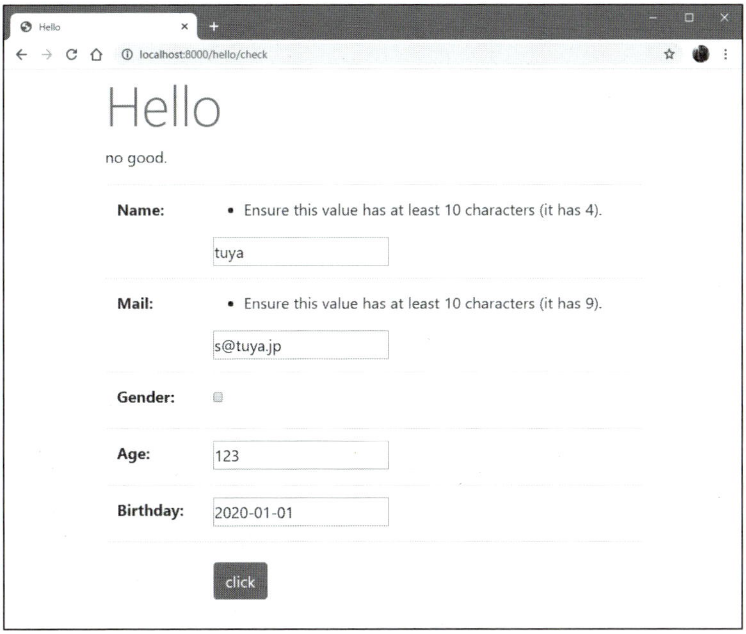

図4-27　nameとmailに入力するテキストが10文字以内だとエラーになる。

EmailValidator/URLValidator

　モデルには、EmailFieldやURLFieldなどを使い、メールアドレスやURLの入力を行な
うことができます。これらは標準でメールアドレスやURLの形式のテキストしか受け付け
なくなっているため、特にバリデーションなどを考える必要はありません。
　が、一般的なCharFieldなどを使ってメールアドレスやURLを入力させる場合、書かれ
た値がメールアドレスやURLの形式になっているかチェックする必要があります。こうし

た際に用いられるのが、EmailValidatorやURLValidatorといったインスタンスです。これらは、インスタンスを作成してvalidatorsのリストに追加するだけです。引数などはありません。

では、利用例を挙げておきましょう。やはりmodels.pyのFriendクラスを修正してください。先のリストと同様、from django.core.validators ～で始まる文を☆のように修正しておきます。また例によって__str__メソッド以降は省略してあります。

リスト4-24

```
from django.core.validators import URLValidator   #☆

class Friend(models.Model):
    name = models.CharField(max_length=100, \
        validators=[URLValidator()])
    mail = models.EmailField(max_length=200)
    gender = models.BooleanField()
    age = models.IntegerField()
    birthday = models.DateField()

    def __str__(self):以降省略
```

ここでは、nameにURLValidatorを追加してみました。URL以外のテキストを入力するとエラーになります。

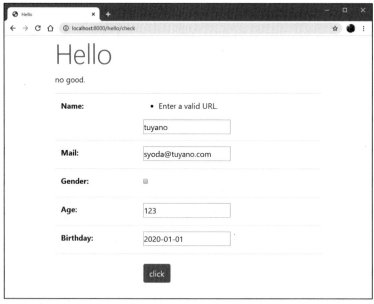

図4-28　nameにURL以外の値を入力するとエラーが発生するようになった。

バリデーションを使いこなそう | 4-2

ProhibitNullCharactersValidator

これは、null文字を禁止するためのものです。制御文字として多用されています。テキストでは、終端を表す文字として使われたりします。このProhibitNullCharactersValidatorインスタンスをvalidatorsに追加することで、null文字が使えなくなります。

RegexValidator

これは、正規表現パターンを使って、パターンに合致する値かどうかをチェックするためのものです。引数には、正規表現パターンを指定します。

正規表現というのは、テキストをパターンで検索するための技術で、Pythonに限らずさまざまな言語で用いられています。このRegexValidatorを利用する場合は、インスタンス作成時に、引数として正規表現パターンを指定します。

これも利用例を挙げておきましょう。例によって、from django.core.validators ～で始まる文は☆のように修正しておきます。また__str__メソッド以降は省略しています。

リスト4-25
```
from django.core.validators import RegexValidator      #☆

class Friend(models.Model):
    name = models.CharField(max_length=100, \
        validators=[RegexValidator(r'^[a-z]*$')])
    mail = models.EmailField(max_length=200)
    gender = models.BooleanField()
    age = models.IntegerField()
    birthday = models.DateField()


    def __str__(self):：以降省略
```

nameにRegexValidatorを設定し、a～zの小文字だけを入力許可するようにしてあります。大文字や数字などを入力するとエラーになります。ここでは引数に r'^[a-z]*$') という値を用意していますが、これが小文字のアルファベットだけを表すパターンです。

RegexValidatorは、正規表現の使い方がわかっていないと、なにが何だかわからないかもしれません。引数を見ても、ただの暗号にしか見えないことでしょう。このあたりは、「Pythonについてもう少し勉強すればわかるようになる」と考えておきましょう。

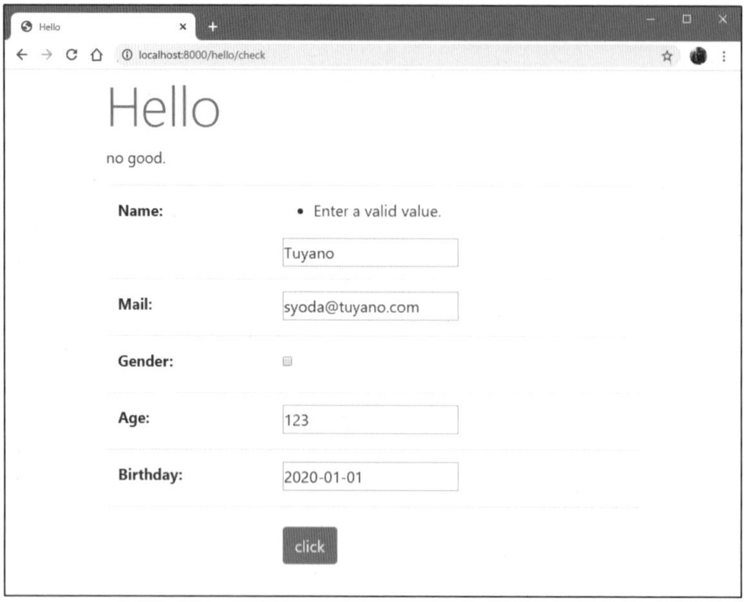

| Chapter-4 | データベースを使いこなそう

図4-29 nameに小文字のa～zの入力を設定する。大文字が入っているとエラーになる。

バリデータ関数を作る

　主なバリデーションについて簡単にまとめましたが、それにしても感じるのは「バリデータの少なさ」でしょう。もっと基本的なものが一通り揃っていれば便利なんですが、Djangoのビルトイン(組み込み)バリデータはそれほど豊富ではないのです。ならば、自分で必要なバリデーションチェックの処理を作成するしかありません。

　forms.Formでは、cleanメソッドを上書きして処理を組み込んだりしました。このcleanメソッドを使ったやり方は、モデルの場合も利用できます。モデルクラスにcleanメソッドを用意して、必要に応じてraise ValidationErrorを実行すればいいんでしたね。

　が、また同じやり方を使うんじゃ面白くありません。今度はもう少し別のやり方をしてみましょう。それは、バリデーション処理を関数として用意しておき、それをバリデータとして組み込む、というやり方です。

　ここでは、「バリデータ関数」と呼びましょう。このバリデータ関数は、以下のような形で定義します。

```
def 関数名 ( value ):
    ……処理……
```

　引数には、valueというものが用意されていますね。このvalueに、チェックする値が保管されます。この値を調べて、何か問題があれば、先にやった「raise ValidationError」を使っ

てエラーを発生させればいいのです。

数字バリデータ関数を作る

サンプルとして、「数字だけ入力を許可する」というバリデータ関数を作ってみましょう。「hello」フォルダ内のmodels.pyを開き、以下のように内容を書き換えてください。

リスト4-26

```python
import re
from django.db import models
from django.core.validators import ValidationError

def number_only(value):
    if (re.match(r'^[0-9]*$', value) == None):
        raise ValidationError(
            '%(value)s is not Number!', \
            params={'value': value},
        )

class Friend(models.Model):
    name = models.CharField(max_length=100, \
        validators=[number_only])
    mail = models.EmailField(max_length=200)
    gender = models.BooleanField()
    age = models.IntegerField()
    birthday = models.DateField()

    def __str__(self):
        return '<Friend:id=' + str(self.id) + ', ' + \
            self.name + '(' + str(self.age) + ')>'
```

記述したら、http://localhost:8000/hello/check にアクセスして試してみましょう。nameフィールドには、半角数字しか入力できなくなります。それ以外のものを書くと、'○○ is not Number!' とエラーが表示されます。

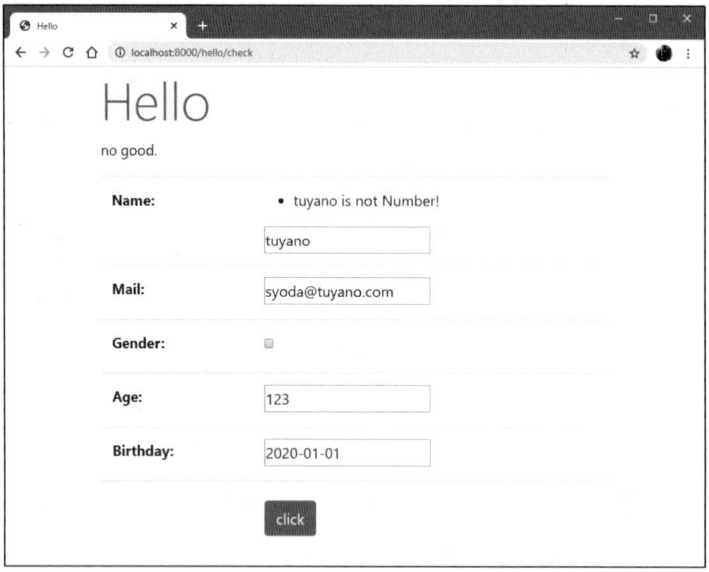

| Chapter-4 | データベースを使いこなそう |

図4-30 nameには、0～9の数字しか入力できなくなる。

number_only関数の仕組み

ここでは、number_only関数の中で、こんな具合に値をチェックしています。

```
if (re.match(r'^[0-9]*$', value) == None):
```

reというのが、Pythonの正規表現モジュールです。この中にある「match」という関数は、引数に指定したテキストとパターンがマッチするか(つまり、パターンに当てはまるテキストがあるか)を調べるものです。これで、指定のパターンとマッチする(＝当てはまる)場合は、その情報をまとめたオブジェクトが得られます。マッチしない場合は、Noneが返されます。

matchの戻り値がNoneだった場合は、テキストがパターンに当てはまらないわけで、ValidationErrorを作ってraiseしエラーを発生させていた、というわけです。

では、このnumber_only関数をどうやってバリデーションとして設定しているのでしょうか。nameフィールドの作成部分を見てみましょう。

```
name = models.CharField(max_length=100, validators=[number_only])
```

validatorsのリストに、ただ「number_only」と関数名を書いているだけです。これで、number_only関数がバリデーションに組み込まれたのですね。

よく使いそうなバリデータ関数を1つのファイルにまとめておけば、必要に応じてそれをimportしてモデルに組み込み使えるようになります。

276

バリデーションを使いこなそう | 4-2

フォームとエラーメッセージを個別に表示

ここまでは、基本的にforms.FormクラスやModelFormを使ってフォームを自動生成させてきました。これらのクラスを利用することで、エラー時のメッセージ表示なども自動で行なってくれるからです。これらのインスタンスを変数に用意しておき、{{form}}などとやって変数を書き出せばフォームを自動生成してくれるんですから、こんなに楽なことはありません。

が、フォームをカスタマイズしたい場合には、個々のフィールドやエラーメッセージを個別に表示する必要があります。こうした場合は、どうすればいいのでしょうか。

実は、ModelFormでフォームのインスタンスを用意しておけば、そこから個々のフィールドやエラーメッセージを取り出して表示させることができるんです。実際に試してみましょう。「templates」フォルダ内の「hello」フォルダ内にあるcheck.htmlを開き、<body>部分を以下のように修正してみてください。

リスト4-27

```
<body class="container">
    <h1 class="display-4 text-primary">
        {{title}}</h1>
    <p>{{message|safe}}</p>
    <ol class="list-group">
    {% for item in form %}
    <li class="list-group-item py-2">{{ item.name }} ({{ item.value }})
        :{{ item.errors.as_text }}</li>
    {% endfor %}
    </ol>
    <table class="table mt-4">
        <form action="{% url 'check' %}" method="post">
        {% csrf_token %}
        <tr><th>名前</th><td>{{ form.name }}</td></tr>
        <tr><th>メール</th><td>{{ form.mail }}</td></tr>
        <tr><th>性別</th><td>{{ form.gender }}</td></tr>
        <tr><th>年齢</th><td>{{ form.age }}</td></tr>
        <tr><th>誕生日</th><td>{{ form.birthday }}</td></tr>
        <tr><td></td><td>
            <input type="submit" value="click"
                class="btn btn-primary">
        </td></tr>
        </form>
    </table>
</body>
```

277

修正したら、http://localhost:8000/hello/checkにアクセスして試してみましょう。フォームは各項目名が日本語に変わっています。また送信するとエラー内容がフォームの上にまとめて表示されるようになります。

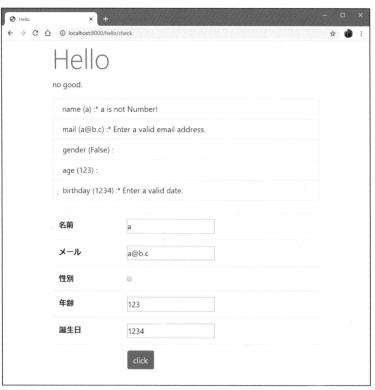

図4-31　カスタマイズしたフォーム。各項目名が日本語になり、エラーメッセージは上にまとめて表示される。

フォームの項目生成

まず、フォームの表示から見てみましょう。ここでは、ビュー関数側から変数formにModelFormインスタンスを受け取っています。このformから必要な項目を取り出して出力しているんですね。例えば、nameフィールドはこうなっています。

```
{{ form.name }}
```

これで、nameの入力フィールドのタグが出力されます。こんな具合に、フォーム内の個々の値を書き出せば、その項目の入力タグを書き出せるんです。

バリデーションを使いこなそう | 4-2

エラーメッセージの出力

　エラーメッセージは、大きく2通りの取り出し方があります。まず、フォーム全体のエラーメッセージをまるごと取り出すには、formの「errors」という属性を使います。

```
{{form.errors}}
```

　例えば、このようにすれば、発生したエラーをすべてまとめて出力できます。これは簡単ですね！
　もう1つの方法は、1つ1つのフォームの項目を取り出し、そこからerrorsの値を取り出す、というやり方です。先のサンプルを見ると、こんな具合に処理を行なっています。

```
{% for item in form %}
    ……個々の処理……
{% endfor %}
```

　formから変数itemに、順に値を取り出しています。こうすることで、フォームにある個々の項目のオブジェクトを順に取り出していけるのです。
　取り出したオブジェクトからは、その項目名、入力された値、発生したエラーメッセージを以下のように取り出しています。

```
<li class="……">{{ item.name }} ({{ item.value }}): ↵
    {{ item.errors.as_text }}</li>
```

　それぞれname、value、errorsとして取り出せるのがわかりますね。またerrorsは、その後に「as_text」というのをつけることで、テキストとして値を取り出せます。forを使って、こうして必要な値を書き出していけばいいのです。
　フォームクラスは、このように内部に個々のフィールドに関するオブジェクトを持っていて、それらを利用することでフォームの表示などを自分なりにカスタマイズしていくことができます。{{form}}で書き出すフォームに物足りなくなったら、自分でカスタマイズに挑戦してみると面白いですよ！

ModelFormはカスタマイズできる？

　最後に、ModelFormを利用する際の「表示のカスタマイズ」についても触れておきましょう。
　先にHelloFormクラス(forms.Formを継承)を使ったときは、widget引数にforms.

279

Chapter-4 データベースを使いこなそう

TextInputなどを設定することで表示するフォームのコントロールをカスタマイズできました。これにより、Bootstrapのクラスをコントロールに設定しデザインしていたのですね。

ところが、FriendFormクラス（forms.ModelFormを継承）の場合は、modelとfieldsにモデルとフィールドを指定するだけなので、それぞれの項目にウィジェットを設定することができません。このため、Bootstrapのクラスを使わず、DjangoのModelFormで生成される標準の出力をそのまま使ってきました。「ModelForm継承クラスではウィジェットのカスタマイズはできないのか」と思っていた人も多いことでしょう。

が、実はそうではありません。ModelForm継承クラスでも、ウィジェットをカスタマイズすることは可能です。ただ、やり方がForm継承クラスとは違うのです。

実際にFriendFormにウィジェットを設定して使う例を作成してみましょう。forms.pyを開き、FriendFormクラスを以下のように修正してください。

リスト4-28

```
class FriendForm(forms.ModelForm):
    class Meta:
        model = Friend
        fields = ['name','mail','gender','age','birthday']
        widgets = {
            'name': forms.TextInput(attrs={'class':'form-control'}),
            'mail': forms.EmailInput(attrs={'class':'form-control'}),
            'age': forms.NumberInput(attrs={'class':'form-control'}),
            'birthday': forms.DateInput(attrs={'class':'form-control'}),
        }
```

ここでは、FriendForm内のMetaクラスにwidgetsという変数を用意しています。この中で、フィールド名をキーにしてウィジェットのインスタンスを設定しています。使っているウィジェットは、forms内にあるもので、先にHelloFormクラスなどで利用したのと同じものです。ModelForm継承クラスでは、このようにwidgetsという変数にウィジェットの設定をまとめておくのです。

では、これを使って表示を行なうようにテンプレートを修正しましょう。「templates」フォルダ内の「hello」フォルダ内にあるcheck.htmlの<body>部分を以下のように書き換えてください。

リスト4-29

```
<body class="container">
    <h1 class="display-4 text-primary">
        {{title}}</h1>
    <p>{{message|safe}}</p>
    <ol class="list-group mb-4">
    {% for item in form %}
```

バリデーションを使いこなそう | 4-2

```html
      <li class="list-group-item py-2">{{ item.name }} ({{ item.value }})
         :{{ item.errors.as_text }}</li>
      {% endfor %}
   </ol>
   <form action="{% url 'check' %}" method="post">
      {% csrf_token %}
      <div class="form-group">名前{{ form.name }}</div>
      <div class="form-group">メール{{ form.mail }}</div>
      <div class="form-group">性別</th><td>{{ form.gender }}</div>
      <div class="form-group">年齢</th><td>{{ form.age }}</div>
      <div class="form-group">誕生日</th><td>{{ form.birthday }}</div>
      <div class="form-group">
         <input type="submit" value="click"
            class="btn btn-primary">
      </div>
   </form>
</body>
```

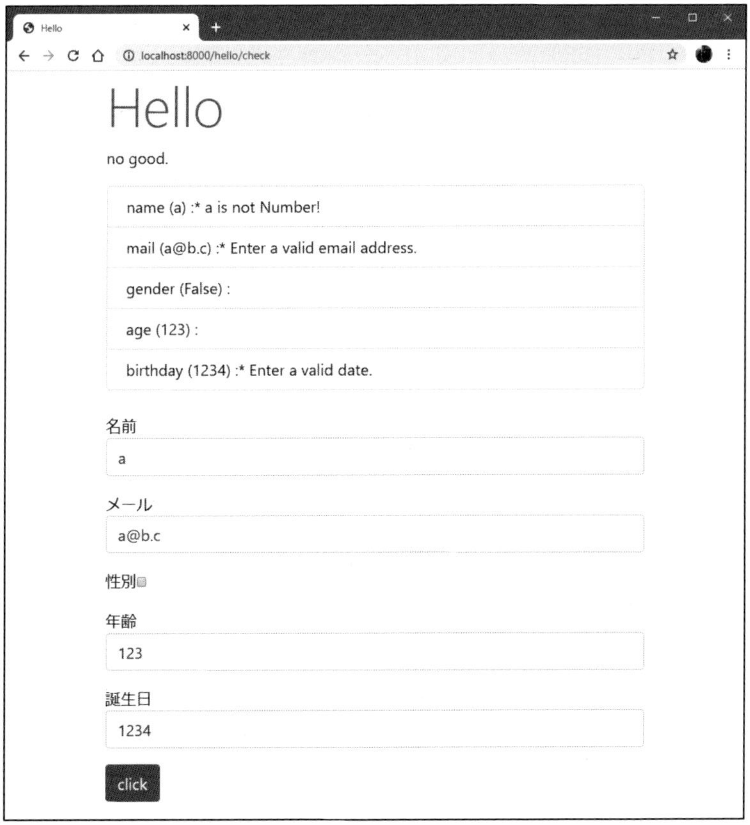

図4-32 ウィジェットを設定したところ。

281

Chapter-4 データベースを使いこなそう

　これは、先にリスト4-27で作成したものを書き直した例です。ちゃんとBootstrapのクラスを使ったデザインで表示されていることがわかりますね。このやり方の重要な点は、「モデルには何も影響がない」ということです。

　モデルであるFriendには、表示されるフォームに関する情報は一切ありません。モデルは、ただデータの構造を定義するだけです。そしてフォームクラスであるFriendFormで、モデルをどのような形でフォームとして扱うかを設定しているのです。この2つのクラスの働きをよく理解して使いこなせるようになりましょう。

Chapter 4 データベースを使いこなそう

Section 4-3 ページネーション

ページネーションってなに？

　データベースを使って多量のデータを扱うようになると、それらのデータをどう整理し表示するかを考える必要が出てきます。そうなってくると重要になる機能が「ページネーション」というものです。

　ページネーションというのは、「ページ分け」のための機能のことです。テーブルに保管されているレコードを一定数ごとに分け（これが「ページ」です）、それを順に取り出して表示していくんですね。こうすることで、どんなにたくさんのレコードがあっても、ページに延々とデータが書き出されていくのを防げます。

　多量のデータを扱うサイトというと、Amazonや楽天などのオンラインショップが思い浮かびますが、これらのサイトでは、「1 2 3……」といったページ番号が表示されていて、それらをクリックしてページを移動するようになっていますね。Googleの検索なども同じシステムです。多量のデータを扱うサイトは、ほぼすべて「ページ分け」を利用しています。

　「ページネーション」は、実はここで取り上げる機能の中でも一番重要なものかもしれません。本格的なWebアプリケーションでは、「データ数が10個以下」なんてことはまずありません。必ず、大量のデータを保存し利用することになります。そうしたWebアプリケーションでは、レコードの表示は「ページネーションを使うのが基本、使わないほうがむしろレアケース」と考えるべきです。それぐらいページネーションはごく普通に使われます。

　が、まぁ今この場で覚える必要はないのですが、いずれ必ず必要になるものなので覚えておいたほうが絶対にいいでしょう。読んでみればわかりますが、ページネーションって割と簡単でたいした機能はないんです。だから、しっかり読めば誰でも使えるようになると思いますよ！

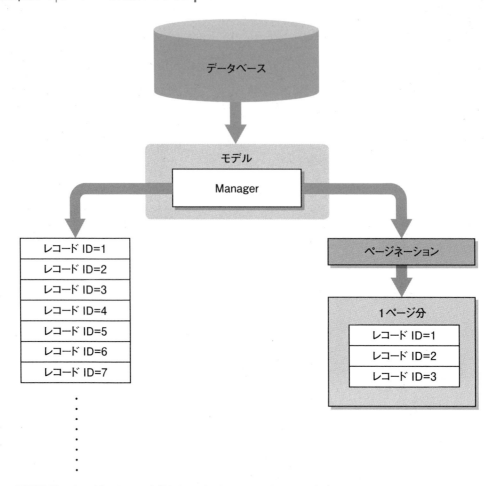

図4-33　ページネーションを使うと、データベースから1ページ分のレコードだけを取り出し表示する。

Paginator クラスの使い方

　このページネーションは、Djangoでは「Paginator」というクラスとして用意されています。このクラスを使うことで、簡単にページ分けしてレコードを取り出すことができるようになります。

　では、使い方の基本をまとめておきましょう。

●インスタンスの作成

```
変数 = Paginator( コレクション , レコード数 )
```

　Paginatorのインスタンスを作成するには、まず「レコード全体をまとめたコレクション」

と「1ページ辺りのレコード数」の2つを引数として用意しないといけません。

　最初の「コレクション」というのは、リストやセット、辞書などのように多数の値をまとめて保管できるもののことです。では、「レコード全体をまとめたコレクション」というのは？これは、わかりやすくいえば、allやfilterメソッドで得られるオブジェクト（QuerySetというものでしたね）と考えていいでしょう。つまり、ページネーションを利用する場合は、あらかじめ普通に多数のレコードをQuerySetとして取り出したものを用意しておく必要があるのです。

●指定ページのレコードを取り出す

```
変数 =《Paginator》.get_page( 番号 )
```

　Paginatorインスタンスから、特定のページのレコードを取り出すには、「get_page」というメソッドを使います。引数にページ番号の整数を指定すれば、そのページのレコードをまとめて取り出します。

　この場合のページ番号は、インデックス番号と違い「1」から始まります。また、指定のページ番号のレコードが見つからなかった場合は、最後のページのレコードを返します。

　このget_pageで得られるのは、「Page」というクラスのインスタンスです。これはコレクション（リストなどのように多数の値を管理できるオブジェクト）になっていて、ここからforなどを使い、リストやセットと同じ感覚でレコードを取り出して処理することができます。

Friendをページごとに表示する

　では、実際にPaginatorを使ってみましょう。今回は、「hello」アプリケーションのindexページを書き換えて使うことにしましょう。このページは、Friendのレコードを一覧表示するものでしたね。これをページ分けして表示させることにしましょう。

　まず、「ページ番号をどうやって指定するか」を考えておく必要があります。ここでは、urlpatternsを修正して、アドレスにページ番号を指定してアクセスできるようにしておきましょう。

　「hello」フォルダ内のurls.pyを開き、urlpatterns変数に書いたindexページのための記述（path('', views.index, name='index'), というもの）の下あたりに以下の文を追記してください。

リスト4-30

```
path('<int:num>', views.index, name='index'),
```

これで、/hello/1というようにページ番号をつけてアクセスできるようになります。なお、既に書かれている path('', views.index, name='index'), は削除しないでください。

後は、ビュー関数を修正するだけです。「hello」フォルダ内のviews.pyを開き、index関数を以下のように書き換えましょう。

リスト4-31

```python
from django.core.paginator import Paginator

def index(request, num=1):
    data = Friend.objects.all()
    page = Paginator(data, 3)
    params = {
        'title': 'Hello',
        'message':'',
        'data': page.get_page(num),
    }
    return render(request, 'hello/index.html', params)
```

テンプレート側は、修正の必要はありません。それまで使っていたものをそのまま利用します。

indexを修正したら、http://localhost:8000/hello/1にアクセスをしてみてください。最初から3項目が表示されます。/hello/2とすると、次の3項目が表示されます。なお、ページ番号をつけず、単に/helloとアクセスすると最初のページになります。

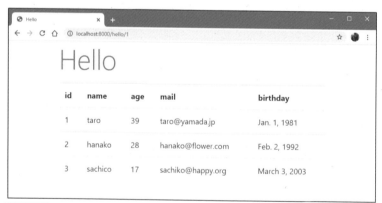

図4-34 /hello/1にアクセスすると、最初のページの3項目を表示する。/hello/2とすれば2ページ目、/hello/3なら3ページ目……と表示していく。

ページ表示はどうやってる？

では、処理の流れを見てみましょう。といっても、見ればわかるようにやっていることは

|ページネーション| 4-3 |

非常にシンプルです。

まず最初に、Paginatorをimportしておく必要があります。

```
from django.core.paginator import Paginator
```

この部分ですね。これでPaginatorクラスが利用できるようになります。

index関数では、最初に表示するレコード全体を取得しています。これは、ここでは全レコードを取得しています。

```
data = Friend.objects.all()
```

これで、変数dataにはallで取得したQuerySetオブジェクトが代入されます。これを引数にして、Paginatorインスタンスを作ります。

```
page = Paginator(data, 3)
```

第2引数は3にして、1ページあたり3つのレコードを表示するようにしました。後は、作成したPaginatorから指定のページのレコードを取り出すだけです。

テンプレートに値を渡す変数paramsの中で、以下のようにPageインスタンスを取り出し、変数に設定しています。

```
'data': page.get_page(num),
```

引数で渡されるnumを使って、指定ページのPageを取得します。このdataに渡されたオブジェクトが、そのままテンプレート側でテーブルに整形されて表示されていくわけです。

ページの移動はどうする?

ページ分けして表示はこれでできるようになりました。が、いちいちアドレスに/hello/1などと入力して指定のページに移動するのは効率が悪すぎます。もっとスマートに移動できるようにしたいですね。

Paginatorには、ページに関する各種の情報が用意されているので、それを利用することでページを移動するリンクを簡単に作成することができます。

では、実際にサンプルを考えてみましょう。「templates」フォルダ内の「hello」フォルダ内にあるindex.htmlを開き、<body>タグの部分を以下のように修正しましょう。

Chapter-4 データベースを使いこなそう

リスト4-32

```html
<body class="container">
    <h1 class="display-4 text-primary">
        {{title}}</h1>
    <p>{{message|safe}}</p>
    <table class="table">
        <tr>
            <th>id</th>
            <th>name</th>
            <th>age</th>
            <th>mail</th>
            <th>birthday</th>
        </tr>
    {% for item in data %}
        <tr>
            <td>{{item.id}}</td>
            <td>{{item.name}}</td>
            <td>{{item.age}}</td>
            <td>{{item.mail}}</td>
            <td>{{item.birthday}}</td>
        <tr>
    {% endfor %}
    </table>
    <ul class="pagination">
        {% if data.has_previous %}
        <li class="page-item">
            <a class="page-link" href="{% url 'index' %}">
                &laquo; first</a>
        </li>
        <li class="page-item">
            <a class="page-link"
            href="{% url 'index' %}{{data.previous_page_number}}">
                &laquo; prev</a>
        </li>
        {% else %}
        <li class="page-item">
            <a class="page-link">
                &laquo; first</a>
        </li>
        <li class="page-item">
            <a class="page-link">
                &laquo; prev</a>
        </li>
        {% endif %}
        <li class="page-item">
```

```
            <a class="page-link">
            {{data.number}}/{{data.paginator.num_pages}}</a>
        </li>
        {% if data.has_next %}
        <li class="page-item">
            <a class="page-link"
            href="{% url 'index' %}{{data.next_page_number }}">
                next &raquo;</a>
        </li>
        <li class="page-item">
            <a class="page-link"
            href="{% url 'index' %}{{data.paginator.num_pages}}">
                last &raquo;</a>
        </li>
        {% else %}
        <li class="page-item">
            <a class="page-link">
                next &raquo;</a>
        </li>
        <li class="page-item">
            <a class="page-link">
                last &raquo;</a>
        </li>
        {% endif %}
    </ul>
</body>
```

図4-35 レコード一覧の下にリンクが表示される。リンクをクリックして前後のページに移動できる。

修正したら再度アクセスしてみてください。レコードの一覧をまとめたテーブルの下に移

Chapter-4 データベースを使いこなそう

動のためのリンクが表示されます。

このリンクは、最初のページでは前に戻るリンクは動作しなくなり、最後のページでも次に進むリンクは動作しなくなります。またリンクの中央には、全体のページ数と現在のページ数が表示されます。

ページ移動リンクの仕組み

では、どのようにリンクを作成しているのか、用意されているタグの仕組みを見ていくことにしましょう。

前のページに移動

まず、前のページに移動するリンクは「first」「prev」の2つを用意してあります。これらは、以下のような形で書かれています。

```
{% if data.has_previous %}
    ……ここにリンクを用意……
{% else %}
    ……リンクのない表示を用意……
{% endif %}
```

ここでは、dataの「has_previous」というメソッドを呼び出しています。これは、前のページがあるかどうかをチェックするものです。前にページがあればTrue、一番前のページでもう前にページがなければFalseになります。

これで前にページがあるかチェックし、Trueならば「first」「prev」のリンクを表示させているわけですね。そしてもしページがなければ、<a>タグのhref属性をカットした形で出力させていた、というわけです。こうすればページの移動はできなくなりますから。

では、これらの移動用リンクはどのように作成しているのでしょうか。

```
<a class="page-link" href="{% url 'index' %}">
<a class="page-link" href="{% url 'index' %}{{data.previous_page_
number}}">
```

トップページは、ページ番号をつけず、ただ/helloだけでアクセスできます。ということは、リンクのアドレスは{% url 'index' %}でOKですね。

前のページは、{% url 'index' %}の後に、{{data.previous_page_number}}というものをつけて作成しています。「previous_page_number」というのは、dataのメソッドで、前のペー

ジ番号を返すものです。これで、/hello/番号といったアドレスを生成していたのです。

現在のページ表示

前に戻るリンクと次に進むリンクの間には、[1/3]というように、現在のページ番号が表示されています。これは、以下のような形で作成しています。

```
{{data.number}}/{{data.paginator.num_pages}}
```

現在のページは、dataの「number」という属性で得ることができます。また、アクセスして取得したレコードが全部で何ページ分あるかは、data.paginatorの「num_pages」という属性で得ることができます。data.paginatorというのは、dataに収められているPaginatorインスタンスです。dataは、Paginatorのget_pageメソッドで取り出したセットですが、その中にもちゃんと使ったPaginatorインスタンスが収めてあるんです。

次のページへの移動

残るは、次のページに移動するためのリンクですね。これは、「next」「last」という2つのリンクを用意してあります。

これも、次のページがあるかどうかをチェックして、その結果を見てリンクを表示させています。

```
{% if data.has_next %}
    ……ここにリンクを用意……
{% else %}
    ……リンクのない表示を用意……
{% endif %}
```

dataの「has_next」は、次のページがあるかどうかを示すメソッドです。これがTrueならば、まだ次のページが残っており、Falseならばもうない(一番最後のページ)というわけです。

そして、ここで表示しているリンクの<a>タグは、このようになっています。

```
<a class="page-link" href="{% url 'index' %}{{data.next_page_number }}">
<a class="page-link" href="{% url 'index' %}{{data.paginator.num_
pages}}">
```

次のページに移動するリンクでは、dataの「next_page_number」というメソッドを使っています。これは、previous_page_numberと対になるもので、次のページ番号を返します。

また、最後のページへの移動には「num_pages」が使われています。先ほど、num_

| Chapter-4 | データベースを使いこなそう |

pagesでページ数が得られると説明しましたね。これで、最後のページ番号をつけたリンクが作成されるというわけです。

ページネーションは表示の基本！

ここでは、allで取得したレコードをPaginatorで処理しましたが、検索で多用されるfilterの戻り値でも、同様にPaginatorでページ分け処理できます。本格的なWebアプリケーションでは、データはページネーションして表示するのが基本です（よほど保存しておくレコードの数が少ない場合を除いては）。実際にWebアプリケーションを作るようになったら、必ずこのページネーションのお世話になると考えてください。

ですから、このページネーションについては、「今すぐ覚える必要はない」とは考えず、今すぐ覚えておきましょう。対して使い方も難しくはありませんから、きっとすぐに使えるようになりますよ。

Chapter 4 データベースを使いこなそう

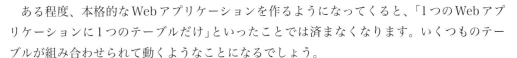

Section 4-4 リレーションシップとForeignKey

テーブルの連携って？

　ある程度、本格的なWebアプリケーションを作るようになってくると、「1つのWebアプリケーションに1つのテーブルだけ」といったことでは済まなくなります。いくつものテーブルが組み合わせられて動くようなことになるでしょう。

　そうなったとき、考えないといけないのが「テーブルどうしの連携」です。テーブルというのは、全部ばらばらで動いているとは限りません。密接に関連付けられて動いている場合も多いのです。

　例えば、簡単な掲示板のようなものを考えてみましょう。これには、投稿するメッセージを管理するテーブルと、利用者を管理するテーブルがある、とします。そうすると、それぞれのメッセージは、「誰が投稿したか」という情報を利用者テーブルから持ってきて使うことになるでしょう。つまり、メッセージのテーブルにある1つ1つのレコードには、「これを投稿した利用者のレコード」が関連付けられていなければなりません。

　こんな具合に、「このテーブルのレコードには、こっちのテーブルのレコードを関連付けておかないといけない」ということがあるのです。これが、「テーブルの連携」です。

　Djangoでは、こうした関連付けを「リレーションシップ」と呼びます。リレーションシップは、本格Webアプリケーションを作るようになると必ず必要となってくるものです。これは、実際の使い方はそれほど難しくはありません。ただ、リレーションシップの考え方を理解し、それを自分のアプリケーションに当てはめて使えるようになるのがけっこう大変なんです。慣れない内は、「僕のアプリケーションの場合、どのテーブルがどれに当てはまるの？」といったことで頭が混乱することでしょう。

　これは、実際に何度も自分で作って、体で覚えるしかないように思えます。ということで、今すぐ完璧にマスターするのは無理だから、本書を卒業したら、実際に自分でアプリケーションを作りながら少しずつリレーションシップの使い方を身につけていく、ぐらいに考えておきましょう。

293

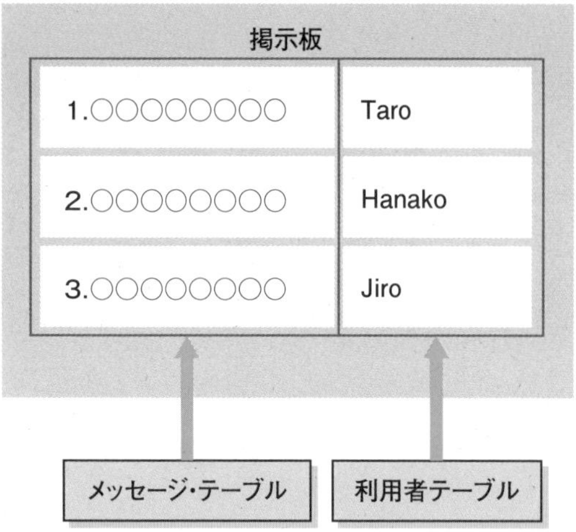

Chapter-4 データベースを使いこなそう

掲示板

1.○○○○○○○○　Taro

2.○○○○○○○○　Hanako

3.○○○○○○○○　Jiro

メッセージ・テーブル　利用者テーブル

図4-36　掲示板アプリケーションでは、メッセージのテーブルと利用者のテーブルが関連付けられて動いている。

リレーションシップの種類

リレーションシップには、2つのテーブルのレコードがどのような形で結びついているかによって大きく4つの種類に分けて考えることができます。これらについて簡単にまとめておきましょう。

●1対1対応

テーブルAのレコード1つに対して、テーブルBのレコード1つが対応している、というような関連付けです。

例えば、住宅会社のデータベースを考えてみましょう。販売した住宅のテーブルと、顧客のテーブルがあったとします。ある住宅は、それを購入した顧客と1対1で結びついていますね（まぁ、お金持ちで何軒も家がある人もいるでしょうが、そのへんは考えないで）。

こんな具合に、2つのテーブルのレコードが1つずつ結びついているような関係が、1対1対応です。

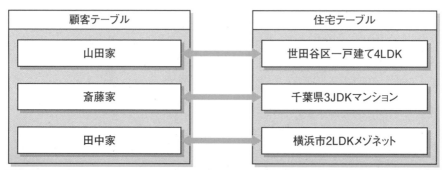

図4-37　住宅販売テーブルと顧客テーブル。それぞれの顧客と、住んでいる住宅は1対1になっている。

●1対多対応

テーブルAのレコード1つに対して、テーブルBのレコード1つが対応している、というような関連付けです。

これは、おそらくもっとも一般的に見られる関係でしょう。例えば、オークションサイトの顧客と出品データのテーブルを考えてみてください。顧客には、落札したいくつもの商品データが関連付けられているはずです。つまり、顧客テーブルのレコード1つに対して、出品テーブルの複数のレコードが関連付けられる形になりますね。これが、1対多対応です。

●多対1対応

この「1対多」対応は、逆から見れば、「多対1」の対応にもなっています。オークションサイトの例でいえば、複数の落札データに対し、1つの顧客が対応している形になります。

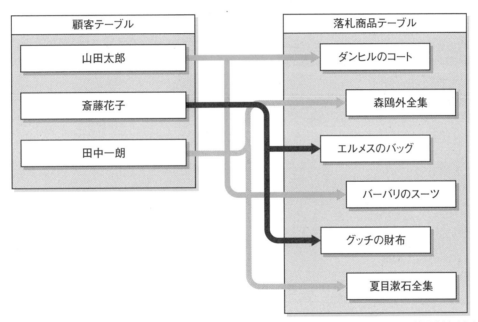

図4-38 オークションサイトのデータベースでは、顧客1人につき、複数の落札データが関連付けられる。

●多対多対応

テーブルAの複数のレコードに対して、テーブルBの複数のレコードが対応している、というような関連付けです。

例えば、オンラインショップのデータベースを考えてみましょう。オンラインショップでは、ある商品をたくさんの顧客に販売します。つまり、ある顧客は複数の商品を購入しているし、ある商品は複数の顧客に販売しているわけですね。

こういう、お互いに相手の複数レコードに関連付けられるようなものが多対多の関係です。

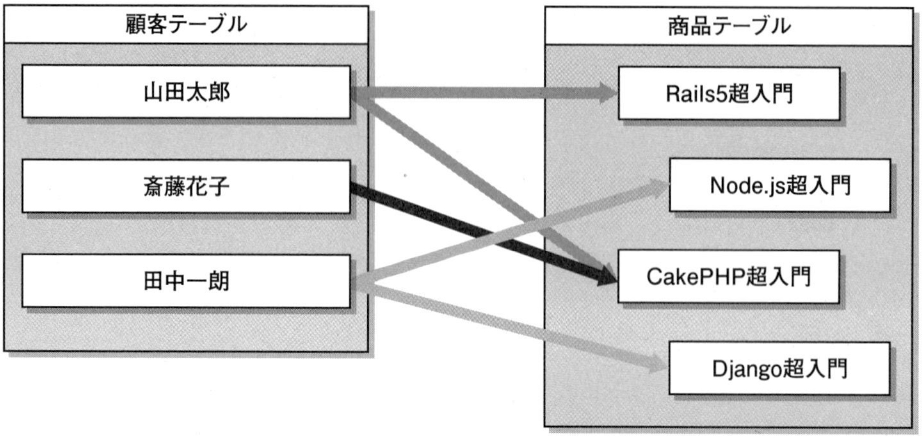

| Chapter-4 | データベースを使いこなそう |

図4-39 オンラインショップのデータベースでは、顧客と商品がそれぞれ複数の相手と関連付けられる。

リレーションシップの設定方法

では、これらのリレーションシップをどのように設定すればいいのでしょうか。

リレーションシップの設定は、モデルで行ないます。モデルの中に、関連付ける相手のモデルに関する項目を用意することで、両者の関連がわかるようになるのです。

1対多／多対1の関連付け

まず、もっとも一般的で使うことの多い「1対多」「多対1」の関連付けについてです。これは、以下のような形で設定します。

●主モデル（「1」側）

```
class A(models.Model):
    ……項目……
```

●従モデル（「多」側）

```
class B(models.Model):
    項目 = models.ForeignKey( モデル名 )
    ……項目……
```

関連付けを考えるとき、「どちらが主で、どちらが従か」ということを頭に入れて考えるようにしましょう。1対多対応では、「1」側が主テーブル、「多」側が従テーブルとなります(テーブルの主従はちょっとわかりにくいので、この後に説明します)。

1対多の「1」の側には、特に何の仕掛けもありません。ポイントは、「多」側のモデルにあ

296

| リレーションシップとForeignKey | 4-4 |

ります。モデルに、models.ForeignKeyという項目を用意しておくのです。

この「ForeignKey」というのは、外部キーのクラスです。外部キーというのは、このモデルに割り当てられているテーブル以外のテーブル用のキー、という意味です。

以前、「データベースのテーブルには、プライマリキーというものが自動的に組み込まれる」という話をしたのを覚えていますか？ プライマリキーは、すべてのレコードに割り当てられる、値の重複していないID番号のようなものです。データベースは、このプライマリキーを使って個々のレコードを識別しているんです。

外部キーは、このプライマリキーを保管するためのキー（テーブルに用意する項目）です。つまり、あるテーブルのレコードに関連する別のテーブルのレコードのプライマリキーを、この外部キーに保管しておくのですね。

まぁ、内部の仕組みのようなものはそれほど深く理解しておく必要はありません。肝心なのは、「models.ForeignKey 外部キーの項目を用意すれば、引数に指定したモデルと関連付けができる」という点です。これさえわかっていれば、関連付けは割と簡単に作れるのです。

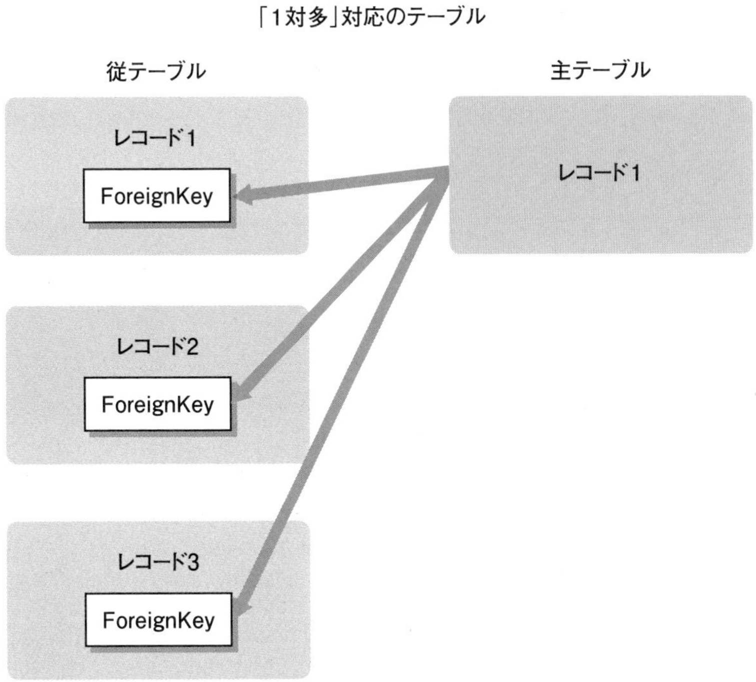

「1対多」対応のテーブル

従テーブル　　　　　　　　　　　　　　　主テーブル

図4-40　1対多のテーブルの構造。「多」側テーブルのモデルにForeignKeyの項目を用意し、「1」側テーブルのモデルを保管することで関連付けを記録する。

| Chapter-4 | データベースを使いこなそう |

コラム テーブルの「主従」って？ **Column**

　1対多の説明で、「主テーブル」と「従テーブル」という言葉が出てきました。これは、「どっちのテーブルが主体となって関連付けがされるか」を表しています。関連付けをするとき、「どちらがより重要か」ということですね。

　わかりやすくいえば、これは「絶対にないと困るのが主テーブル」です。例えば、掲示板の「利用者テーブル」と「投稿テーブル」を考えてみましょう。利用者テーブルのレコードには、それぞれの利用者のデータが用意されています。投稿テーブルのレコードには、投稿したメッセージのデータが入っています。

　これ、対等な関係ではない、ってことはわかりますか？ 利用者テーブルのレコードは、必ずしも関連する投稿テーブルのレコードがあるとは限りません。全然、投稿しないユーザーだっていますからね。「利用者に関連する投稿がある場合もあるし、ない場合もある」ということです。

　が、投稿テーブルのレコードは、必ず関連する利用者テーブルのレコードがあります。誰かが投稿した以上、その投稿した利用者の情報が必ずあるはずなんです。「この投稿は、投稿した人間はいない」ってことはありえないんです。

　ということは、利用者のテーブルが「主」テーブルになり、投稿テーブルが「従」テーブルになる、というわけです。この「どちらのテーブルが主体となるか」はとても重要な概念なので、ここでしっかりと理解しておきましょう。

■1対1の関連付け

　続いて、1対1の関連付けです。これも、主テーブルには特に必要なものはなく、従テーブル側に関連付けのための項目を用意します。

●主モデル

```
class A(models.Model):
    ……項目……
```

●従モデル

```
class B(models.Model):
    項目 = models.OneToOneField( モデル名 )
    ……項目……
```

　従テーブルのモデルには、models.OneToOneFieldというクラスの項目が用意されてい

ます。これが、1対1の関連付けに必要となるものです。1対多のForeignKeyに相当するものと考えておけばいいでしょう。

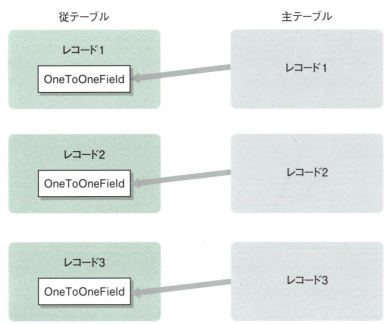

図4-41 1対1のテーブル構造。従テーブル側に、OneToOneFieldの項目を用意し、そこに主テーブルを設定する。

多対多の関連付け

多対多の関連付けも、基本的には同じような形です。従テーブル側のモデルに、主テーブルのモデルを保管する項目を用意しておきます。

●主モデル

```
class A(models.Model):
    ……項目……
```

●従モデル

```
class B(models.Model):
    項目 = models.ManyToManyField( モデル名 )
    ……項目……
```

ここでの「ManyToManyField」が、そのためのクラスです。これに主テーブルのモデルを引数に指定して項目として用意しておきます。

| Chapter-4 | データベースを使いこなそう |

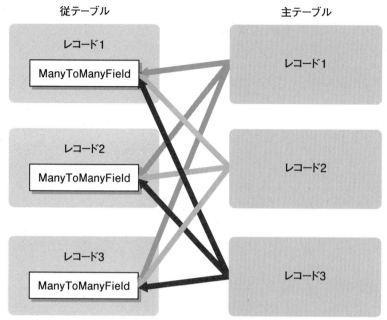

図4-42 多対多のテーブル構造。従テーブル側に、ManyToManyField項目を用意し、そこに主テーブルを設定する。

メッセージの投稿システムを考える

　各リレーションシップの設定がわかったところで、実際にリレーションシップを使ってみましょう。ここでは、もっとも一般的な例として、簡単なメッセージ投稿のシステムを考えてみます。

　既に、Friendで利用者のテーブルは用意してあります。後は、投稿メッセージのテーブルを作成し、両者の関連付けを行なえばいいわけです。ではこの場合、どういう関連付けになるでしょうか。

　1人の利用者は、いくつもメッセージを投稿することができます。ということは？　そう、「1対多」の関係となるわけですね。投稿者が主テーブル、メッセージが従テーブルということになります。

リレーションシップとForeignKey | 4-4

メッセージテーブルを設計する

では、メッセージのテーブルはどのように作っておけばいいでしょうか。ここでは、以下のような項目を用意することにします。

タイトル	タイトルのテキスト
コンテンツ	これが投稿するメッセージ
投稿日時	投稿した日時

たった3つだけのシンプルなテーブルですね。これに加えて、メッセージは従テーブルですから、関連する主テーブルのレコードを設定しておく項目も用意すればいいでしょう。

Messageモデルを作ろう

では、モデルを作りましょう。「hello」フォルダ内のmodels.pyを開いてください。そして、以下のスクリプトを追記しましょう（既に書いてあるスクリプトを削除しないように注意してください）。

リスト4-33

```python
class Message(models.Model):
    friend = models.ForeignKey(Friend, on_delete=models.CASCADE)
    title = models.CharField(max_length=100)
    content = models.CharField(max_length=300)
    pub_date = models.DateTimeField(auto_now_add=True)

    def __str__(self):
        return '<Message:id=' + str(self.id) + ', ' + \
            self.title + '(' + str(self.pub_date) + ')>'

    class Meta:
        ordering = ('pub_date',)
```

Messageモデルのポイント

ここでは、「Message」という名前のクラスを定義しています。項目としては、それぞれ以下のようなものを用意していますね。

301

| Chapter-4 | データベースを使いこなそう |

friend	ForeignKeyの項目です。これで、関連するFriendの情報を設定します。on_deleteは削除のための設定で「models.CASCADEを指定する」と覚えてしまってOKです。
title	タイトルのテキストを保管するためのものです。max_lengthで最大文字数を100にしてあります。
content	コンテンツを保管するためのものです。これが、メッセージの本体ですね。max_lengthで最大300文字に設定してあります。
pub_date	投稿した日時を保管します。auto_now_addというのは、自動的に値を設定するためのものです。

この他、__str__メソッドでテキストの表示を用意してあります。また、「Meta」というクラスも用意していますね。これは前にModelFormクラスを作るときに使いました。クラスの基本的な設定などを行なうのに使うものでした。ここでは、orderingという値を用意しています。これは、並び順の情報を設定するもので、pub_date順に並べるように設定をしています。

マイグレーションしよう

これでモデルはできました。このモデルをプロジェクトに反映させるにはどうすればいいんでしたっけ？ そう、「マイグレーション」ですよ。思い出しました？

マイグレーションは、2段階の操作になっていましたね。まずマイグレーションファイルを作り、それからそのファイルを適用するんでした。

マイグレーションファイルを作る

では、マイグレーションファイルを作りましょう。これはVS Codeのターミナルからコマンドを使って行なうことができました。現在、Webサーバーを実行しているかもしれませんが、その場合はCtrlキー＋「C」キーで中断するか、「ターミナル」メニューの「新しいターミナル」メニューで新たなターミナルを開くなりしてください。そして、以下のように実行をしましょう。

```
python manage.py makemigrations hello
```

これで、マイグレーションファイルが作成されます。「hello」フォルダ内の「migrations」フォルダの中に、「0002_message.py」というファイルが作成されます（0002の番号は、違っ

リレーションシップとForeignKey | 4-4

ている場合もあります）。これが、今回のマイグレーションファイルです。

図4-43 makemigrationsでマイグレーションファイルを作成する。

マイグレーションファイルの中身

では、作成されたマイグレーションファイルがどのようになっているのか、作成されたファイルを見てみましょう。

なお、これは筆者の環境で生成されたものです。環境やDjangoのマイナーバージョンなどによって生成されるスクリプトが変わることもあります。ここでは参考程度に見ておいてください。

リスト4-34

```python
from django.db import migrations, models
import django.db.models.deletion


class Migration(migrations.Migration):

    dependencies = [
        ('hello', '0001_initial'),
    ]

    operations = [
        migrations.CreateModel(
            name='Message',
            fields=[
                ('id', models.AutoField(auto_created=True,
                    primary_key=True, \
                        serialize=False, verbose_name='ID')),
                ('title', models.CharField(max_length=100)),
                ('content', models.CharField(max_length=300)),
                ('pub_date', models.DateTimeField(auto_now_add=True)),
```

303

Chapter-4 | データベースを使いこなそう

```
            ('friend', models.ForeignKey(on_delete=django.db.models.\
                deletion.CASCADE, to='hello.Friend')),
        ],
        options={
            'ordering': ('pub_date',),
        },
    ),
]
```

dependencies変数

ここでは、Migraitionクラスが作成されています。これが、マイグレーションの内容を表すものでしたね。

最初に、dependenciesという変数が用意されています。これは、「依存ファイル」を示すものです。ここに指定したマイグレーションファイルが必要(つまり、実行済みである)ということを記してあると考えてください。

常に、新たに作成されたマイグレーションファイルのdependenciesに、その前に実行したマイグレーションファイルを指定することで、どのような順番でマイグレーションが実行されてきたか、そのつながりを確認できるようになっているのです。

fieldsで項目を指定

その後にあるfieldという変数で、テーブルに用意する項目の内容が設定されています。この部分ですね。

```
fields=[
    ('id', models.AutoField(auto_created=True, primary_key=True, …略…)),
    ('title', models.CharField(max_length=100)),
    ('content', models.CharField(max_length=300)),
    ('pub_date', models.DateTimeField(auto_now_add=True)),
    ('friend', models.ForeignKey(on_delete=…略…, to='hello.Friend')),
],
```

よく見ると、Messageモデルクラスに用意した項目の内容が記述されているのがわかるでしょう。最初のidと、最後のfriendの2つはちょっと複雑ですが、それ以外は見たことある内容ですね。

IDはAutoField

最初のidという項目は、models.AutoFieldというものが用意されています。これは、自動生成される項目のためのクラスです。auto_createdとかprimary_keyといった引数がありますが、これらで「自動的に値が設定されるプライマリキー」を設定していた、と考えてください。

ForeignKeyは、toでクラス指定

最後のForeignKeyが、1対多の関連付けのための項目でしたね。ここにはon_deleteの他に、toという引数が用意されています。これで、関連付けるクラスを指定しています。

Metaクラスはoptionsで

Messageモデルクラスには、Metaクラスというのも用意してありました。これで、並べ替えの設定をしていたのでしたね。これは、optionsという変数に用意されています。

```
options={
    'ordering': ('pub_date',),
},
```

これですね。Metaクラスに用意しておいたorderingの変数が、このoptionsに用意されているのがわかるでしょう。

マイグレーションを実行！

さて、一通りのマイグレーション内容がわかったところで、マイグレーションを実行しましょう。ターミナルから以下のように実行をしてください。

```
python manage.py migrate
```

図4-44 migrateコマンドでマイグレーションを実行する。

これで、作成されたマイグレーションファイルが適用されます。データベースにもこれでテーブルが追加されたはずです。

admin.pyの修正

マイグレーションはできましたが、まだMessageテーブルの内容は空っぽです。内容を確認し、実際にレコードが作成できるか試してみるため、管理ツール(admin)に登録を行なっておきましょう。

「hello」フォルダ内のadmin.pyを開き、その内容を以下のように書き換えてください。

リスト4-35

```
from django.contrib import admin
from .models import Friend, Message

# Register your models here.
admin.site.register(Friend)
admin.site.register(Message)
```

これで、管理ツールにMessageモデルクラスが追加されました。Webサーバーを起動すれば、管理ツールでMessageを編集できるようになります。

Webサーバーを起動！

では、ターミナルから以下のように実行して、Webサーバーを起動しましょう。これで、新たに作成したMessageと、関連付けをしてあるFriendが使えるようになったはずですね。

```
python manage.py runserver
```

図4-45　runserverコマンドでWebサーバーを起動する。

管理ツールでMessageを使おう

では、管理ツールにアクセスをしましょう。Webブラウザで、以下のアドレスにアクセスを行なってください。管理ツールが表示されます。

```
http://localhost:8000/admin/
```

「HELLO」のところを見ると、Friendsの下に「Messages」という項目が追加されているのがわかるでしょう。これで、Messagesも管理ツールで利用できますね！

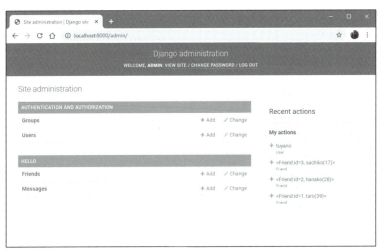

図4-46　/adminにアクセスし、管理ツールを表示する。

Messageを作成してみる

では、Messagesの右側にある「Add」アイコンをクリックして、Messageの作成ページに移動してみましょう。

ここには、Friend、Title、Contentの3つの項目が表示されます。プライマリキーのidや、自動設定されるpub_dateなどは表示されないようになっています。

また、Friendはフィールドではなくポップアップメニューになっており、現在、Friendに登録されている利用者が項目として表示されているのがわかります。ここから利用者を選んで、TitleとContentを記入し、送信すれば、メッセージを送れます。

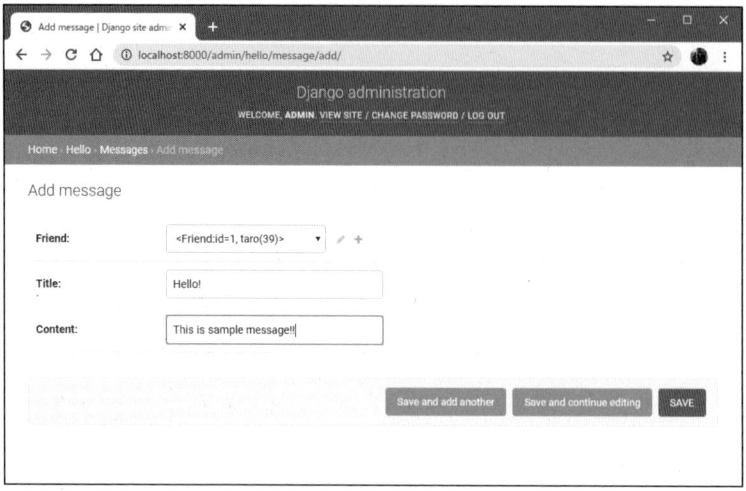

| Chapter-4 | データベースを使いこなそう |

図4-47 Messageの作成画面。Friendメニューを選び、TitleとContentを記入して送信すれば、メッセージを投稿できる。

ダミーを追加しよう

では、やり方がわかったら、ダミーとしてMessageをいくつか作成し保存しておきましょう。ダミーレコードがあると、スクリプトでレコードの表示などを行なう際もだいぶ楽になります。

また、ForeignKeyを設定しておいたMessageモデルは、こんな具合にポップアップメニューでFriendを選び関連付けられるようになっているのも確認できましたね！

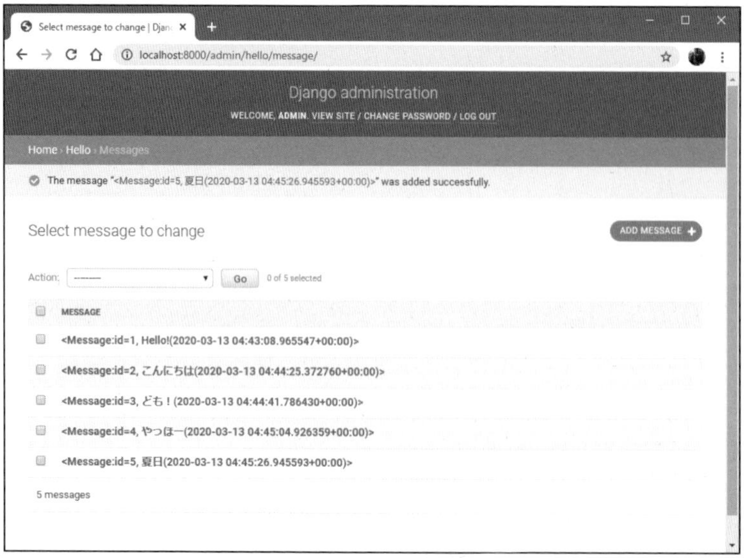

図4-48 ダミーにいくつかMessageレコードを作成したところ。

リレーションシップとForeignKey | 4-4

Messageページを作ろう

では、Messageを利用するページを作ってみましょう。ここでは、messageというページとして作成をしてみます。

まずは、アドレスの設定をしておきましょう。「hello」フォルダ内のurls.pyにかかれているurlpatterns変数の値に、以下のものを追記してください。

リスト4-36

```
path('message/', views.message, name='message'),
path('message/<int:page>', views.message, name='message'),
```

これで、/hello/message/ と /hello/message/番号というアドレスでmessage関数が呼び出されるようになります。

MessageFormを作る

messageでは、投稿したメッセージの表示と、メッセージを投稿するフォームを表示することにしましょう。そのためには、フォームを用意しておく必要がありますね。

では、「hello」フォルダ内のforms.pyを開いて、以下のスクリプトを追記しましょう。既に書いてあるものは消さないようにしてください。

リスト4-37

```
from.models import Friend, Message


class MessageForm(forms.ModelForm):
    class Meta:
        model = Message
        fields = ['title','content','friend']
        widgets = {
            'title': forms.TextInput(attrs={'class':'form-control
                form-control-sm'}),
            'content': forms.Textarea(attrs={'class':'form-control
                form-control-sm', 'rows':2}),
            'friend': forms.Select(attrs={'class':'form-control
                form-control-sm'}),
        }
```

最初のfrom.models import Friend, Messageを冒頭に追加しておくのを忘れないようにしてください。

309

| Chapter-4 | データベースを使いこなそう |

ここでは、ModelFormの派生クラスとしてMessageFormクラスを作成しています。Metaクラスを使い、modelにMessageを、そしてfieldにtitle, content, friendの3つを用意してあります。idやpub_dateは値を自動設定するのでfieldに用意する必要はありません。

widgetsには、title, content, friendのそれぞれのウィジェットを用意してあります。これらは、それぞれformsのTextInput, Textarea, Selectというクラスを指定してあります。TextareaとSelectは初めて登場しましたが、それぞれ<textarea>と<select>を生成するウィジェットクラスです。

message関数を作る

では、messageページで実行するビュー関数を作りましょう。「hello」フォルダ内のviews.pyを開いて、以下のスクリプトを追記してください。くれぐれも既にあるスクリプトは消さないように。

リスト4-38

```
from .models import Friend, Message
from .forms import FriendForm, MessageForm


def message(request, page=1):
    if (request.method == 'POST'):
        obj = Message()
        form = MessageForm(request.POST, instance=obj)
        form.save()
    data = Message.objects.all().reverse()
    paginator = Paginator(data, 5)
    params = {
        'title': 'Message',
        'form': MessageForm(),
        'data': paginator.get_page(page),
    }
    return render(request, 'hello/message.html', params)
```

これも、最初に2行あるimport文は、必ず記述しておいてください。これらがないとmessage関数は動きませんよ。

Messageの保存

このmessage関数では、GETでのアクセスと、メッセージの投稿フォームからPOST送信されたメッセージの処理の両方を行なっています。

リレーションシップとForeignKey 4-4

まず、POST送信された際の処理を見てみましょう。ここでは、送信された内容を元に
Messageを作成し保存をしています。

```
if (request.method == 'POST'):
    obj = Message()
    form = MessageForm(request.POST, instance=obj)
    form.save()
```

ModelFormを利用した送信時の保存は、既にやりましたね。モデルクラスのインスタン
スを作り、それとPOST送信された内容を使ってModelFormを作成し、saveする、という
手順でした。

ここでは、まずMessageインスタンスを作成しています。そして、それとrequest.POST
を引数に指定し、MessageFormインスタンスを作ります。そして、saveを呼び出して保存
です。手順さえ頭に入っていれば、難しいことは何もないでしょう？

Message を Paginator で取り出す

もう1つ、Messageの取得も行なっています。これは、まずallを使って全レコードを取
り出すQuerySetを用意します。

```
data = Message.objects.all().reverse()
```

Messageモデルクラスでは、Metaクラスを使ってpub_date順に並べ替えを行なってい
ましたね。ここでは、それをreverseで逆順にしています。これで、pub_dateが一番新し
いものから順に並べ替えられます。

これを引数にして、Paginatorインスタンスを作成します。

```
paginator = Paginator(data, 5)
```

ここでは、1ページあたりのレコード数を5にしていますが、これはそれぞれで好きに変
更してかまいません。こうしてPaginatorが用意できたら、そこから現在開いているページ
のレコードを取り出し、テンプレートに渡す変数に設定しておきます。

```
params = {
    'title': 'Message',
    'form': MessageForm(),
    'data': paginator.get_page(page),
}
```

Chapter-4 データベースを使いこなそう

　get_pageでレコードを取り出していますね。引数のpageは、このmessage関数の引数で渡された値です。例えば、/hello/message/1とアクセスしていたら、1がpageに設定されているわけですね。これをそのままget_pageの引数に指定することで、そのページのレコードを取り出すようにしているのですね。

message.htmlテンプレートを書こう

　さあ、残るはテンプレートファイルのみです。「templates」フォルダ内の「hello」フォルダの中に、新たに「message.html」という名前でファイルを作ってください。そして以下のようにソースコードを記述します。

リスト4-39

```
{% load static %}
<!doctype html>
<html lang="ja">
<head>
    <meta charset="utf-8">
    <title>{{title}}</title>
    <link rel="stylesheet"
    href="https://stackpath.bootstrapcdn.com/bootstrap/4.3.1/css/
        bootstrap.min.css"
    crossorigin="anonymous">
</head>
<body class="container">
    <h1 class="display-4 text-primary">
        {{title}}</h1>
        <form action="{% url 'message' %}" method="post">
        {% csrf_token %}
        {{ form.as_p }}
        <input type="submit" value="send"
            class="btn btn-primary">
    <div class="mt-5"></div>
    <table class="table">
        <tr>
            <th class="py-1">title</th>
            <th class="py-1">name</th>
            <th class="py-1">datetime</th>
        </tr>
    {% for item in data %}
        <tr>
            <td class="py-2">{{item.title}}</td>
```

312

リレーションシップとForeignKey 4-4

```html
            <td class="py-2">{{item.friend.name}}</td>
            <td class="py-2">{{item.pub_date}}</td>
        <tr>
{% endfor %}
</table>
<ul class="pagination  justify-content-center">
    {% if data.has_previous %}
    <li class="page-item">
        <a class="page-link" href="{% url 'message' %}">
            &laquo; first</a>
    </li>
    <li class="page-item">
        <a class="page-link"
        href="{% url 'message' %}{{data.previous_page_number}}">
            &laquo; prev</a>
    </li>
    {% else %}
    <li class="page-item">
        <a class="page-link">&laquo; first</a>
    </li>
    <li class="page-item">
        <a class="page-link">&laquo; prev</a>
    </li>
    {% endif %}
    <li class="page-item">
        <a class="page-link">
        {{data.number}}/{{data.paginator.num_pages}}</a>
    </li>
    {% if data.has_next %}
    <li class="page-item">
        <a class="page-link"
        href="{% url 'message' %}{{data.next_page_number }}">
            next &raquo;</a>
    </li>
    <li class="page-item">
        <a class="page-link"
        href="{% url 'message' %}{{data.paginator.num_pages}}">
            last &raquo;</a>
    </li>
    {% else %}
    <li class="page-item">
        <a class="page-link">next &raquo;</a>
    </li>
    <li class="page-item">
        <a class="page-link">last &raquo;</a>
```

Chapter-4 データベースを使いこなそう

```
        </li>
        {% endif %}
    </ul>
</body>
</html>
```

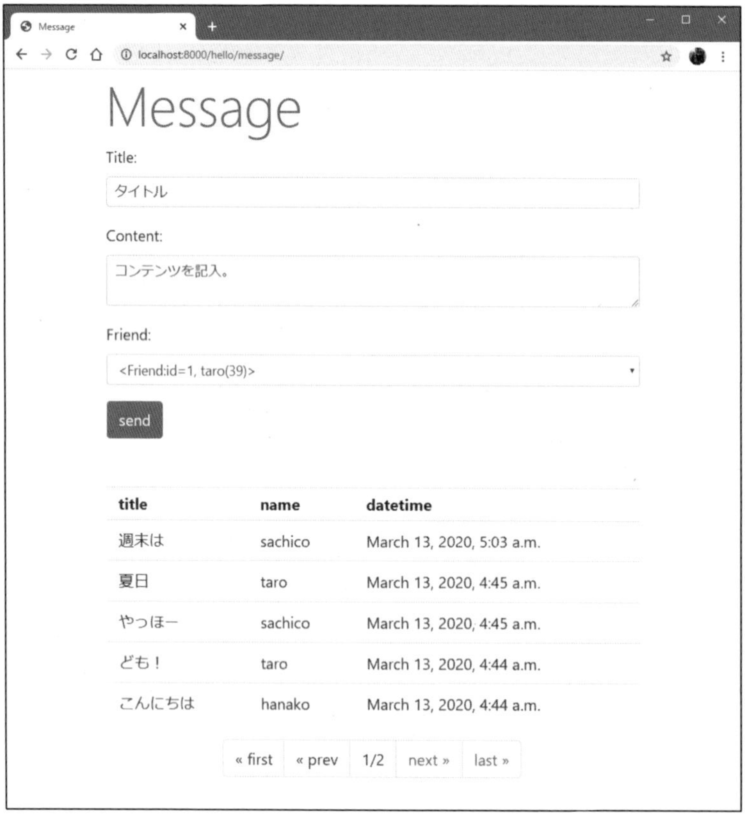

図4-49 /hello/message/にアクセスすると、メッセージの投稿フォームと、投稿されたメッセージが表示される。

　記述したら、http://localhost:8000/hello/message/にアクセスをしてみてください。このページには、メッセージ投稿用のフォームと、投稿されたメッセージの一覧が表示されます。

　フォームは、TitleとContentのテキスト入力フィールド、そしてFriendのプルダウンメニューが用意されています。メニューには、登録済みのFriendレコードが表示されます。このフォームは、{{ form.as_table }}でただFriendFormを書き出しているだけです。これで、Friendはプルダウンメニューの形で表示されるようになるんですね。

MessageからFriendの情報を得る

その下のテーブルには、投稿されたメッセージのタイトルと投稿者名、投稿日時が一覧表示されています。これは、ビュー関数側からテンプレートへと渡された変数dataを使い、繰り返しで表示を作成しています。

ここで注目してほしいのは、投稿者の「名前」です。あれ？ Messageクラスって、名前の項目なんてありましたっけ？ ありませんよね？

これは、そのMessageに関連付けられているFriendのnameを出力したものなのです。ここでは、こんな具合に名前を出力していますね。

```
<td class="py-2">{{item.friend.name}}</td>
```

forでdataから取り出したオブジェクト（Messageインスタンス）から、friendという属性を利用しています。このfriendは、ForeignKeyを使って設定されていました。これで、関連付けられたFriendがfriend属性に組み込まれることになるんです。

item.friend.nameは、friendに設定されたFriendインスタンスのnameを取り出すものです。ここではForeignKeyですが、1対1のOneToOneFieldや、多対多のManyToManyFieldの場合も同じように使うことができます。

リレーションシップでは、設定項目を用意してある従テーブル側では、関連する相手のモデルがそのまま属性として保管されているのです。なんて便利！

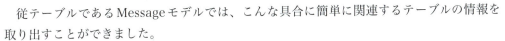

indexに投稿メッセージを表示するには？

従テーブルであるMessageモデルでは、こんな具合に簡単に関連するテーブルの情報を取り出すことができました。

では、主テーブル側はどうでしょう。主テーブル側には、ForeignKeyのような関連テーブルのオブジェクトを保管する項目はありません。では、関連するモデルは取り出せないのでしょうか。

もちろん、そんなことはありません。ちゃんとそのための手段が用意されています。では、それを使ったサンプルを見ながら、使い方を説明していくことにしましょう。

今回は、主テーブルのFriendを表示するindexのテンプレートを修正して表示を変更することにしましょう。「templates」フォルダ内の「hello」フォルダ内にあるindex.htmlを開いてください。そして、<body>タグの部分を以下のように書き換えましょう。

リスト4-40
```
<body class="container">
```

```
<h1 class="display-4 text-primary">
    {{title}}</h1>
<p>{{message|safe}}</p>
<table class="table">
    <tr>
        <th>id</th>
        <th>name</th>
        <th>age</th>
        <th>mail</th>
        <th>birthday</th>
        <th>Messages</th>
    </tr>
{% for item in data %}
    <tr>
        <td>{{item.id}}</td>
        <td>{{item.name}}</td>
        <td>{{item.age}}</td>
        <td>{{item.mail}}</td>
        <td>{{item.birthday}}</td>
        <td><ul>
            {% for ob in item.message_set.all %}
                <li>{{ob.title}}</li>
            {% endfor %}
            </ul></td>
        <tr>
{% endfor %}
</table>
<ul class="pagination justify-content-center">
    {% if data.has_previous %}
    <li class="page-item">
        <a class="page-link" href="{% url 'index' %}">
            &laquo; first</a>
    </li>
    <li class="page-item">
        <a class="page-link"
        href="{% url 'index' %}{{data.previous_page_number}}">
            &laquo; prev</a>
    </li>
    {% else %}
    <li class="page-item">
        <a class="page-link">&laquo; first</a>
    </li>
    <li class="page-item">
        <a class="page-link">&laquo; prev</a>
    </li>
```

```
            {% endif %}
            <li class="page-item">
                <a class="page-link">
                {{data.number}}/{{data.paginator.num_pages}}</a>
            </li>
            {% if data.has_next %}
            <li class="page-item">
                <a class="page-link"
                href="{% url 'index' %}{{data.next_page_number }}">
                    next &raquo;</a>
            </li>
            <li class="page-item">
                <a class="page-link"
                href="{% url 'index' %}{{data.paginator.num_pages}}">
                    last &raquo;</a>
            </li>
            {% else %}
            <li class="page-item">
                <a class="page-link">next &raquo;</a>
            </li>
            <li class="page-item">
                <a class="page-link">last &raquo;</a>
            </li>
            {% endif %}
        </ul>
</body>
```

図4-50　修正したindexページ。各Friendの項目には、投稿したメッセージが表示される。

| Chapter-4 | データベースを使いこなそう |

修正したら、http://localhost:8000/hello/ にアクセスをしてみてください。Friendの一覧がテーブルにまとめられて表示されますが、それぞれの項目には、その人が投稿したMessageのタイトルが表示されるようになっています。

ここでは、index.htmlだけしか修正していません。つまり、具体的な処理を実行しているビュー関数側は、まったく何も変更していないのです。けれど、ちゃんと各Friendが投稿したMessageの内容が表示されていますね。

○○_setで関連モデルを得る

ここでは、forを使った繰り返しで、index関数側から渡された変数dataの内容を出力しています。こんな感じですね。

```
{% for item in data %}
    ……出力内容……
{% endfor %}
```

このitemには、取り出したFriendインスタンスが代入されていることになります。問題は、このFriendインスタンスから、それに関連するMessageをどうやって取り出すか、です。これは、以下のように行なっています。

```
{% for ob in item.message_set.all %}
    <li>{{ob.title}}</li>
{% endfor %}
```

「message_set」という属性が見えますね。これは、関連するテーブルモデルであるMessageが保管されている属性なのです。「○○_set」は、逆引き名として扱われます。「逆引き名」っていうのは、ForeignKeyのような関連項目がない主テーブルのモデルクラス側から従テーブル側を取り出すための項目名のことです。

RelatedManager って？

この○○_setには、相手側のモデルクラスの「RelatedManager」というものが設定されます。普通、モデルにはobjectsという属性があって、そこにManagerっていうクラスのインスタンスが設定されていましたね。そこにあるallなどを呼び出すことで、レコードを取り出したりできました。RelatedManagerは、このManagerの仲間です。

ただし、テーブル全般を扱うManagerと違って、RelatedManagerは相手側テーブルの関連するレコードだけを操作するものです。Managerでは、allメソッドで全レコードを取り出せましたが、RelatedManagerではallメソッドで、そのレコードに関連する相手側テー

リレーションシップとForeignKey | 4-4

ブルのレコードだけが取り出されます。ちょっとわかりにくいですが、例えばitem.
message_set.allとすると、itemに代入されているFriendインスタンスが投稿したMessage
インスタンスをすべて得ることができる、というわけです。

相手側テーブルへのアクセスの基本

この「ForeignKeyなどを指定した側と、指定してない側で、それぞれどうやって関連する
相手側のレコードを取り出すか」は、リレーションシップを使う場合とっても重要です。整
理するとこうなります。

- ForeignKeyなどを指定したテーブル（従テーブル）のモデルでは、相手のテーブル名の
  属性が用意されていて、それで相手のレコードを取り出せる。
- ForeignKeyなどがない側のテーブル（主テーブル）のモデルでは、「○○_set」という逆
  引き名の属性にあるRelatedManagerを使って、相手側のレコードを取り出せる。

この2通りのやり方をしっかり覚えておきましょう。この2つができれば、リレーション
シップは使えるようになりますよ！

この章のまとめ

けっこうたくさんの機能を紹介しましたが、この章もようやくこれで終わりです。お疲れ
様でした！ 中には「なにをやったかよく覚えてない」なんて人もいるかもしれませんね。
この章は、はじめにいった通り、「おまけ」の章です。すべて忘れてしまっても、とりあえ
ず「ごく単純なWebアプリケーション」ぐらいはちゃんと作れるはずです。ですから、まだ
Djangoに慣れていない間は、無理して使う必要は全然ありません。それよりも、ビュー関数
とテンプレート、モデルを使う基本の部分をしっかりとマスターするほうが遥かに重要です。
が、「そのへんは大丈夫、ちゃんとわかってる」という人もいるでしょうから、そうした人
に向けて、この章でまず攻略すべき重要ポイントについて簡単にまとめておきましょう。

バリデーションはModelFormの基本から

まずは、バリデーションです。これは、ModelFormを使ったバリデーションから覚えた
ほうがよいでしょう。最初に覚えておきたいのは「主なバリデーションルール」の使い方で
す。それらがわかったら、とりあえず自分のアプリケーションで簡単なバリデーションを設
定して使えるようになります。オリジナルのバリデーションルールの作り方とか、そのへん
は後回しにしてOKです。

Chapter-4 データベースを使いこなそう

ページネーションはしっかり！

　この章で一番重要なのは、ページネーションでしょう。これは、すぐにでも覚えて使えるようになってほしい機能です。Paginatorの使い方さえわかれば利用できるので、そんなに難しくはありません。頑張って使えるようになりましょう！

　それと、前後の移動リンクについては、覚えなくてもかまいません。ここで紹介したスクリプトをコピペして修正して使えるようになればそれで十分ですよ。

リレーションシップは「1対多」から

　リレーションシップは、まず本書でサンプルとして作成した「1対多」の関係をしっかりと使えるようにしましょう。これが一番多用される関連付けです。

　リレーションシップは、使い方そのものはそれほど難しくはありません。ForeignKeyの項目の書き方、モデルクラスから相手側テーブルにどうアクセスするか、その2点さえわかっていれば使えるようになります。

　もしろ、難しいのは「テーブルどうしの関係を見抜く力」を身につける、ということでしょう。ぱっと見て、どっちが主テーブルでどっちが従テーブルか、1対1か1対多か多対多か、そういった関係性をすぐに見抜けるようになるのが大変です。これは一朝一夕には身につかないので、これから時間をかけて少しずつ身につける、ぐらいに考えてください。

細かい機能は作りながら覚えよう

　いろいろな機能が出てきて、なんとか覚えようと思ってもなかなか頭に入らない。そういう人は、「頭で理解しようとしている」からでしょう。この本を読んで、すっと理解できるなんて人はまれです。

　こうした機能は、実際にプログラムを書いて動かしてみて初めて理解できるものです。ですから、「今すぐ覚える」ということを考えないでください。「自分でいろいろなWebアプリケーションを作りながら覚えるもの」と考えましょう。

　というわけで、Djangoの基本的な使い方はこれでおしまい。次の章では、Djangoを使ってある程度まとまった規模のプログラムを作ってみることにしましょう。

Chapter

5

本格アプリケーション
作りに挑戦！

最後に、本格的なWebアプリケーション作りに挑戦してみましょう。ここで作るのは、Twitterのような「ミニSNS」アプリケーションです。グループでユーザーと投稿を管理する方式で、投稿のシェアや「いいね！」ボタンもちゃんと用意されている、意外と本格的なものですよ！

Chapter 5　本格アプリケーション作りに挑戦！

Section 5-1 ミニSNSを作ろう！

ミニSNSの開発に挑戦！

というわけで、Djangoの基本的な使い方はだいたいわかりました。まだまだ知らないことだらけですが、とりあえずデータベースを使ったごく簡単なアプリケーションぐらいなら作れるようになっているはずです。

そこで最後に、ちょっと本格的なアプリケーション作りに挑戦してみることにしましょう。今回作るのは、ごく単純なSNSアプリケーションです。SNSというとTwitterやLINE、Facebookなどが有名ですが、これらは個人が作るにはあまりにも巨大で複雑です。が、その基本部分ぐらいは作れるはずですよ。

今回作るアプリケーションにある機能は、ざっとこんな感じです。

- ログイン機能。あらかじめ管理ツールでユーザーを登録しておき、そのユーザーでログインし使います。
- グループとフレンド。誰か知り合いの投稿を見たければ、その人をフレンドとして登録します。登録してあるフレンドは、グループにまとめて管理します。
- 投稿とシェア。メッセージの投稿は、グループに対して行ないます。また誰かが投稿したものをシェアする投稿もできます。
- publicグループ。すべての利用者に公開されるpublicグループを用意してあります。このグループに投稿するとすべての人に表示されます。
- Good機能。いわゆる「いいね」ボタンです。投稿にある「good!」ボタンを押すと、「いいね」することができます。

どうです、シンプルだけど、SNSのごく基本部分はちゃんと揃っているでしょう？　とりあえず基本部分ができれば、後はそれをベースに少しずつ機能拡張していけばいいんです。

まずはログイン！

ミニSNSは、http://localhost:8000/sns/というアドレスにしてあります。アクセスすると、自動的にログインページにリダイレクトされます。ここで、あらかじめ登録してあるユーザー名とパスワードを入力するとログインできます。

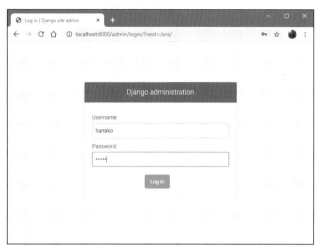

図5-1 /snsにアクセスすると、自動的にログインページが現れる。

トップページの表示

ログインすると、/snsの画面が現れます。このページでは一番上にメニューのリンクがあり、その下にログインしているユーザー名が表示されています。その下には「Group」という表示があり、その下に投稿メッセージが表示されています。

アクセスしたときには、自分が見ることのできるメッセージが一覧表示されています。これは、自分がフレンド登録しているユーザーが、自分を含むグループに投稿したものすべてです。フレンド登録していても、その人が自分を含んでいないグループに投稿したものは表示されません。

ということは、自分が知り合いを入れてあるグループにメッセージを投稿しても、相手が自分をフレンド登録していなければそのメッセージは相手に表示されない、ということになります。

このへんは「登録してなくても自分宛てのものは表示される」という方式もあり、どちらが正しいともいえません。どういうものが表示されるかは、そのシステムの設計思想次第といってよいでしょう。今回のサンプルでは、「お互いに登録して初めて表示される」というシステムにしてあります。

Chapter-5 本格アプリケーション作りに挑戦！

図5-2 /snsの画面。自分が読めるメッセージが一覧表示される。

グループごとの表示

「Groups」のところには、自分が作成したグループがチェックボックスとして表示されています。ここで、見たいグループのチェックをONにして「update」ボタンを押すと、それらのグループに含まれているユーザーの投稿だけが表示されます。

図5-3　GroupsのチェックをONにして更新すると、ONにしたグループの投稿だけが表示される。

ページネーション

　メッセージ表示の一番下には、ページネーションのリンクが表示されています。これにより、ページを移動できます。デフォルトでは、1ページあたり10メッセージが表示されています。

　このページ移動は、グループのチェックに対応しており、選択したグループのメッセージのみをページ分けして表示していきます。

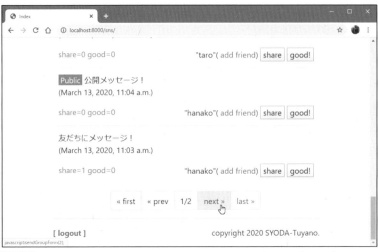

図5-4　メッセージの下にあるページ移動のリンク。選択したグループのメッセージのみをページ分け表示する。

フレンド登録とGood!

　表示される投稿の右下には「add friend」というリンクがあります。これをクリックすると、そのユーザーがフレンド登録されます。また、「good!」というボタンをクリックすると、いわゆる「いいね」をすることができます。

　メッセージの左下には、シェアされた数とgoodされた数が表示されます（シェアについてはこの後で）。

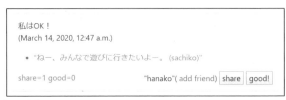

図5-5　各投稿には、フレンド登録する「add friend」や、「いいね」をする「good!」ボタンなどがある。

Postで投稿する

上部にあるメニューから「Post」リンクをクリックすると、投稿ページに移動します。メッセージを記入し、投稿先のグループを選択してから送信すると、そのグループにメッセージが投稿されます。

図5-6　Postページ。メッセージを書き、グループを選んで投稿する。

シェア投稿もできる！

トップページで表示されるメッセージの右下には、「share」というボタンがついています。このボタンをクリックすると、シェア投稿のページに移動します。ここでコメントを書き、グループを選んで投稿すると、シェアした投稿が組み込まれた形でメッセージが投稿されます。

図5-7　メッセージの「share」ボタンをクリックすると、シェア投稿の画面になる。

グループとフレンドの管理

上部のメニューから「Groups」リンクをクリックすると、グループとフレンドの管理ページに移動します。ここでは以下のものが表示されます。

●Groupsメニュー

Groupsはプルダウンメニューになっており、ここにグループの一覧が表示されます。ここで設定したいグループを選び、「select members」ボタンを押すと、その下の「Friends」のチェック状態が更新されます。

●Friendsチェックボックス

ここには、現在登録されているフレンドのユーザー名がチェックボックスで表示されます。

Groupsメニューでグループを選ぶと、そのグループに追加されているユーザーのチェックがONになります。

ここで、更にグループに追加したいユーザーのチェックをONにして「set members」ボタンを押すと、チェックをONにしてあるユーザーがすべてグループに追加されます。

ただし、チェックをOFFにしてグループから除くことはできません。フレンド登録したユーザーは、必ずどこかのグループに属していなければいけないため、グループから取り除く処理は行ないません。別のグループに追加すると、現在のグループからは自動的に取り除かれます。

●Groupの作成

「新しいグループの登録」には、Group nameという入力フィールドが1つだけ用意されています。ここでグループ名を記入して送信すると、新しいグループが作成されます。

図5-8　Groupsページ。グループへのフレンドの追加やグループの新規作成が行なえる。

| Chapter-5 | 本格アプリケーション作りに挑戦！ |

Sns アプリケーションを追加しよう

　では、ミニSNSを作っていきましょう。これは、サンプルのdjango_appプロジェクトに新しいアプリケーションとして追加して作成することにします。

　アプリケーションは、ターミナルから作成しましたね。前章の終わりの状態のままで、ターミナルからサーバーを起動した状態のままになっている場合は、Ctrlキー＋Cキーでサーバーの実行を中断するか、「新しいターミナル」メニューでターミナルを新たに開いてください。

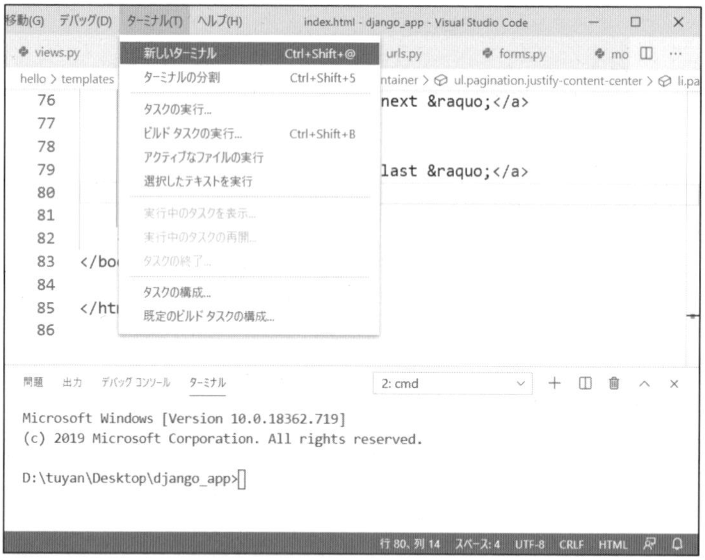

図5-9　ターミナルを用意する。

アプリケーションを作成する

　ターミナルが用意できたら、アプリケーションを作成しましょう。VS Codeのターミナルで作業をします。アプリケーション実行中の場合は、Ctrlキー＋「C」キーで中断するか、「ターミナル」メニューの「新しいターミナル」でターミナルを開くかしてください。

　今回は、「sns」という名前でアプリケーションを作成します。ターミナルから以下のようにコマンドを実行しましょう。

```
python manage.py startapp sns
```

　これで「sns」というアプリケーションがプロジェクトに追加されます。

330

図5-10 startappコマンドでsnsアプリケーションを追加作成する。

アプリケーションを登録する

作成したアプリケーションは、プロジェクトに登録しておきます。プロジェクト名のフォルダ(「django_app」フォルダ)内にあるsettings.pyを開き、INSTALLED_APPS変数に'sns'を追加しましょう。以下のようになっていればOKです。

リスト5-1
```
INSTALLED_APPS = [
    'django.contrib.admin',
    'django.contrib.auth',
    'django.contrib.contenttypes',
    'django.contrib.sessions',
    'django.contrib.messages',
    'django.contrib.staticfiles',
    'hello',
    'sns', # 追加したもの
]
```

アプリケーションを設計する

これでアプリケーションの入れ物部分はできました。ここにスクリプトやテンプレートを作成していくことになります。が、そのためには、まず「アプリケーションの基本的な設計」ができてないといけません。

アプリケーションの設計は、だいたい以下のような感じで進めます。

- アプリケーションの機能の洗い出し。どんな機能が必要になるかを全部書き出そう。
- データベース設計。どんな情報を保存するかを洗い出し、それらを保管するためのテーブルを設計していこう。
- 各ページの設計。洗い出したアプリケーションの機能とデータベースのテーブルを元に、どういうページを用意し、そこにどんな機能を持たせるかを考えよう。

これぐらいまでアプリケーションの構成が整理できたら、実際にどんなアプリケーションになるかがだいぶつかめてくるはずです。それを元に作っていけばいいんですね!

| Chapter-5 | 本格アプリケーション作りに挑戦！ |

データベースを設計する

　基本的なアプリケーションの機能は既にざっと説明をしましたので、データベースの設計に進みましょう。設計というと難しそうですが、どんなテーブルを用意して、そこにはどんな項目を用意したらいいかを考える、ということです。

　今回のミニSNSアプリケーションで必要になるテーブルについて整理していきましょう。

●ユーザーアカウント

　これは、特に作成しません。Djangoには、データベーステーブルの管理機能がありましたね。これには、ユーザーアカウントの管理機能も組み込まれています。この機能を利用することにします。

●メッセージ

　SNSのもっとも中心となるのが、投稿メッセージのテーブルです。これには以下のような項目を用意しておきます。

owner ID	投稿者
group ID	投稿先のグループ
content	コンテンツ
share ID	シェアした投稿のID
good count	goodした数
share count	shareされた回数
pub_date	投稿日時

●グループ

　グループは、作成者とタイトルだけのシンプルなテーブルです。グループに追加されるフレンドなどはフレンド側に情報を持たせます。

owner ID	登録者のアカウント
title	グループ名

●フレンド

　フレンドは、ユーザーとグループのつながりを管理するためのものです。登録した本人と、登録先のグループ、登録されるユーザーの情報が管理されます。

owner ID	登録者のカウント
user ID	バインドされるユーザーアカウント
group ID	登録されているグループID

●good

　goodは、メッセージに対する「いいね」情報です。「いいね」したユーザーと、いいねしたメッセージを管理します。

owner ID	goodしたユーザーのID
message ID	goodしたメッセージのID

モデルを作成しよう

　では、データベース設計を元に、モデルを作成していきましょう。「sns」アプリケーションのフォルダ内にある「models.py」を開いて、以下のようにスクリプトを記述しましょう。モデルは全部で4つあります。間違えないように注意して書いてください。

リスト5-2

```python
from django.db import models
from django.contrib.auth.models import User

# Messageクラス
class Message(models.Model):
    owner = models.ForeignKey(User, on_delete=models.CASCADE, \
        related_name='message_owner')
    group = models.ForeignKey('Group', on_delete=models.CASCADE)
    content = models.TextField(max_length=1000)
    share_id = models.IntegerField(default=-1)
    good_count = models.IntegerField(default=0)
    share_count = models.IntegerField(default=0)
    pub_date = models.DateTimeField(auto_now_add=True)

    def __str__(self):
```

```python
        return str(self.content) + ' (' + str(self.owner) + ')'

    def get_share(self):
        return Message.objects.get(id=self.share_id)

    class Meta:
        ordering = ('-pub_date',)


# Groupクラス
class Group(models.Model):
    owner = models.ForeignKey(User, on_delete=models.CASCADE, \
        related_name='group_owner')
    title = models.CharField(max_length=100)

    def __str__(self):
        return '<' + self.title + '(' + str(self.owner) + ')>'


# Friendクラス
class Friend(models.Model):
    owner = models.ForeignKey(User, on_delete=models.CASCADE, \
        related_name='friend_owner')
    user = models.ForeignKey(User, on_delete=models.CASCADE)
    group = models.ForeignKey(Group, on_delete=models.CASCADE)

    def __str__(self):
        return str(self.user) + ' (group:"' + str(self.group) + '")'


# Goodクラス
class Good(models.Model):
    owner = models.ForeignKey(User, on_delete=models.CASCADE, \
        related_name='good_owner')
    message = models.ForeignKey(Message, on_delete=models.CASCADE)

    def __str__(self):
        return 'good for "' + str(self.message) + '" (by ' + \
            str(self.owner) + ')'
```

ミニSNSを作ろう！ 5-1

モデルのスクリプトについて

ここで作ったモデルクラスは、どういうものなんでしょうか。ここで簡単に説明しておきましょう。

●Messageクラス

ここでは、ownerとgroupが、models.ForeignKeyで他のモデルと連携しています。また、Metaクラスで並び順のorderingの設定をしています。よく見ると、ordering = ('-pub_date',)となっていますね。

'pub_date'ならば、pub_dateの小さい順(つまり、古い順)の並び順になりますが、'-pub_date'と頭にマイナス記号をつけることで、逆順(つまり、新しい順)にできるのです。これは覚えておくと便利ですね！

また、このMessageでは、get_shareというメソッドを追加してあります。これは、このMessageのshare_idで設定されているMessage（つまりシェア元のメッセージ）を取得して返すもので、テンプレートでの表示で利用しています。

●Groupクラス

Groupでは、ownerにmodels.ForeignKeyで設定してモデルと連携しています。タイトルはCharFieldを使っています。

●Friendクラス

owner、user、groupの3つの項目すべてがmodels.ForeignKeyで関連する他のモデルと連携しています。クラス自体は他に項目を持たない、シンプルな形です。

●Goodクラス

ownerとmessageのmodels.ForeignKeyが用意されています。これも両者の関連を示すだけのモデルなのでとてもシンプルです。

Column: share_id はなんで ForeignKey じゃないの？

今回のモデルでは、多くのリレーションシップが使われています。あちこちのテーブルをつなげるのにリレーションシップは非常に便利ですね。

そんな中、なぜか他との関連付けにリレーションシップが使われていない項目があります。Message モデルクラスの share_id です。これは、シェアする Message の ID を保管するものですが、これは ForeignKey ではなく、普通の IntegerField です。なぜ、リレーションシップを使っていないんでしょうか。

それは、「シェアは、しない場合もあるから」です。ForeignKey などのリレーションシップは、必ず関連するインスタンスを設定しなければいけません。リレーションシップなのに「関連するものはない」というわけにはいかないのです。「値を設定する場合もあれば、何も設定しない場合もある」というようなときは、ID を保管して、その ID で関連するインスタンスを取り出したほうが便利なのです。

マイグレーションしよう

モデルができたらマイグレーションを行ないましょう。まず、ターミナルからマイグレーションファイル作成のコマンドを以下のように実行します。

```
python manage.py makemigrations sns
```

図5-11　makemigrations コマンドで sns のマイグレーションファイルを作成する。

マイグレーションを実行！

これで、「sns」アプリケーションの「migrations」フォルダ内にマイグレーションファイル（0001_initial.pyというファイル）が作成されます。では、このファイルを適用しましょう。ターミナルから以下のように実行してください。

```
python manage.py migrate
```

図5-12 migrateコマンドでマイグレーションを実行する。

admin.pyにsnsのテーブルを登録する

さあ、これでモデル関係はできました。プログラムの作成を続ける前に、管理ツールでの作業を行なっておきましょう。

まず、Djangoの管理ツールにsnsのモデル類を登録しましょう。プロジェクトの「sns」フォルダの中にあるadmin.pyを開いて、以下のように記述をしてください。

リスト5-3
```
from django.contrib import admin
from .models import Message,Friend,Group,Good

admin.site.register(Message)
admin.site.register(Friend)
admin.site.register(Group)
admin.site.register(Good)
```

これで、Djangoの管理ツールでsnsのモデル類が編集できるようになります。アプリケーションのプログラム作成に進む前に、管理ツールで必要なデータを作成しておきましょう。

| Chapter-5 | 本格アプリケーション作りに挑戦！|

 管理ツールでユーザー登録！

　ではDjangoのサーバーを起動しましょう。管理ツールはWebからアクセスをしますからサーバーを実行しておく必要があります。まだ実行していない人は、VS Codeのターミナルから以下のように実行してください。

```
python manage.py runserver
```

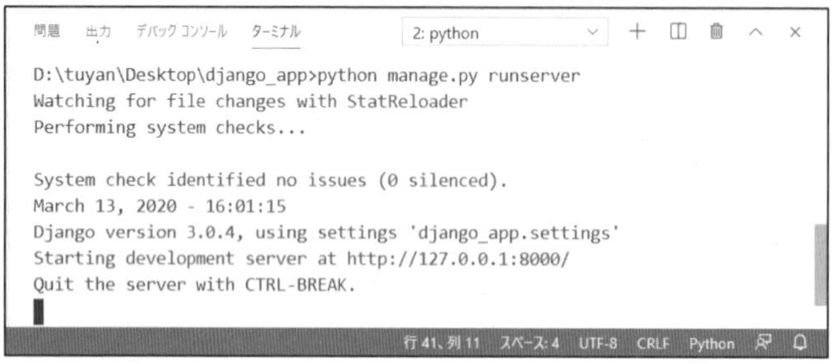

図5-13　runserverでサーバー起動をする。

　これでサーバーが起動します。以前、管理ツールを使ったときに、管理者(admin)のアカウントを作成していましたね。Webブラウザから以下のアドレスにアクセスをしてください。ログインページが表示されるので、先に「3-2 管理ツールを使おう」で作成したadminアカウントとパスワードでログインしましょう。

```
http://localhost:8000/admin/
```

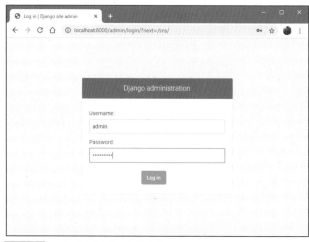

図5-14　adminでログインをする。

Userの作成ページに移動しよう

ログインすると、利用可能なテーブルが表示されます。ここで、「AUTHENTICATION AND AUTHORIZATION」というところにある「Users」の「Add」リンクをクリックして、ユーザーの作成ページに移動します。

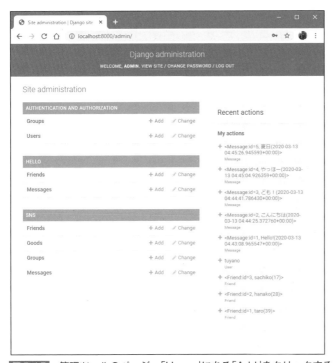

図5-15　管理ツールのページ。「Users」にある「Add」をクリックする。

| Chapter-5 | 本格アプリケーション作りに挑戦！

publicユーザーを作る

　ユーザーの作成画面に進みます。ここで、「public」ユーザーを作成します。username に「public」、パスワードには任意の文字を設定してください。これは、実際にログインして使うことはないので、パスワードなどは適当なものでかまいません。

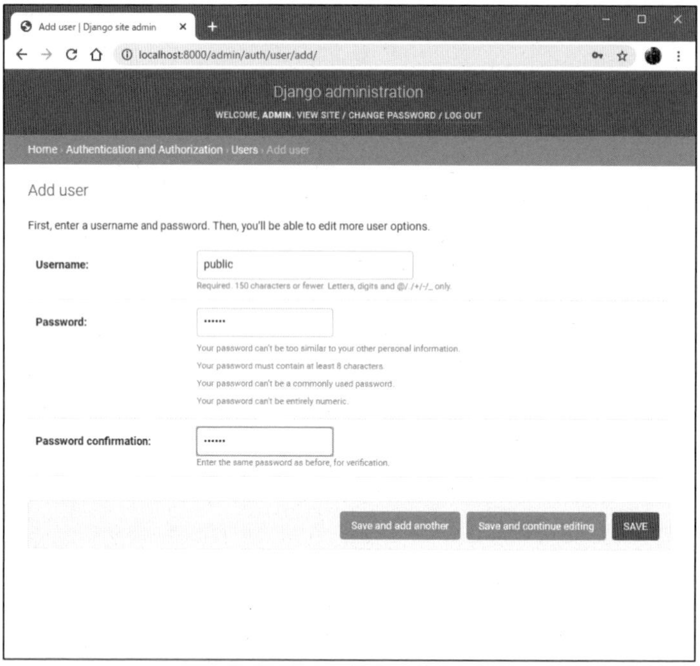

図5-16　publicユーザーを作成する。

publicの詳細設定

　saveボタンをクリックすると、publicの細かな設定を行なう画面になります。ここでは、first name、Last name、Email addressをそれぞれ適当に入力しておきましょう。その下の「Permissions」では、「Active」のチェックボックスだけがONになっているはずです。これは、そのまま変更しないでください（他の「Staff status」や「Superuser status」はONにしないでください）。

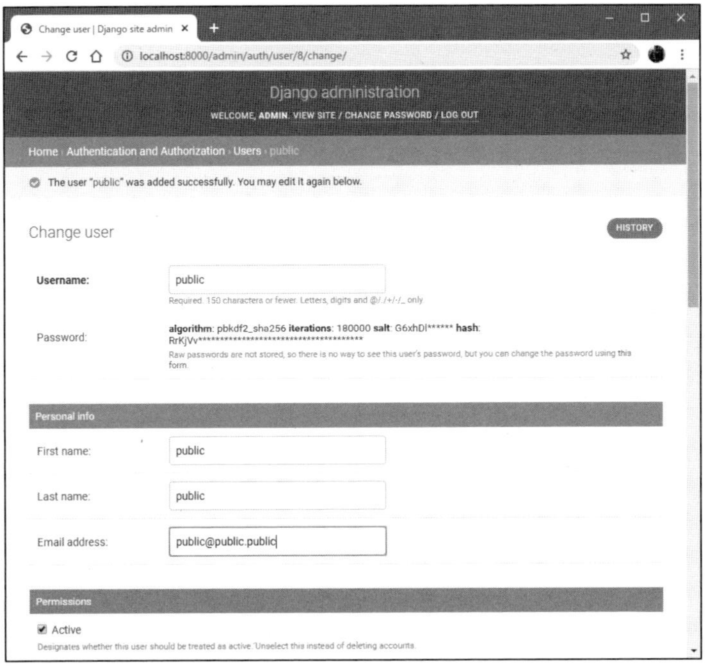

図5-17　publicの詳細設定。

Chapter-5 本格アプリケーション作りに挑戦！

publicが追加された！

作成するとUsersの一覧表示画面に戻ります。publicというユーザーが追加されているはずです。そしてこのpublicだけ、STAFF STATUSに赤い×マークが表示されているでしょう。これが正しい状態です。

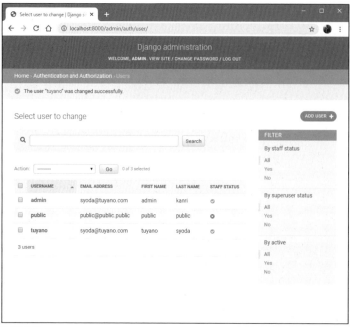

図5-18　publicが作成された状態のUsers。

他のユーザーも作っておこう

これで必要なユーザーは用意できました。後は、実際にログインするユーザーも作成しておきましょう。サンプルとしていくつかのユーザーを作成しておいてください。名前などは適当でかまいませんが、詳細設定の「Permissions」にある「Staff status」のチェックは、必ずONにしておいてください。でないとログインできなくなるので注意しましょう。

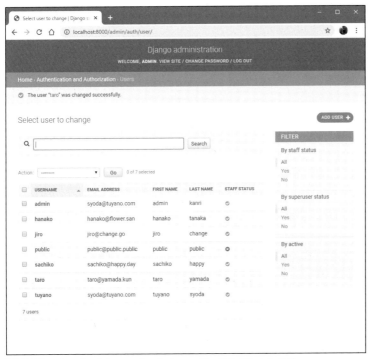

図5-19　サンプルとしていくつかのユーザーを作成したところ。

publicグループを用意する

続いて、publicのGroupを作成します。管理ツールのHomeページで、「SNS」のところにある「Groups」から「Add」リンクをクリックし、Groupsの作成ページに移動します。

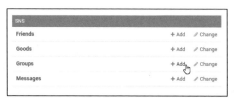

図5-20　Home画面で、「Groups」のAddをクリックする。

publicをownerにして作成

作成画面に移動したら、Ownerのプルダウンメニューから「public」を選びます。Titleには「public」と入力をして「SAVE」ボタンを押し、Groupを作成してください。

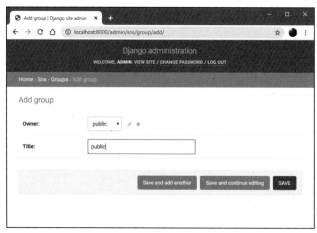

図5-21　publicのGroupを作成する。

Groupが作成された！

Groupsのページに戻ります。作成した「public」が追加されているのを確認しましょう。

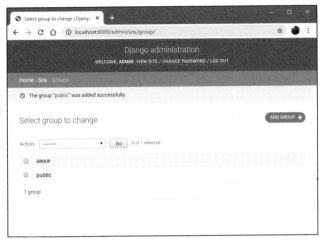

図5-22 publicが作成されているのを確認する。

Chapter 5　本格アプリケーション作りに挑戦！

Section 5-2 スクリプトを作成しよう

フォームを作る

　さて、モデル関係の作業が一通り終わったところで、アプリケーションのプログラムの作成に戻りましょう。次に作るのは、フォームです。

　「sns」フォルダの中に、新たに「forms.py」という名前でファイルを作成してください。そして、以下のリストのようにスクリプトを記述しましょう。なお、ここでは一応、モデル関係のフォームも一通り用意していますが、（未使用）と表示してあるクラスは、今回のプログラムでは使っていません。ですから、これらは書かなくてもかまいません。

リスト5-4

```python
from django import forms
from.models import Message,Group,Friend,Good
from django.contrib.auth.models import User

# Messageのフォーム(未使用)
class MessageForm(forms.ModelForm):
    class Meta:
        model = Message
        fields = ['owner','group','content']


# Groupのフォーム(未使用)
class GroupForm(forms.ModelForm):
    class Meta:
        model = Group
        fields = ['owner', 'title']


# Friendのフォーム(未使用)
class FriendForm(forms.ModelForm):
    class Meta:
        model = Friend
        fields = ['owner', 'user', 'group']
```

```python
# Goodのフォーム(未使用)
class GoodForm(forms.ModelForm):
    class Meta:
        model = Good
        fields = ['owner', 'message']


# Groupのチェックボックスフォーム
class GroupCheckForm(forms.Form):
    def __init__(self, user, *args, **kwargs):
        super(GroupCheckForm, self).__init__(*args, **kwargs)
        public = User.objects.filter(username='public').first()
        self.fields['groups'] = forms.MultipleChoiceField(
            choices=[(item.title, item.title) for item in \
                Group.objects.filter(owner__in=[user,public])],
            widget=forms.CheckboxSelectMultiple(),
        )


# Groupの選択メニューフォーム
class GroupSelectForm(forms.Form):
    def __init__(self, user, *args, **kwargs):
        super(GroupSelectForm, self).__init__(*args, **kwargs)
        self.fields['groups'] = forms.ChoiceField(
            choices=[('-','-')] + [(item.title, item.title) \
                for item in Group.objects.filter(owner=user)],
                widget=forms.Select(attrs={'class':'form-control'}),
        )


# Friendのチェックボックスフォーム
class FriendsForm(forms.Form):
    def __init__(self, user, friends=[], vals=[], *args, **kwargs):
        super(FriendsForm, self).__init__(*args, **kwargs)
        self.fields['friends'] = forms.MultipleChoiceField(
            choices=[(item.user, item.user) for item in friends],
            widget=forms.CheckboxSelectMultiple(),
            initial=vals
        )


# Group作成フォーム
class CreateGroupForm(forms.Form):
    group_name = forms.CharField(max_length=50, \
        widget=forms.TextInput(attrs={'class':'form-control'}))


# 投稿フォーム
class PostForm(forms.Form):
```

Chapter-5 | 本格アプリケーション作りに挑戦！

```
content = forms.CharField(max_length=500, \
    widget=forms.Textarea(attrs={'class':'form-control', 'rows':2}))

def __init__(self, user, *args, **kwargs):
    super(PostForm, self).__init__(*args, **kwargs)
    public = User.objects.filter(username='public').first()
    self.fields['groups'] = forms.ChoiceField(
        choices=[('-','-')] + [(item.title, item.title) \
            for item in Group.objects. \
            filter(owner__in=[user,public])],
        widget=forms.Select(attrs={'class':'form-control'}),
    )
```

GroupCheckForm について

　今回は、ModelForm以外のもの(forms.Formの派生クラス)がポイントです。これらが、今回のプログラムで使われるフォームになります。が、どれもかなり一般的ではない形をしています。これらは、「全部理解しよう」なんて思わないでください。ややトリッキーなこともしていますので、「Djangoがわかれば、こういう使い方もできるんだな」というぐらいに考えておきましょう。

　さて、最初はGroupCheckFormです。これは、登録されているグループ名のチェックボックスを作成するフォームです。登録されているグループに応じて自動的にチェックボックスが作成されるわけで、そのあたりの「ダイナミックにチェックボックスを生成する」という仕組みを理解しておかないといけません。

__init__ による初期化処理

　このクラスでは、よく見るとフィールドを設定した変数がありません。その代りにあるのは、初期化のためのメソッドです。

```
def __init__(self, user, *args, **kwargs):
```

　__init__というのがインスタンスを作成する際に呼び出される初期化メソッドです。ここでは、selfの後にuserという引数が用意されています。これは、Groupを取得するUserを引数として渡すためのものです。

　ここでは、まずsuperというもので、基底クラスの__init__メソッドを呼び出します。

348

```
super(GroupCheckForm, self).__init__(*args, **kwargs)
```

　初期化の処理は、このクラスだけにしかないとは限りません。基底クラス(継承する元に
なっているクラス)にも__init__が用意されていて、そこに初期化処理が用意されているか
もしれないんです。

　そこで、__init__メソッドの最初に、基底クラスの__init__を呼び出して初期化処理を実
行させておきます。super関数は、第1引数にクラス、第2引数にインスタンス自身(self)
を指定して呼び出すことで、そのインスタンスの基底クラスのインスタンスにあるメソッド
を呼び出します。

　「なんだかよくわからない」という人は、「super(GroupCheckForm, self)の後にメソッド
を書いて呼び出せばOK」と覚えておいてください。

```
public = User.objects.filter(username='public').first()
```

　続いて、publicのUserを取得します。これはfilter(username='public')で検索をし、そ
の一番最初のものをfirstで取り出します。

```
self.fields['groups'] = forms.MultipleChoiceField(
        choices=[(item.title, item.title) for item in \
                Group.objects.filter(owner__in=[user,public])],
        widget=forms.CheckboxSelectMultiple(),
)
```

　これが一番の難関！ self.fields['groups']というのは、このインスタンスのgroupsフィー
ルドですね。つまり、ここにフィールドを設定することで、クラスにgroups変数を用意し
たのと同じことができるんです。

　ここでは、MultipleChoiceFieldというフィールドを設定しています。これは複数選択可
能な選択項目のフィールドでしたね。choicesに選択項目を用意し、widgetには
CheckboxSelectMultipleというものを指定しています。これは、複数項目をすべてチェッ
クボックスとして用意するウィジェット(画面に表示するオブジェクト)です。

リスト内包表記はすごい！

　さて、項目の設定をしているchoicesにもう一度注目してください。これ、なんだか不思
議な形をしているのに気がつきましたか？ 整理するとこんな感じです。

```
[( タプル ) for ○○ in ○○ ]
```

Chapter-5 本格アプリケーション作りに挑戦！

[]でくくられているということは、これはリストです。が、その中には、タプルとfor構文が書かれています。なんだこれ？ と思った人も多いでしょう。

これは、「リスト内包表記」というPythonの構文です。これは、リストの内容を文として記述するもので、こんな具合に書きます。

```
[ 変数 for構文 ]
```

変数などの後にfor構文を記述していますね。このforから次々と値を取り出したものが、そのまま前にある変数に代入され、それがリストの項目として用意されていきます。つまり、forによる繰り返しでリストの項目を生成するのです。

ここでは、Group.objects.filter(owner__in=[user,public])]という文でownerがuserかpublicのGroupを検索し、そこからforで順にGroupを取り出してリストに追加していたんですね。こうして作成されたリストをそのままchoicesの項目として設定していた、というわけです。

GroupSelectForm について

続いて、利用者のGroupをメニューに持つプルダウンメニューのフォームを生成するGroupSelectFormです。

これも、__init__ による初期化処理で項目を作成しています。まずは、superを利用して基底クラスの __init__ を呼び出しています。

```
super(GroupSelectForm, self).__init__(*args, **kwargs)
```

そして、フィールドに用意する項目を作成しています。それがこの部分です。

```
self.fields['groups'] = forms.ChoiceField(
    choices=[('-','-')] + [(item.title, item.title) \
        for item in Group.objects.filter(owner=user)],
)
```

self.fields['groups']で、groupsという項目を作成していますね。ここには、ChoiceFieldを設定しています。これでプルダウンメニューを用意しているんですね。

ここでの表示項目は、choicesでリストとして用意をしていますが、ここでもリスト内包表記を利用しています。for文はこのようになっていますね。

```
for item in Group.objects.filter(owner=user)
```

350

Groupから、ownerがuser（利用者のUser）であるものをまとめて取り出しています。ここから順にGroupを取り出し、そのtitleの値をタプルにしてメニューの項目として追加していたんですね。

FriendsFormについて

続いてFriendsFormです。これも同じように、メソッドで項目を生成しています。もう3度目になりますから、基本的なやり方はわかってきましたね。

まず、superを使って基底クラスの__init__を実行します。これはもうわかりますね。そして、self.fieldsにフィールドを設定して項目を作っています。今回は以下のように項目を作っていますね。

```
self.fields['friends'] = forms.MultipleChoiceField(
    choices=[(item.user, item.user) for item in friends],
    widget=forms.CheckboxSelectMultiple(),
    initial=vals
)
```

choicesでは、例によってリスト内包表記を使っています。今回はfor item in friendsとして、引数で渡されるFriendのリストを繰り返しで順に取り出し、タプルの値を作成しています。

今回は、その後に「initial」という値が用意されていますね。これは、初期値の指定です。ここに、項目名のリストを指定すると、そこにある項目のチェックがONの状態で表示されるようになります。つまり、ここで特定の項目だけチェックをONにできるようにしておいたのです。

PostFormについて

PostFormは、通常の投稿とシェア投稿で利用されるフォームです。ここでは、普通の変数として用意する項目と、__init__によって生成される項目の2つが用意されています。

まず、変数で用意する項目。これですね。

```
content = forms.CharField(max_length=500, widget=forms.Textarea(…略…))
```

CharFieldですが、widget=forms.Textareaという値が用意されています。これは、<textarea>の表示を使うことを設定するものです。これで、テキストエリアを使った広い入

力エリアでテキスト入力を行なえます。

　次に用意するのが、__init__を使って作成する項目です。今回は、groupsという項目に値を用意します。

```
public = User.objects.filter(username='public').first()
```

　最初に、publicのUserを変数publicに取り出しておきます。それから、self.fields['groups']にChoiceFieldを設定しています。choiceには、例によってリスト内包表記が以下のように使われています。

```
for item in Group.objects.filter(owner__in=[user,public])
```

　Groupを検索していますね。ownerが引数で渡されるuserか、publicであるものをすべて取り出しています。そして、得られたGroupを繰り返しで取り出していき、そのtitleの値をリストにまとめてchoicesに設定しているのです。

ダイナミックに項目を作るには__init__

　今回のサンプルでは、あらかじめ項目を変数として用意しておくのではなく、フォームのインスタンスを作成する際に項目を生成させています。これには、__init__を活用します。
　フォームの項目は、self.fieldsというところにまとめられています。self.fields['○○']という値にフィールドを設定することで、指定の名前の項目を追加できます。
　また、今回はリスト内包表記というものを使っていますね。これは非常に面白い機能ですが、まぁここまで完璧に理解できなくても全然かまいません。とりあえず、「__init__を使い、self.fieldsにフィールドを設定すれば、項目を作成できる」ということが理解できれば十分でしょう。

urls.pyの作成

　次は、urlpatternsの用意をしましょう。「sns」フォルダの中に新しいファイルを作成してください。名前は「urls.py」としておきます。そして以下のリストのように記述をしておきましょう。

リスト5-5
```
from django.urls import path
from . import views
```

スクリプトを作成しよう | 5-2

```
urlpatterns = [
    path('', views.index, name='index'),
    path('<int:page>', views.index, name='index'),
    path('groups', views.groups, name='groups'),
    path('add', views.add, name='add'),
    path('creategroup', views.creategroup, name='creategroup'),
    path('post', views.post, name='post'),
    path('share/<int:share_id>', views.share, name='share'),
    path('good/<int:good_id>', views.good, name='good'),
]
```

　これが、今回作成する各種ページのURLとビュー関数の設定です。全部で7つのWebページ（ただし、addとgoodは画面の表示はありません）を作成していることがわかります。

django_appのurls.pyを修正

　続いて、作成したurls.pyをプロジェクトに登録しましょう。プロジェクト名のフォルダ（ここでは「django_app」フォルダ）内にあるurls.pyを開き、そこに記述されているurlpatterns変数の内容を以下のように修正します。

リスト5-6
```
urlpatterns = [
    path('admin/', admin.site.urls),
    path('hello/', include('hello.urls')),
    path('sns/', include('sns.urls')), #☆
]
```

　最後に☆マークのところでsnsのパスが追加されていますね。これで、「sns」内のurls.pyの内容が読み込まれてURL設定されるようになります。

views.pyの修正

　さあ、いよいよメインプログラムとなる部分です。「sns」内にあるviews.pyを開きましょう。ここに、ビュー関数を記述していきます。
　メインプログラムだけあって、今回は本書史上最大の長さになります。いきなり全部一気に書き上げるのは大変ですから、最初から順に、関数を1つずつ書き写すつもりで書いていきましょう。1つの関数が書き上がったら、次の関数へ、という具合に着実に書き進めましょう。

353

| Chapter-5 | 本格アプリケーション作りに挑戦！|

リスト5-7

```python
from django.shortcuts import render
from django.shortcuts import redirect
from django.contrib.auth.models import User
from django.contrib import messages
from django.core.paginator import Paginator
from django.db.models import Q
from django.contrib.auth.decorators import login_required

from .models import Message,Friend,Group,Good
from .forms import GroupCheckForm,GroupSelectForm,\
    FriendsForm,CreateGroupForm,PostForm

# indexのビュー関数
@login_required(login_url='/admin/login/')
def index(request, page=1):
    # publicのuserを取得
    (public_user, public_group) = get_public()

    # POST送信時の処理
    if request.method == 'POST':

        # Groupsのチェックを更新したときの処理
        # フォームの用意
        checkform = GroupCheckForm(request.user,request.POST)
        # チェックされたGroup名をリストにまとめる
        glist = []
        for item in request.POST.getlist('groups'):
            glist.append(item)
        # Messageの取得
        messages = get_your_group_message(request.user, \
                glist, page)

    # GETアクセス時の処理
    else:
        # フォームの用意
        checkform = GroupCheckForm(request.user)
        # Groupのリストを取得
        gps = Group.objects.filter(owner=request.user)
        glist = [public_group.title]
        for item in gps:
            glist.append(item.title)
        # メッセージの取得
        messages = get_your_group_message(request.user, glist, page)
```

354

```python
    # 共通処理
    params = {
        'login_user':request.user,
        'contents':messages,
        'check_form':checkform,
    }
    return render(request, 'sns/index.html', params)


@login_required(login_url='/admin/login/')
def groups(request):
    # 自分が登録したFriendを取得
    friends = Friend.objects.filter(owner=request.user)

    # POST送信時の処理
    if request.method == 'POST':

        # Groupsメニュー選択肢の処理
        if request.POST['mode'] == '__groups_form__':
            # 選択したGroup名を取得
            sel_group = request.POST['groups']
            # Groupを取得
            gp = Group.objects.filter(owner=request.user) \
                .filter(title=sel_group).first()
            # Groupに含まれるFriendを取得
            fds = Friend.objects.filter(owner=request.user) \
                .filter(group=gp)
            print(Friend.objects.filter(owner=request.user))
            # FriendのUserをリストにまとめる
            vlist = []
            for item in fds:
                vlist.append(item.user.username)
            # フォームの用意
            groupsform = GroupSelectForm(request.user,request.POST)
            friendsform = FriendsForm(request.user, \
                    friends=friends, vals=vlist)

        # Friendsのチェック更新時の処理
        if request.POST['mode'] == '__friends_form__':
            # 選択したGroupの取得
            sel_group = request.POST['group']
            group_obj = Group.objects.filter(title=sel_group).first()
            print(group_obj)
            # チェックしたFriendsを取得
            sel_fds = request.POST.getlist('friends')
            # FriendsのUserを取得
```

```python
            sel_users = User.objects.filter(username__in=sel_fds)
            # Userのリストに含まれるユーザーが登録したFriendを取得
            fds = Friend.objects.filter(owner=request.user) \
                    .filter(user__in=sel_users)
            # すべてのFriendにGroupを設定し保存する
            vlist = []
            for item in fds:
                item.group = group_obj
                item.save()
                vlist.append(item.user.username)
            # メッセージを設定
            messages.success(request, ' チェックされたFriendを' + \
                    sel_group + 'に登録しました。')
            # フォームの用意
            groupsform = GroupSelectForm(request.user, \
                    {'groups':sel_group})
            friendsform = FriendsForm(request.user, \
                    friends=friends, vals=vlist)

        # GETアクセス時の処理
        else:
            # フォームの用意
            groupsform = GroupSelectForm(request.user)
            friendsform = FriendsForm(request.user, friends=friends, \
                    vals=[])
            sel_group = '-'

        # 共通処理
        createform = CreateGroupForm()
        params = {
            'login_user':request.user,
            'groups_form':groupsform,
            'friends_form':friendsform,
            'create_form':createform,
            'group':sel_group,
        }
        return render(request, 'sns/groups.html', params)

# Friendの追加処理
@login_required(login_url='/admin/login/')
def add(request):
    # 追加するUserを取得
    add_name = request.GET['name']
    add_user = User.objects.filter(username=add_name).first()
    # Userが本人だった場合の処理
```

```
            if add_user == request.user:
                messages.info(request, "自分自身をFriendに追加することは\
                        できません。")
                return redirect(to='/sns')
            # publicの取得
            (public_user, public_group) = get_public()
            # add_userのFriendの数を調べる
            frd_num = Friend.objects.filter(owner=request.user) \
                    .filter(user=add_user).count()
            # ゼロより大きければ既に登録済み
            if frd_num > 0:
                messages.info(request, add_user.username + \
                        ' は既に追加されています。')
                return redirect(to='/sns')

            # ここからFriendの登録処理
            frd = Friend()
            frd.owner = request.user
            frd.user = add_user
            frd.group = public_group
            frd.save()
            # メッセージを設定
            messages.success(request, add_user.username + ' を追加しました！\
                groupページに移動して、追加したFriendをメンバーに設定してください。')
            return redirect(to='/sns')


# グループの作成処理
@login_required(login_url='/admin/login/')
def creategroup(request):
    # Groupを作り、Userとtitleを設定して保存する
    gp = Group()
    gp.owner = request.user
    gp.title = request.user.username + 'の' + request.POST['group_name']
    gp.save()
    messages.info(request, '新しいグループを作成しました。')
    return redirect(to='/sns/groups')


# メッセージのポスト処理
@login_required(login_url='/admin/login/')
def post(request):
    # POST送信の処理
    if request.method == 'POST':
        # 送信内容の取得
        gr_name = request.POST['groups']
        content = request.POST['content']
```

Chapter-5 本格アプリケーション作りに挑戦！

```python
        # Groupの取得
        group = Group.objects.filter(owner=request.user) \
                .filter(title=gr_name).first()
        if group == None:
            (pub_user, group) = get_public()
        # Messageを作成し設定して保存
        msg = Message()
        msg.owner = request.user
        msg.group = group
        msg.content = content
        msg.save()
        # メッセージを設定
        messages.success(request, '新しいメッセージを投稿しました！')
        return redirect(to='/sns')

    # GETアクセス時の処理
    else:
        form = PostForm(request.user)

    # 共通処理
    params = {
        'login_user':request.user,
        'form':form,
    }
    return render(request, 'sns/post.html', params)

# 投稿をシェアする
@login_required(login_url='/admin/login/')
def share(request, share_id):
    # シェアするMessageの取得
    share = Message.objects.get(id=share_id)
    print(share)
    # POST送信時の処理
    if request.method == 'POST':
        # 送信内容を取得
        gr_name = request.POST['groups']
        content = request.POST['content']
        # Groupの取得
        group = Group.objects.filter(owner=request.user) \
                .filter(title=gr_name).first()
        if group == None:
            (pub_user, group) = get_public()
        # メッセージを作成し、設定をして保存
        msg = Message()
        msg.owner = request.user
```

358

```python
        msg.group = group
        msg.content = content
        msg.share_id = share.id
        msg.save()
        share_msg = msg.get_share()
        share_msg.share_count += 1
        share_msg.save()
        # メッセージを設定
        messages.success(request, 'メッセージをシェアしました！')
        return redirect(to='/sns')


    # 共通処理
    form = PostForm(request.user)
    params = {
        'login_user':request.user,
        'form':form,
        'share':share,
    }
    return render(request, 'sns/share.html', params)


# goodボタンの処理
@login_required(login_url='/admin/login/')
def good(request, good_id):
    # goodするMessageを取得
    good_msg = Message.objects.get(id=good_id)
    # 自分がメッセージにGoodした数を調べる
    is_good = Good.objects.filter(owner=request.user) \
            .filter(message=good_msg).count()
    # ゼロより大きければ既にgood済み
    if is_good > 0:
        messages.success(request, '既にメッセージにはGoodしています。')
        return redirect(to='/sns')


    # Messageのgood_countを1増やす
    good_msg.good_count += 1
    good_msg.save()
    # Goodを作成し、設定して保存
    good = Good()
    good.owner = request.user
    good.message = good_msg
    good.save()
    # メッセージを設定
    messages.success(request, 'メッセージにGoodしました！')
    return redirect(to='/sns')
```

```python
# これ以降は普通の関数 ==================

# 指定されたグループおよび検索文字によるMessageの取得
def get_your_group_message(owner, glist, page):
    page_num = 10 #ページあたりの表示数
    # publicの取得
    (public_user,public_group) = get_public()
    # チェックされたGroupの取得
    groups = Group.objects.filter(Q(owner=owner) \
            |Q(owner=public_user)).filter(title__in=glist)
    # Groupに含まれるFriendの取得
    me_friends = Friend.objects.filter(group__in=groups)
    # FriendのUserをリストにまとめる
    me_users = []
    for f in me_friends:
        me_users.append(f.user)
    # UserリストのUserが作ったGroupの取得
    his_groups = Group.objects.filter(owner__in=me_users)
    his_friends = Friend.objects.filter(user=owner) \
            .filter(group__in=his_groups)
    me_groups = []
    for hf in his_friends:
        me_groups.append(hf.group)
    # groupがgroupsに含まれるか、me_groupsに含まれるMessageの取得
    messages = Message.objects.filter(Q(group__in=groups) \
        |Q(group__in=me_groups))
    # ページネーションで指定ページを取得
    page_item = Paginator(messages, page_num)
    return page_item.get_page(page)


# publicなUserとGroupを取得する
def get_public():
    public_user = User.objects.filter(username='public').first()
    public_group = Group.objects.filter \
            (owner=public_user).first()
    return (public_user, public_group)
```

スクリプトを作成しよう | 5-2

index関数について

　このviews.pyは、理解するのはかなり大変です。すべて完璧に理解するのでなく、ポイントをつかんで、「全体としてこんな感じになってる」ぐらいに理解できればOK、と考えましょう。今すぐすべて理解できなくても、もっとPythonを使い込むようになればわかってくるはずですからね。

　まずは最初のindex関数からです。これは、SNSのトップページの処理を行なうもので、大きく3つの部分からなります。

- 普通にGETアクセスした際の処理。
- 特定のグループを選択して投稿を見るときの処理。
- すべてで必要になる共通処理。

　このうち、共通処理はそれほど難しいものではありません。変数paramsに必要な値をまとめ、renderで変数とテンプレートを指定して表示を行なうだけです。必要な値は、こんな具合になっています。

```
params = {
    'login_user':request.user,
    'contents':messages,
    'check_form':checkform,
    'search_form':searchform,
}
```

　これらのうち、login_user以外のものは、それぞれmessages、checkform、searchformという変数を設定しています。つまり、共通処理以外の3つは、「この3つの変数を用意する」ことを行なえばいいわけですね。そうすれば、画面の表示が完成するんです。

ログイン必須にするには？

　indexは、ユーザー認証機能を使ってログインする必要があります。このユーザー認証機能は、ただdjango.contrib.authアプリケーションをインストールするだけで自動的にページに組み込まれるわけではありません。ユーザー認証を利用したいページに、「このページはログインしていないとアクセスできない」ということを設定しておく必要があります。

　それを行なっているのが、index関数の前にあるこの文です。

```
@login_required(login_url='/admin/login/')
```

361

| Chapter-5 | 本格アプリケーション作りに挑戦！

　この@login_requiredというのは「アノテーション」と呼ばれるものです。アノテーションは、関数やクラスなどに特定の役割や設定などを割り振るのに使われます。

　引数には、login_urlという値が用意されていますが、これはログインページのURLを指定するものです。ここでは、/admin/login/ が指定されていますが、これがdjango.contrib.authのログインページになります。

　これで、@login_requiredアノテーションをつけたビュー関数によるページは、ログインしないとアクセスできなくなります。ログインしていないユーザーがそのページにアクセスすると、自動的にログインページにリダイレクトされます。実に簡単にユーザー認証が必要なページが作れてしまうんですね！

　なお、この@login_requiredアノテーションを利用する際には、必ず以下のようにimport文を用意しておくのを忘れないでください。

```
from django.contrib.auth.decorators import login_required
```

ログインユーザーについて

　indexでは、login_userという変数に現在ログインしているユーザーを保管しています。現在のユーザーを取得するのは、実はとても簡単。request.userで取り出すことができるんです。

　Djangoのプロジェクトでは、django.contrib.authというアプリケーションが組み込まれています（「django_app」フォルダ内のsettings.pyにあるINSTALLED_APP変数部分を見るとわかります）。このdjango.contrib.authが、Djangoに組み込まれているユーザー認証機能です。先にDjangoの管理ツールを利用したときにログインしたりユーザーを作成しましたが、あのユーザー認証機能です。django.contrib.authは、http://localhost:8000/admin/ というアドレスで組み込まれています。

　request.userで得られるユーザー情報は、Userというクラスのインスタンスになっています。これを使うには、以下のようにimport文を用意しておきます。

```
from django.contrib.auth.models import User
```

GETアクセス時の処理

　では、indexの共通処理以外の部分に進みましょう。まず、GETアクセスした際の処理です。これは比較的簡単です。SearchFormとGroupCheckFormを用意し、それから表示するMessageのリストを用意しています。

　まず、フォームの作成ですね。これは簡単です。

スクリプトを作成しよう | 5-2

```
checkform = GroupCheckForm(request.user)
```

　問題は、表示するMessageの取得です。これは、以下のような流れで処理を行なっています。

- ● 1. 自分が作成したGroupを用意する。
- ● 2. 変数にリストを設定する。最初にpublic_group（publicのGroupが設定された変数）を入れておく。
- ● 3. 繰り返しを使い、1から順にGroupを取り出してリストに追加していく。
- ● 4. get_your_group_message関数を使い、Messageリストを得る。

　要するに、検索そのものはget_your_group_messageという関数で行っているんですね。この関数は、Userと、検索対象になるGroup、そして検索テキストを引数に指定して呼び出すと、それを元に投稿メッセージのリストを生成して返します。

選択したグループの投稿を表示する

　続いて、グループを選択してPOSTしたときの処理です。これは、選択されたグループの投稿をまとめて表示します。既に、「投稿メッセージを得るにはget_your_group_message関数を使う」ということはわかっていますから、意外と処理は簡単です。
　まず、GroupCheckFormを用意します。SearchFormはただインスタンスを作るだけですが、GroupCheckFormは注意が必要です。

```
checkform = GroupCheckForm(request.user,request.POST)
```

　この処理は、表示されているグループのチェックボックスのフォーム（GroupCheckForm）を選択して送信されたときの処理ですから、こんな具合にrequest.POSTを引数に指定するのを忘れないでください。これをしないと、チェックボックスの選択状態が再現されません。
　後は、自分のグループとpublicグループをリストにまとめてget_your_group_messageを呼び出すだけです。これで選択したグループの投稿が取り出されました。

| Chapter-5 | 本格アプリケーション作りに挑戦！ |

groupsビュー関数について

次に難しそうなのが、groups関数です。これは、グループとフレンドの管理をするページの処理を行ないます。ここでも全体の処理は4つに分けられます。

- 1. GET アクセス時の処理。
- 2. Groups の選択メニューでグループを選択したときのPOST 処理。
- 3. Friends のチェックボックスを選択してPOST 送信したときの処理。
- 4. すべての共通処理。

共通処理は割と簡単です。まず、メソッドの最初のところで、自分が追加してあるFriendを取り出しておきます。

```
friends = Friend.objects.filter(owner=request.user)
```

このページはフレンド関係の設定を行なうので、「自分が登録してある全Friend」は必ず必要になります。ですので最初に用意してあるんですね。
また処理の最後にあるのは、params変数を用意してテンプレートとともにrenderする処理です。この関数で用意するparamsは、以下のようになっています。

```
params = {
    'login_user':request.user,
    'groups_form':groupsform,
    'friends_form':friendsform,
    'create_form':createform,
    'group':sel_group,
}
```

indexよりも値が多いですね。ログインユーザーと3つのフォーム、そして選択されたグループを示すgroupという値が用意されています。これらのうち、createform（CreateGroupFormインスタンス）は、共通処理の部分で作成しています。他の2つのフォームと選択されたグループの値を用意するのが、共通処理以外の部分で行なうことです。

GET 時の処理

GETアクセスの際の処理は、とてもシンプルです。GroupSelectForm、FriendsForm、sel_groupを以下のように用意しているだけです。

```
groupsform = GroupSelectForm(request.user)
friendsform = FriendsForm(request.user, friends=friends, vals=[])
sel_group = '-'
```

　GroupSelectFormは、Userを引数に指定してインスタンスを作るだけです。FriendsForm
がちょっとややこしいですが、これはUser，表示するFriendのリスト、そして選択状態にし
ておくFriendのリストをそれぞれ指定します。グループの選択は '-' 項目（どのグループも選
択されてない場合の項目）、選択されたFriendを示すvalsは空のリストです。

Groups選択メニュー選択時の処理

　続いて、Groups選択メニューでGroupを選び送信したときの処理です。これは、選択し
たGroupに登録されているFriendがすべてチェックをONにした状態で表示されるように
しないといけません。これは、こんな具合に処理していきます。

- 1. まず、送信されたフォームの値をsel_groupに取り出す。
- 2. titleがsel_groupのGroup（つまりメニューで選択したGroup）を取り出す。
- 3. 自分が作ったもので、しかも2のGroupが設定されているFriendを取り出す。
- 4. 取り出したFriendのUserのusernameをすべてリストにまとめる。
- 5. valsに4のリストを指定してFriendsFormを作成する。
- 6. GroupSelectFormは普通に作るだけ。

　FriendsFormを作るときに「どのFriendのチェックをONにしておくか」を指定しないと
いけません。そのために、2〜4の処理はある、というわけです。

Friendsチェックボックス送信時の処理

　残るはFriendsのチェックボックスを選択して送信したときの処理ですね。これは、選択
されたGroups選択メニューと、Friendsチェックボックスの値を取り出し、それを元にフォー
ムを用意します。
　まず、送信されたフォームの値の取得です。まぁ、Groups選択メニューは単にrequest.
POST['group']を取り出すだけなのでわかりますね。問題は、Friendsチェックボックスの
ほうです。
　これは、friendsという名前ですべてのチェックボックスの値が送られてくるので、それ
を順に取り出し、Friendsを用意していかないといけません。

```
sel_fds = request.POST.getlist('friends')
```

まず、送信されたfriendsの値を変数に取り出します。これは、getlistというメソッドを使います。こうすることで、選択されたすべての項目の値をリストとして取り出すことができます。

この取り出したリストを元に、Userを取り出していきます。

```
sel_users = User.objects.filter(username__in=sel_fds)
```

Userのusernameが、リストの名前に含まれているものを検索しています。「ある値がリストに含まれているか」で検索する場合は、filterの条件に「○○__in=リスト」というように設定をします。__inというのは、その後にあるリストに含まれていることを表すのに使います。

後は、取り出したUserを元に、Friendを取り出します。これも、userの値がsel_usersに含まれているものを取り出すわけですね。

```
fds = Friend.objects.filter(owner=request.user) .filter(user__in=sel_
users)
```

これで、選択されたチェックのFriendが取り出せました。後は、これらのFriendのgroupに、選択されているGroupを設定し、vlistリストにFriendを追加していきます。

```
vlist = []
for item in fds:
    item.group = group_obj
    item.save()
    vlist.append(item.user.username)
```

こうして、選択したFriendのGroup設定と、選択されたチェックボックスのリストができました。これらを元に、GroupSelectFormとFriendsFormを作成すればいいのですね。

システムメッセージを使う

この他に、ここでは見たことのない以下のような文が実行されています。これはなんでしょう。

```
messages.success(request, ' チェックされたFriendを' + sel_group +
    'に登録しました。')
```

このmessagesというのは、from django.contrib import messagesという文でimportされているモジュールです。これは、システムメッセージを表示する「メッセージフレーム

ワーク」と呼ばれる機能です。これは、django.contrib.messagesというアプリケーションとしてプロジェクトに組み込まれています。

システムメッセージは、画面に表示させたいメッセージを作成するための仕組みです。messagesのメソッドを呼び出すことで、システムメッセージを作成できます。作成したシステムメッセージは、簡単にテンプレートで表示させることができます。

システムメッセージは、必要に応じていくらでも作成し追加することができます。それらは、次に画面が表示されたときにすべて表示できます。一度表示すると、作成したシステムメッセージは自動的に消えるのです。

ここでは、successというメソッドを使っていますが、他にもいくつかのものが用意されています。

```
messages.debug(request, メッセージテキスト )
messages.info(request, メッセージテキスト )
messages.success(request, メッセージテキスト )
messages.warning(request, メッセージテキスト )
messages.error(request, メッセージテキスト )
```

これらはいずれも同じようにシステムメッセージを追加します。違いは、メッセージの重要度です。メッセージフレームワークは、重要度別にどこまでメッセージを表示するか設定したり、特定のメッセージだけを表示させたりする機能を持っているんですね。

このシステムメッセージ表示機能はなかなか重宝するのでぜひ覚えておきましょう。

Friendの追加について

次は、「add」関数です。これはFriendを追加するための処理です。これはトップページで投稿メッセージにある「add friend」というリンクをクリックすると呼び出されます。

ここで行っているのは次のような処理です。

- 1. Friend登録するユーザーの名前が送信されるので、それを変数に取り出す。
- 2. そのUserを取り出す。
- 3. Userが本人だった場合はメッセージを設定して戻る。
- 4. ownerが本人で、userが追加するUserであるFriendの数を調べる。
- 5. 数がゼロより大きければ、既に登録済みなのでメッセージを表示して戻る。
- 6. Friendの登録処理に進む。Friendインスタンスを作り、ownerとuser、groupを設定して保存する。
- 7. Friend登録のシステムメッセージを追加して戻る。

Chapter-5 | 本格アプリケーション作りに挑戦！

どれも1つ1つはそう難しいものではありません。流れを見ながら、行っている処理をそれぞれで確認してみましょう。

投稿とシェア投稿について

メッセージの投稿は2種類あります。普通の投稿と、シェア投稿です。シェア投稿は、既に投稿されたメッセージをシェアする形での投稿ですね。

これは、それぞれpostとshareという関数として用意してあります。どちらも基本的な処理の流れは同じです。整理しておきましょう。

- 1. 投稿されたメッセージとグループの値を変数に取り出す。
- 2. 選択されたグループのGroupを取得する。
- 3. GroupがNone（ない状態）だった場合は、publicのGroupを取り出しておく。
- 4. Messageインスタンスを作り、owner、group、contentを設定する。
- 5. シェア投稿の場合は、シェアするMessageのidをshare_idに設定する。
- 6. Messageをsaveで保存する。
- 7. システムメッセージを設定して戻る。

これだけです。シェア投稿の場合は、Messageのshare_idにシェアするMessageのidを設定しているだけだったんですね。後はまったく同じ！

「いいね！」の処理

「いいね！」に相当するのが、「good!」ボタンです。これをクリックしたときの処理が、good関数です。

ここで行っていることは、割と簡単なものです。流れを整理しましょう。

- 1. good!したMessageを取り出す。
- 2. ownerが自分でmessageがこのMessageであるGoodを検索し、その数を調べる。
- 3. 数がゼロより大きければ、既にそのMessageにgood!したということなので、システムメッセージを設定して戻る。
- 4. Messageのgood_countを1増やしてsaveする。
- 5. Goodインスタンスを作成し、ownerに本人のUser、messageにgood!したMessageを設定してsaveする。
- 6. システムメッセージを設定して戻る。

先ほどのFriendの追加などと似たような処理の流れになっていますね。これも難しいものはないので、それぞれで関数の内容を確認しておきましょう。

get_your_group_messageが最大のポイント！

ここまで、「意外と複雑そうでもなかったな」と思った人。それもそのはずです。肝心のメッセージを取り出す処理がなかったんですから。メッセージ取得は、すべてget_your_group_message関数で行なっていたんですね。

このget_your_group_message関数ですが、決して難しい内容ではないものの、1つ1つの手順を頭の中で整理していくのが大変かもしれしれません。「なんでこれで必要なものが得られるの？」ということが今ひとつ理解し難いでしょう。

とりあえず、全体の流れをざっと整理しながら処理を見ていきましょう。

●1. publicなユーザーを取得する

```
(public_user,public_group) = get_public()
```

●2. チェックボックスがONになってるGroupを取得する

```
groups = Group.objects.filter(Q(owner=owner)|Q(owner=public_user)).
filter(title__in=glist)
```

●3. groupsに追加されているFriendを取得する

```
me_friends = Friend.objects.filter(group__in=groups)
```

●4. me_friends のUserをリストにまとめる

```
me_users = []
for f in me_friends:
    me_users.append(f.user)
```

●5. me_users（つまり、自分のGroupに含まれている利用者たち）が作ったGroupを取得する

```
his_groups = Group.objects.filter(owner__in=me_users)
```

●6. userが自分で、groupがhis_groupsに含まれるFriendを取得する

```
his_friends = Friend.objects.filter(user=owner).filter(group__in=his_
groups)
```

Chapter-5 本格アプリケーション作りに挑戦！

●7. his_friendsのGroupをリストにまとめる

```
me_groups = []
for hf in his_friends:
    me_groups.append(hf.group)
```

●8. groupがgroupかme_groupsに含まれるMessageを取得する

```
messages = Message.objects.filter(Q(group__in=groups)|Q(group__in=me_groups))
```

●9. Paginatorを使い、ページネーションを得る

```
page_item = Paginator(messages, page_num)
```

●10. get_pageで指定のページのMessageを返しておしまい。

```
return page_item.get_page(page)
```

　Messageの取得は、「自分のGroup」「Groupに含まれるFriendとUser」「含まれるUserが作成したGroup」「そのGroupの中で自分がFriendとして含まれているGroup」「そのGroupに相手が投稿したメッセージ」というようにGroupとFriendとUserを探し回って取り出していきます。なんでこうなるのかを理解する必要はありません。

　それより、「関連するモデルを取り出していくことで、最終的に必要なものを見つける」という手法を頭に入れておきましょう。今すぐ使えるようにはなりませんが、そうやって検索をしていくのだ、という考え方自体はきっとこれから役に立つはずですよ。

Chapter 5　本格アプリケーション作りに挑戦！

Section 5-3 テンプレートを作ろう

テンプレートのフォルダを用意する

　残るはテンプレート関係だけです。まずは、テンプレートを配置するフォルダを作りましょう。

　「sns」フォルダの中に「templates」というフォルダを作ります。そして更にその中に「sns」というフォルダを作ってください。ここがテンプレート関係の保管場所になります。

　ここには、全部で5つのテンプレートを作成していきます。

layout.html	全体のレイアウトを作成するテンプレート
index.html	indexページのレイアウト
group.html	groupページのレイアウト
post.html	Postページのレイアウト
share.html	Shareページのレイアウト

図5-23　「sns」フォルダ内に「templates」フォルダ、更にその中に「sns」フォルダを作る。

レイアウト用テンプレートって？

ここでは、各ページで使うテンプレートの他に「レイアウトのテンプレート」というものも用意しています。これは、すべてのテンプレートの土台となるものです。

Djangoのテンプレートは「継承」をサポートしています。これはクラスの継承などと同じで、既にあるテンプレートの内容をそのまま受け継いで新しいテンプレートを作ることです。

継承元になるテンプレートでは、「ブロック」というものを用意しておきます。これは、なにかの値がはめ込まれる「穴」のようなものです。このテンプレートを継承したテンプレートでは、継承元にある穴（ブロック）にはめ込むコンテンツを用意しておきます。すると、その穴（ブロック）にそのコンテンツがはめ込まれた形でページがレイアウトされるのです。

このレイアウト技法は、アプリケーション全体で共通するレイアウトを作成するのにとても役に立つものなので、ここで実際にテンプレートを作成しながら使い方を覚えていきましょう。

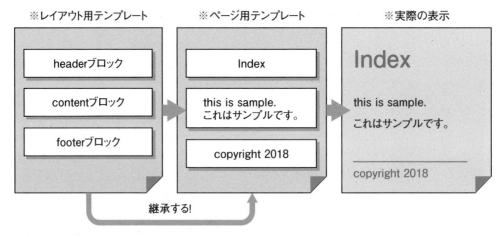

図5-24　テンプレートは継承できる。継承したテンプレートは、継承元のブロックにコンテンツをはめ込んでページを作る。

layout.htmlを作る

では、順に作成していきましょう。まずは、レイアウト用のテンプレートからです。「templates」フォルダ内の「sns」フォルダの中に「layout.html」という名前でファイルを作成しましょう。そして以下のようにソースコードを記述します。

リスト5-8

```
{% load static %}
<!doctype html>
<html lang="ja">
<head>
    <meta charset="utf-8">
    <title>{% block title %}{% endblock %}</title>
    <link rel="stylesheet"
        href="https://stackpath.bootstrapcdn.com/bootstrap/4.3.1/css/
        bootstrap.min.css"
    crossorigin="anonymous">
</head>
<body class="container">
    <nav class="navbar navbar-expand navbar-light bg-light">
    <ul class="navbar-nav mr-auto">
        <li class="nav-item">
            <a class="nav-link" href="{% url 'index' %}">top</a>
        </li>
        <li class="nav-item">
            <a class="nav-link" href="{% url 'post' %}">post</a>
        </li>
        <li class="nav-item">
            <a class="nav-link" href="{% url 'groups' %}">group</a>
        </li>
    </ul>
    <span>logined: <span class="h6">"{{login_user}}".</span></span>
    </nav>

    <div>{% block header %}
        {% endblock %}</div>
    <div class="content">{% block content %}
        {% endblock %}</div>

    <hr>
    <div class="my-3">
        <span class="font-weight-bold">
            <a href="/admin/logout?next=/sns/">
```

```
                [ logout ]</a></span>
        <span class="float-right">copyright 2020
            SYODA-Tuyano.</span>
    </div>
</body>
</html>
```

基本的には、HTMLのタグの中にテンプレート用のタグが埋め込まれた、見慣れたスタイルのソースコードですが、中にいくつか、こういうタグが用意されているのがわかるでしょう。

```
{% block ○○ %}
{% endblock %}
```

これが、テンプレートに空けられた「穴」である、「ブロック」です。このテンプレートを継承したテンプレートでは、このブロック部分にはめ込むコンテンツを用意するわけですね。

このテンプレートで用意されているブロックは以下のようになっています。

title	タイトル表示のブロックです。
header	ページの上部にある、タイトルなどのヘッダー情報を表示するエリアです。
content	ページ中央にある、ページのコンテンツを表示するエリアです。

この他、{{login_user}}でログインユーザー名を表示する変数などが用意されています。

index.htmlを作る

では、各ページのテンプレートを作りましょう。まずはindexページのテンプレートからです。「templates」フォルダ内の「sns」フォルダ内に、「index.html」という名前でファイルを作成しましょう。そして以下のように内容を記述します。

リスト5-9
```
{% extends 'sns/layout.html' %}

{% block title %}Index{% endblock %}

{% block header %}
<script>
```

```
function sendGroupForm(page) {
    document.group_form.action += page;
    document.group_form.submit();
}
</script>
<h1 class="display-4 text-primary">SNS</h1>
<p>※グループのチェックをONにしてupdateすると、
そのグループに登録されている利用者のメッセージだけが表示されます。</p>
{% if messages %}
<ul class="messages">
    {% for message in messages %}
    <li{% if message.tags %}
        class="{{ message.tags }}"
        {% endif %}>{{ message }}</li>
    {% endfor %}
</ul>
{% endif %}
{% endblock %}

{% block content %}
<hr>
<div>
    <form action="{% url 'index' %}" method="post" name="group_form">
        {% csrf_token %}
        {{check_form}}
        <div>
            <button class="btn btn-primary">update</button>
        </div>
    </form>
</div>
<table class="table mt-3">
    <tr><th>Messages</th></tr>
{% for item in contents %}
    <tr><td>
    <p class="my-0">
        {% if item.group.title == 'public' %}
        <span class="bg-info text-light px-1">Public</span>
        {% endif %}
        {{item.content}}</p>
    <p class=""> ({{item.pub_date}})</p>
    {% if item.share_id > 0 %}
    <ul><li class="text-black-50">"{{item.get_share}}"</li></ul>
    {% endif %}
    <span class="float-left text-info">
        share={{item.share_count}} good={{item.good_count}}
```

```
        </span>
        <span class="float-right">
            "{{item.owner}}"(<a href="{% url 'add' %}?name={{item.owner}}">
                add friend</a>)
            <a href="{% url 'share' item.id %}">
                <button class="py-0">share</button></a>
            <a href="{% url 'good' item.id %}">
                <button class="py-0">good!</button></a>
        </span>
</td></tr>
{% endfor %}
</table>

<ul class="pagination justify-content-center">
    {% if contents.has_previous %}
    <li class="page-item">
        <a class="page-link" href="javascript:sendGroupForm(1);">
            &laquo; first</a>
    </li>
    <li class="page-item">
        <a class="page-link"
        href="javascript:sendGroupForm({{contents.
            previous_page_number}});">
            &laquo; prev</a>
    </li>
    {% else %}
    <li class="page-item">
        <a class="page-link">&laquo; first</a>
    </li>
    <li class="page-item">
        <a class="page-link">&laquo; prev</a>
    </li>
    {% endif %}
    <li class="page-item">
        <a class="page-link">
        {{contents.number}}/{{contents.paginator.num_pages}}</a>
    </li>
    {% if contents.has_next %}
    <li class="page-item">
        <a class="page-link"
        href="javascript:sendGroupForm({{contents.next_page_number }});">
            next &raquo;</a>
    </li>
    <li class="page-item">
        <a class="page-link"
```

```
          href="javascript:sendGroupForm({{contents.paginator.    ↵
              num_pages}});">
              last &raquo;</a>
      </li>
      {% else %}
      <li class="page-item">
          <a class="page-link">next &raquo;</a>
      </li>
      <li class="page-item">
          <a class="page-link">last &raquo;</a>
      </li>
      {% endif %}
  </ul>
{% endblock %}
```

テンプレートファイルというと、HTMLタグをベースに、いくつかテンプレート用のタグが追加されている、といったイメージがありますが、これはほぼ全編がテンプレート用の専用タグです。

ここでは、最初にこんなタグが記述されていますね。

```
{% extends 'sns/layout.html' %}
```

これが、継承を示すタグです。テンプレートの継承は、{% extends ○○ %}というタグで設定されます。必要な処理はたったこれだけです。

では、ブロックはどのように設定するんでしょうか。一番単純なtitleブロックの部分を見てみましょう。

```
{% block title %}Index{% endblock %}
```

レイアウト用テンプレートに用意したのと同じ、{% block ○○ %}と{% endblock %}が使われています。この2つのタグの間に書かれたものが、そのまま継承元のテンプレートのタグ部分にはめ込まれるのです。

構文タグについて

ここでは、その他にも{% %}を使ったタグがたくさん書かれていますね。その中でも重要な役割を果たしているのが、「制御構文に相当するタグ」です。これには以下のようなものがあります。

Chapter-5 本格アプリケーション作りに挑戦！

●if文のタグ

```
{% if 条件 %}
……条件がTrueのとき表示する内容……
{% endif %}
```

これは、if文に相当するものです。{% if ○○ %}という形で条件を設定すると、その条件が正しければ、その後の{% endif %}までの部分を表示します。

●for文のタグ

```
{% for 変数 in リストなど %}
……繰り返し表示する内容……
{% endfor %}
```

for構文に相当するものですね。リストなど用意し、そこから順に値を取り出しては変数に設定して、{% endfor %}までの内容を書き出していきます。テーブルやリストなどのように、同じタグを繰り返し表示するような場合に役立ちます。

これらはもちろん組み合わせて使えます。ifの内部にforを追加したり、forの繰り返し部分でifを利用して表示を作ったりすることも簡単に行なえます。

システムメッセージの表示

直接、今回のアプリケーションとは関係ないのですが、ここではメッセージフレームワークによるシステムメッセージを表示するタグも用意されています。この部分です。

```
{% if messages %}
<ul class="messages">
    {% for message in messages %}
    <li{% if message.tags %} class="{{ message.tags }}"
        {% endif %}>{{ message }}</li>
    {% endfor %}
</ul>
{% endif %}
```

{% if messages %}でmessagesがある場合に表示を行なうようにしてあります。表示する内容は、{% for message in messages %}でmessagesから繰り返し値を取り出して出力を行なっています。

この部分は、そのままコピペして利用すればOK、と考えましょう。

378

テンプレートを作ろう | 5-3

post.htmlを作る

　テンプレートはそれほど難しいものではないのでどんどん作っていきましょう。次は、投稿用のテンプレートです。「templates」フォルダ内の「sns」フォルダ内に、新たに「post.html」という名前でファイルを作成してください。そして以下のように記述をしましょう。

リスト5-10

```
{% extends 'sns/layout.html' %}

{% block title %}Post{% endblock %}

{% block header %}
<h1 class="display-4 text-primary">Post</h1>
<p  class="caption">※投稿先のグループを選択し、
    メッセージを投稿します。</p>
{% if messages %}
<ul class="list-group">
    {% for message in messages %}
    <li{% if message.tags %} class="list-group-item {{ message.tags }}"
        {% endif %}>{{ message }}</li>
    {% endfor %}
</ul>
{% endif %}
{% endblock %}

{% block content %}
<form action="{% url 'post' %}" method="post">
{% csrf_token %}
{{form.as_p}}
<button class="btn btn-primary">Post!</button>
</form>
{% endblock %}
```

　これも、やはり{% block %}を使ってtitle、header、contentといったブロックの内容を作成しています。

| Chapter-5 | 本格アプリケーション作りに挑戦！ |

share.htmlを作る

　続いて、シェア投稿用テンプレートです。「templates」フォルダ内の「sns」フォルダの中に「share.html」という名前でファイルを作成しましょう。そして以下のように記述をします。

リスト5-11

```
{% extends 'sns/layout.html' %}

{% block title %}Share{% endblock %}

{% block header %}
<h1 class="display-4 text-primary">Share</h1>
<p  class="caption">※投稿先のグループを選択し、
    下のメッセージをシェアします。</p>
{% if messages %}
<ul class="messages">
    {% for message in messages %}
    <li{% if message.tags %} class="{{ message.tags }}"
        {% endif %}>{{ message }}</li>
    {% endfor %}
</ul>
{% endif %}
{% endblock %}

{% block content %}
<p class="bg-light p-3">
    "{{share.content}} ({{share.owner}})"</p>
<form action="{% url 'share' share.id %}" method="post">
{% csrf_token %}
{{form.as_p}}
<button class="btn btn-primary mt-2">Share!</button>
</form>
{% endblock %}
```

　基本的には、post.htmlとそう違いはありません。シェアする元のメッセージと投稿者を{{share.content}} ({{share.owner}})で表示している点が異なるぐらいでしょう。

テンプレートを作ろう | 5-3

groups.htmlを作る

最後のテンプレートはグループとフレンドの設定画面です。「templates」フォルダ内の「sns」フォルダの中に「groups.html」という名前でファイルを作ってください。そして以下のように記述をしましょう。

リスト5-12

```
{% extends 'sns/layout.html' %}

{% block title %}Groups{% endblock %}

{% block header %}
<h1 class="display-4 text-primary">Group</h1>
<p class="caption">※グループを選択してselect memberすると、
    そのグループに登録されている利用者がONになります。
    利用者のチェックをONにしてset memberすると、ONにしてある
    利用者がグループに追加されます。</p>
{% if messages %}
<ul class="messages">
    {% for message in messages %}
    <li{% if message.tags %} class="{{ message.tags }}"
        {% endif %}>{{ message }}</li>
    {% endfor %}
</ul>
{% endif %}
{% endblock %}

{% block content %}
<form action="{% url 'groups' %}" method="post">
{% csrf_token %}
<input type="hidden" name="mode" value="__groups_form__">
{{groups_form}}
<button class="btn btn-primary mt-1">select members</button>
</form>
<hr>
<form action="{% url 'groups' %}" method="post">
{% csrf_token %}
<input type="hidden" name="mode" value="__friends_form__">
<input type="hidden" name="group" value="{{group}}">
{{friends_form}}
<button class="btn btn-primary mt-0">set members</button>
</form>
<hr>
```

```
<p>※新しいGroupの登録</p>
<form action="{% url 'creategroup' %}" method="post">
{% csrf_token %}
{{create_form}}
<button class="btn btn-primary mt-1">create new group</button>
</form>
{% endblock %}
```

　ここでは3つのフォームを用意するので多少複雑そうに見えますが、ただフォームの数が増えただけで内容はたいして複雑ではありません。新しいものも何も使っていないのでよく読めばなにを表示しているかわかりますよ。

　さあ、これですべて完成しました。コンソールから「python manage.py runserver」を実行してサーバーを起動し、http://localhost:8000/sns/ にアクセスをしてミニSNSを使ってみましょう！

Chapter 5 本格アプリケーション作りに挑戦！

Section 5-4 アプリケーションをテストしよう

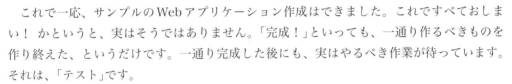

テストってなに？

　これで一応、サンプルのWebアプリケーション作成はできました。これですべておしまい！ かというと、実はそうではありません。「完成！」といっても、一通り作るべきものを作り終えた、というだけです。一通り完成した後にも、実はやるべき作業が待っています。それは、「テスト」です。

　テストというのは、「プログラムが意図した通りにちゃんと動いているか」をチェックする作業です。今回は、作成したプログラムやテンプレートはこちらで用意したものですが、実際の開発では読者の皆さん自身でこれらを作っていくわけですね。となると、「本当に思った通りに動くようプログラムが書けているか」は、誰も保証してくれません。「自分ではそう思って作った」だけです。ちゃんと思い通りに動くかどうかは、いろいろ試して確認してみなければわからないのです。それが「テスト」です。このテストを通してアプリケーションが正常に動作するという確証が得られたら、やっと公開できるわけですね。

　「じゃあ、アプリケーションを起動して、いろいろ使ってみればいいんだな」と思った人。もちろん、そうした「実際の動作を確認するテスト」も重要です。が、実際に自分で使って試す方法は、一番確実なように思えますが実は問題もあるのです。それはこういうこと。

　「プログラムを作った人間は、無意識のうちにプログラムが問題なく動くように注意して使ってしまう」

　作った人間は、そのプログラムがどう動くかわかっています。ですから使うときも、プログラムの動きに沿った形で使ってしまうのです。
　が、実際のユーザーはそんなことは考えてくれません。「おいおい、そんな無茶な使い方普通はしないだろ？」と思うようなとんでもない使い方をする人もいるでしょう。また、中には明らかに悪意を持ってアクセスしてくる人間だっています。そうしたことを考えたら、「作った人間がテストする」というやり方では、テストしきれない部分が必ず出てきてしまうことがわかるでしょう。

| Chapter-5 | 本格アプリケーション作りに挑戦！ |

ユニットテストについて

　そこで登場するのが、「プログラムの挙動を、プログラムを書いて調べる」というやり方です。これはさまざまなやり方がありますが、一般的に多用されているのは「ユニットテスト（単体テスト）」と呼ばれるものです。

　ユニットテストというのは、プログラムの1つ1つの部品（ユニット）ごとにその動作が正常に行なわれているのかどうかをテストするものです。多くのプログラミング言語では、このユニットテストのためのライブラリやフレームワークなどが作成されており、そうしたものを使ってテストの処理を書き実行できるようになっています。

　Djangoには、標準でユニットテストのための機能が組み込まれています。これは、プロジェクトごとにそのスクリプトファイルが用意されています。サンプルとして作成した「sns」アプリケーションのフォルダの中を見てみましょう。そこに「tests.py」というファイルが作成されているのがわかるはずです。これが、snsアプリケーションをテストするためのスクリプトファイルなのです。ここにテストの処理を記述し、Djangoのコマンドを使ってテストを実行することができるようになっています。

TestCaseクラスについて

　では、作成されているtests.pyを開いてみましょう。すると、ここには以下のような文が書かれているのがわかります。

リスト5-13

```
from django.test import TestCase

# Create your tests here.
```

　import文とコメントがあるだけで、テストの本体はありません。importでは、「TestCase」というクラスをインポートしているのがわかります。これが、ユニットテストのためのクラスなのです。

　ユニットテストは、このTestCaseクラスを継承したクラスとして作成をします。基本的なテスト用クラスは以下のような形で作成します。

```
class クラス名 (TestCase):
    def test_メソッド名(self):
        ……テスト処理……
```

　TestCaseクラスでは、テスト用の処理を記述したメソッドを用意しますが、これには決

アプリケーションをテストしよう | 5-4

まった命名規則があります。「test_○○」というように、test_で始まる名前をつけることになっているのです。Djangoではテストを実行すると、TestCase継承クラスをチェックし、その中にあるtest_で始まるメソッドをすべて探して実行するようになっているのです。メソッド名がtest_で始まらない場合、そのメソッドはテスト時に実行されず、普通のメソッドとして扱われます。

テストの基本を覚えよう

では、テストは一体、どうやって行なうのでしょうか。ごく基本的なテストのための処理を実際に作って動かしてみましょう。「sns」フォルダ内のtests.pyの内容を以下のように記述してください。

リスト5-14

```python
from django.test import TestCase

class SnsTests(TestCase):

    def test_check(self):
        x = True
        self.assertTrue(x)
        y = 100
        self.assertGreater(y, 0)
        arr = [10, 20, 30]
        self.assertIn(20, arr)
        nn = None
        self.assertIsNone(nn)
```

テストを実行する

具体的な説明は後で行なうとして、これを保存し、実際に実行してテストしてみましょう。テストの実行はターミナルから行ないます。VS Codeのターミナルは使える状態になっていますか？ アプリケーションを実行中の場合はCtrlキー＋「C」キーで中断するか、あるいは「ターミナル」メニューから「新しいターミナル」メニューを選んでターミナルを開いてください。そして、以下のように実行をしましょう。

```
python manage.py test sns
```

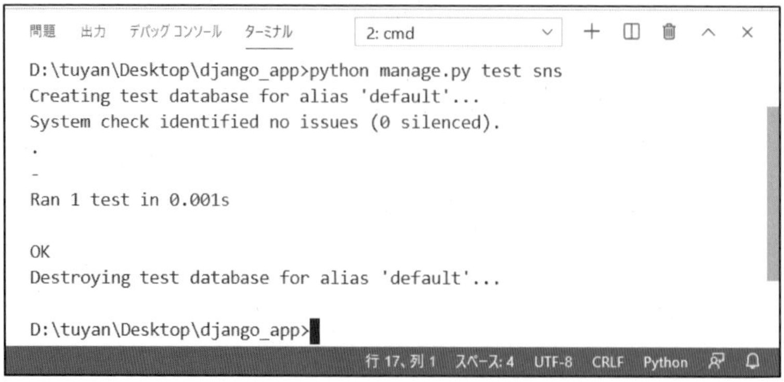

| Chapter-5 | 本格アプリケーション作りに挑戦！ |

```
問題  出力  デバッグ コンソール  ターミナル       2: cmd          +  ⊟  🗑  ⌃  ✕

D:\tuyan\Desktop\django_app>python manage.py test sns
Creating test database for alias 'default'...
System check identified no issues (0 silenced).
.
-
Ran 1 test in 0.001s

OK
Destroying test database for alias 'default'...

D:\tuyan\Desktop\django_app>█

                    行 17、列 1   スペース: 4   UTF-8   CRLF   Python   ⚡  🔔
```

図5-25　テストを実行する。「OK」と表示されれば問題ない。

　実行すると、ターミナルに実行状況に関するメッセージが図5-25のように出力されていきます。

　「Ran 1 test in 0.001s」というのが、テストの実行を知らせるメッセージで、その下の「OK」が結果です。1つのテストを実行し、問題なかった、ということを表示していたのですね。

　テストの実行は、manager.pyの「test」というオプションを使って行ないます。これは以下のように実行します。

```
python manager.py test アプリケーション名
```

　testの後に、テストを実行するアプリケーション名を指定します。ここでは「test sns」としていますから、「sns」アプリケーションに用意されているtests.pyのテストを実行していたのですね。テストのスクリプトであるtests.pyはアプリケーションごとに用意されているので、どのアプリケーションのテストを実行するかを指定する必要があるのです。

値をチェックするためのメソッド

　では、ここで実行したスクリプトがどんなものか見てみましょう。ここでは、test_checkというメソッドを定義し、その中でさまざまな値を変数に用意してそれをチェックする、という処理を行なっています。

　「テスト」と一口にいうとなんだか複雑そうなことを行なっているイメージがありますが、実はやっていることはとても単純です。「これの値は○○か？」というのを調べているだけなのです。変数xの値はTrueか。変数yの値はゼロより大きいか。20はリストarrの中に含まれているか。変数nnはNoneか。そういったことをチェックしていたのですね。

　この「値のチェック」を行なうために用意されているのが「assert○○」という名前のメソッ

アプリケーションをテストしよう | 5-4

ドです。これは、非常にたくさんのメソッドが用意されています。ここで主なものを簡単に紹介しておきましょう。

●値がTrueか／Falseか

```
assertTrue( 値 )
assertFalse( 値 )
```

●2つの値が等しいか／等しくないか

```
assertIsl( 値1, 値2 )
assertIsNot( 値1, 値2 )
assertEqual( 値1, 値2 )
assertNotEqual( 値1, 値2 )
```

●2つの値のどちらが大きいか

```
assertGreater( 値1, 値2 )
assertGreaterEqual( 値1, 値2 )
assertLess( 値1, 値2 )
assertLessEqual( 値1, 値2 )
```

●値がNoneか／Noneでないか

```
assertIsNone( 値 )
assertIsNotNone( 値 )
```

●値がリストに含まれるか／含まれないか

```
assertIsIn( 値, リスト )
assertIsNotIn( 値, リスト )
```

いずれも引数にはチェックする値となるものを指定します。これらを実行し、値が問題なければそのままテストを通過します。もし値に問題があると、テストは通過しません。

テスト失敗の例

では、「テストを通過しない」ときはどのようになるのでしょうか。実際に試してみましょう。先ほどのtest_checkメソッドを以下のように書き換えてみてください。

リスト5-15

```
def test_check(self):
    x = True
    self.assertTrue(x)
```

387

Chapter-5 本格アプリケーション作りに挑戦！

```
y = 0
self.assertGreater(y, 100)
nn = None
self.assertIsNone(nn)
```

```
問題   出力   デバッグ コンソール   ターミナル          2: cmd          ∨    +  ⬚  🗑  ∧  ✕

D:\tuyan\Desktop\django_app>python manage.py test sns
Creating test database for alias 'default'...
System check identified no issues (0 silenced).
F
==========================================================================
FAIL: test_check (sns.tests.SnsTests)
--------------------------------------------------------------------------
Traceback (most recent call last):
  File "D:\tuyan\Desktop\django_app\sns\tests.py", line 17, in test_check
    self.assertGreater(y, 100)
AssertionError: 0 not greater than 100


--------------------------------------------------------------------------
Ran 1 test in 0.001s

FAILED (failures=1)
Destroying test database for alias 'default'...

D:\tuyan\Desktop\django_app>

                行 20、列 1 (170 個選択)   スペース: 4   UTF-8   CRLF   Python   📭  🔔
```

図5-26 実行すると「FAIL: test_check (sns.tests.SnsTests)」と表示され、テストに失敗したことがわかる。

　これを実行すると、「FAIL: test_check (sns.tests.SnsTests)」とメッセージが表示され、そこに失敗した内容が表示されます。「AssertionError: 0 not greater than 100」と表示されていますね。AssertionErrorというのが、assert○○というメソッドの呼び出しで問題が発生したことを示すエラーです。ここでは、0 not greater than 100とあり「ゼロは100より大きくないよ」といっています。これにより、self.assertGreater(y, 100)に問題が発生していたことがわかります。

　このようにして、テストの実行結果に問題が発生したら、どこで発生して、なぜ問題が発生したのかを調べ、解決していきます。そうやって、「OK」になるまで問題をチェックしていくのです。

アプリケーションをテストしよう | 5-4

セットアップとティアダウン

テストの内容によっては、事前に準備が必要だったり、終了後に後始末が必要になったりすることもあります。こうした場合の処理もTestClassには用意されています。

```
class テストクラス(TestCase):

    @classmethod
    def setUpClass(cls):
        super().setUpClass()
        ……事前処理……

    @classmethod
    def tearDownClass(cls):
        ……事後処理……
        super().tearDownClass()
```

setUpClassは事前の準備を行なうもので、tearDownClassは事後の後始末を行なうためのものです。いずれもクラスメソッドであり、@classmethodアノテーションをつけて記述します。

これらは、必ずsuper()～を使って親クラスのメソッドを呼び出すようにしてください。また、setUpClassのsuper()は処理の最初に、tearDownClassの場合は処理の最後につける、というのが基本です。

これらのメソッドは、使わない場合はメソッドを用意する必要はありません。処理が必要となる場合のみ作成すればいいでしょう。

データベースをテストする

これでテストの基本的なやり方はわかりました。が、正直いって「変数xがTrueかとか、別にアプリケーションと全然関係ないんじゃ？」と思った人も多いことでしょう。例えばSNSアプリケーションなら、具体的に何の値をどうチェックすればテストになるのか？ そこがわからないとちゃんとしたテストは書けませんね。

こうしたアプリケーションの場合、ポイントは2つあります。1つは、「データベース」です。データが正しく保管され利用できるようになっているかを調べることが重要ですね。そしてもう1つが、「ビュー」です。指定のアドレスにアクセスして、表示される内容がどうなっているかを調べれば、アプリケーションの動作も確認できますね。

389

| Chapter-5 | 本格アプリケーション作りに挑戦！ |

データベースをチェックする

まずは、「データベース」のテストから行ってみましょう。test.pyを以下のように書き換えてみてください。

リスト5-15

```python
from django.test import TestCase

from django.contrib.auth.models import User
from .models import Message

class SnsTests(TestCase):

    def test_check(self):
        usr = User.objects.first()
        self.assertIsNotNone(usr)
        msg = Message.objects.first()
        self.assertIsNotNone(msg)
```

記述したら、「python manage.py test sns」をターミナルから実行してテストを行なってみてください。すると、予想外の結果になるでしょう。以下のようにメッセージが表示されるはずです。

```
======================================================================
FAIL: test_check (sns.tests.SnsTests)
----------------------------------------------------------------------
Traceback (most recent call last):
 File "略\django_app\sns\tests.py", line 10, in test_check
    self.assertIsNotNone(usr)
AssertionError: unexpectedly None


----------------------------------------------------------------------
Ran 1 test in 0.002s


FAILED (failures=1)
```

これは、self.assertIsNotNone(usr)のところで問題が発生していることを表します。assertIsNotNoneで変数usrがNoneでないかチェックをしているのですが、ここで問題が起きています。つまり、usrの値はNoneになっているのです。

390

アプリケーションをテストしよう | 5-4

ここでは、こんな具合にしてUserの値を取り出しています。

```
usr = User.objects.first()
```

Userから最初の値を取り出しているだけですね。それなのに、usrはNoneで、Userインスタンスが取り出せていないことがわかります。Userにはいくつかのユーザーが登録済みのはず。なぜ、そんなことになっているのでしょうか。

それは、「テストで使われるデータベースは、アプリケーションのデータベースではない」からです。

テストで使うデータベースは？

テスト実行時のメッセージの中に、データベースに関するものがありますね。この2文です。

```
Creating test database for alias 'default'...
Destroying test database for alias 'default'...
```

最初に表示されているのは「defaultのデータベースを作成しているよ」というもので、最後に表示されるのが「作成したdefaultのデータベースを削除するよ」というものです。

実は、テストではアプリケーションに用意されているデータベースは使われません。その設定情報を使い、テスト用のデータベースを作成し、実行後にそれを削除するようになっているのです。これはそのためのメッセージだったのです。

この「テスト用のデータベースをその都度作って利用している」というのは非常に重要です。そうすることで、アプリケーションのデータベースをテストによって書き換えてしまったりすることを防いでいるのですね。

しかし、逆にいえば、「アプリケーションで使っているデータベースをそのままテストでは使えない」ということなのです。

Chapter-5 本格アプリケーション作りに挑戦！

データベースのテストを完成させる

では、どうすればいいのか。これは、面倒ですが「テストするモデルのインスタンスを作成して保存してからテストを実行する」しかありません。

では、やってみましょう。tests.pyの内容を以下のように書き換えてください。

リスト5-16

```python
from django.test import TestCase

from django.contrib.auth.models import User
from .models import Group, Message

class SnsTests(TestCase):

    @classmethod
    def setUpClass(cls):
        super().setUpClass()
        (usr, grp) = cls.create_user_and_group()
        cls.create_message(usr, grp)

    @classmethod
    def create_user_and_group(cls):
        # Create public user & public group.
        User(username="public", password="public", is_staff=False,
            is_active=True).save()
        pb_usr = User.objects.filter(username='public').first()
        Group(title='public', owner_id=pb_usr.id).save()
        pb_grp = Group.objects.filter(title='public').first()

        # Create test user
        User(username="test", password="test", is_staff=True,
            is_active=True).save()
        usr = User.objects.filter(username='test').first()

        return (usr, pb_grp)

    @classmethod
    def create_message(cls, usr, grp):
        # Create test message
        Message(content='this is test message.', owner_id=usr.id,
            group_id=grp.id).save()
        Message(content='test', owner_id=usr.id, group_id=grp.id).save()
        Message(content="ok", owner_id=usr.id, group_id=grp.id).save()
```

392

アプリケーションをテストしよう | 5-4

```
        Message(content="ng", owner_id=usr.id, group_id=grp.id).save()
        Message(content='finish', owner_id=usr.id,
            group_id=grp.id).save()

    def test_check(self):
        usr = User.objects.first()
        self.assertIsNotNone(usr)
        msg = Message.objects.first()
        self.assertIsNotNone(msg)
```

　さあ、これでデータベースのテストが行なえます。ターミナルから「python manage.py test sns」を実行しましょう。ちゃんと「OK」が表示されますよ。

　ここでは、「create_user_and_group」「create_message」という2つのクラスメソッドを用意してあります。create_user_and_groupは、UserとGroupを作成するもので、ここではまずpublicユーザーとpublicグループを作成し、テスト用にtestユーザーを追加しています。create_messageはメッセージのサンプルを作成するメソッドで、testユーザーとpublicグループで5つのサンプルメッセージを追加します。

　これらのメソッドは、setUpClassメソッドの中から呼び出しています。こうすることで、テスト実行時にこれらが自動的に呼び出されるようになります。

　これらのメソッドによりテスト用データベースに必要なレコードが作成されました。後は、test_checkでUserとMessageのインスタンスを取得しNoneかチェックする処理を実行すればいいいわけですね。

データベースをいろいろ調べる

　データベースのテストを行なう準備はできました。ではtest_checkメソッドを書き換えて、もう少しいろいろとデータベースのチェックを行なってみることにしましょう。

リスト5-17

```
def test_check(self):
    usr = User.objects.filter(username='test').first()

    msg = Message.objects.filter(content="test").first()
    self.assertIs(msg.owner_id, usr.id)
    self.assertEqual(msg.owner.username, usr.username)
    self.assertEqual(msg.group.title, 'public')

    msgs = Message.objects.filter(content__contains="test").all()
    self.assertIs(msgs.count(), 2)
```

393

```
        c = Message.objects.all().count()
        self.assertIs(c,5)

        msg1 = Message.objects.all().first()
        msg2 = Message.objects.all().last()
        self.assertIsNot(msg1, msg2)
```

　ここでは、3つのassertIsと2つのassertEqualメソッドの計5つのチェックを実行しています。それぞれデータベースのどういう内容をチェックしているか整理しましょう。

●msgのowner_idがuser.idと同じかどうか

```
self.assertIs(msg.owner_id, usr.id)
```

●msgのownerのusesrnameとusrのusernameが同じ名前かどうか

```
self.assertEqual(msg.owner.username, usr.username)
```

●msgのgroupのtitleがpublicかどうか

```
self.assertEqual(msg.group.title, 'public')
```

●全Messageのレコード数が5かどうか

```
self.assertIs(c,5)
```

●最初と最後のMessageが異なるものかどうか

```
self.assertIsNot(msg1, msg2)
```

　さまざまなモデルのインスタンスを取得し、その内容をチェックしていることがわかります。特に、2つのassertEqualは非常に重要です。これらは、Messageのリレーションシップで関連付けられているUserやGroupが正しく連携できているかをチェックしています。これらが正常なら、モデルの関連付けが正しく機能していることになります。

　データベースは、このように「必要に応じてレコードを取り出し、その内容が意図した通りになっているか」を調べてテストをします。ここでは事前に決まった値をデータベースに保存して試していますが、例えばランダムにレコードを追加して得られるレコードを調べるなどすれば、更に厳密なテストができるでしょう。

assertIsとassertEqualの違いは？ Column

ここで行ったテストを見て、「assertIsとassertEqualって、同じじゃないの？」と思った人も多いかもしれません。この2つは、「2つの値が同じか調べる」というものですが、厳密には違うのです。

assertIsは、「両者が同一のものである」ことを調べます。例えば2つのインスタンスを保管した変数があったなら、「2つが同じインスタンスを示している」ことを調べるのです。

これに対し、assertEqualは「両者が同じ値として扱える」ことを調べます。クラスのインスタンスなどは、異なるものであっても内容が同じならば「等しい」と判断できるわけです。リスト5-17では、2つのテキストを比べていますが、テキストの場合も「異なる2つのテキストが同じ内容と判断できるか」はassertEqualを使います。

ビューにアクセスしてテストしよう

続いて、「ビュー」のテストです。これは、特定のURLにアクセスをして、その結果を元にテストを行ないます。これは、TestCaseに用意されている「Client」というクラスのインスタンスを使います。

Clientは、指定のページにアクセスするためのクライアントクラスです。これは以下のように利用します。

```
変数 = self.client.get( アクセス先 )
```

これで、指定したアドレスにアクセスを行なわせることができます。戻り値には、アクセスしたサイトからのレスポンスを管理するHttpResponseクラスのインスタンスが返されます。ここから、レスポンスに関する情報などを取り出してテストを行なえばいいのです。

Chapter-5 本格アプリケーション作りに挑戦！

SNSアプリケーションにアクセスする

　では、実際にSNSアプリケーションにアクセスしてテストを行なってみましょう。tests.pyの内容を以下のように書き換えてください。なお、クラスメソッド類は基本的に変わりないので省略してあります。

リスト5-18

```
from django.test import TestCase, Client
from django.utils import timezone
from django.contrib.auth.models import User
from django.urls import reverse

from .models import Group, Message

class SnsTests(TestCase):

    @classmethod
    def setUpClass(cls):
        ……変更ないため省略……

    @classmethod
    def create_user_and_group(cls):
        ……変更ないため省略……

    @classmethod
    def create_message(cls, usr, grp):
        ……変更ないため省略……

    def test_check(self):
        usr = User.objects.filter(username='test').first()

        # access to SNS.
        response = self.client.get(reverse('index'))
        self.assertIs(response.status_code, 302)

        # login test account and access to SNS.
        self.client.force_login(usr)
        response = self.client.get(reverse('index'))
        self.assertIs(response.status_code, 200)
        self.assertContains(response, 'this is test message.')
```

アプリケーションをテストしよう | 5-4

アクセスとステータスコード

　では、テストの内容を見てみましょう。ここでは、まずUserからtestというusername
のインスタンスを変数usrに取り出しています。そして、まず以下のようにアクセスを行なっ
ています。

```
response = self.client.get(reverse('index'))
self.assertIs(response.status_code, 302)
```

　self.client.getでSNSにアクセスをしていますが、引数には「reverse('index')」というもの
が使われていますね。reverseは、引数に指定したアクションにアクセスするURLを生成す
るものです。getの引数は、URLを直接テキストで記述するのでなく、reverseを使って指
定するのが基本です。

　そして戻り値のresponseから、status_codeというプロパティをチェックしています。
これは、アクセス状態に関するHTTPステータスコードの値です。ステータスコードは、ア
クセス状態を表すコードで、整数の値で返されます。主な値を以下にまとめておきましょう。

200	正常にアクセスできたことを示す。
301	アクセス先が恒久的に移動している。
302	発見した(アドレスにページはあるが正常にアクセスはできていない)
401	Bad Request。アクセスが不正である。
403	Forbidden。アクセスが禁止されている。
404	Not Found。アクセス先が見つからない。
500	Internal Server Error。サーバーの内部エラー。

　基本的に、200番台はリクエストが正常に受け付けられたことを示します。300番台はリ
クエストを受け付けるには追加の処理が必要であることを示します。400番台はリクエスト
に誤りがあることを示します。500番台は受け付けたサーバー側に問題が発生していること
を示します。

　ここでは、assertEqual(response.status_code, 302)でステータスコードが302であるこ
とをチェックしています。302は、アクセス先が見つかったことを示します。が、正常にア
クセスできた場合は200ですから、これは「正常にアクセスできた」わけではありません。ア
クセス先は見つかったが、正常にアクセスはできてないことを示します。これは一体、どう
いうことでしょう?

　このSNSは、アクセス時にログインする必要がある、ということを思い出してください。

397

| Chapter-5 | 本格アプリケーション作りに挑戦！ |

普通にアクセスすると、まずログインページにリダイレクトされました。つまり、「アクセス先はあるが、そのままではアクセスできない」状態だったわけです。そこで、302のステータスコードが返されたわけですね。

ログインしてアクセスするには？

では、どうすればいいのでしょう？ これは簡単で、「ログインしてからアクセスする」のです。これを行なっているのが、その後の部分です。

```
self.client.force_login(usr)
response = self.client.get(reverse('index'))
```

self.client.force_loginが、引数に指定したUserで強制的にログインするものです。これでログインを行なってから、self.client.getでアクセスをします。これなら問題なくアクセスができます。

```
self.assertIs(response.status_code, 200)
```

assertIsで、status_codeが200になっているかチェックしていますね。200は、正常アクセスの番号。これが成立すれば、正常にページにアクセスできています。

ページ内容をチェックする

アクセスができたら、ページの内容をチェックしてみましょう。これには、「assertContains」というメソッドを利用します。

```
self.assertContains(response, 'this is test message.')
```

assertContainsは、サーバーからのレスポンスを調べ、指定の値が含まれているかをチェックするものです。ここでは、'this is test message.'というテキストを調べていますね。これは、サンプルで作成しているMessageのコンテンツです。正常にアクセスできているなら、ログインしたユーザーが投稿したメッセージが表示されているはずです。ここでは、'this is test message.'というメッセージがページに表示されているかを確認していたのです。

ページの内容は、このようにassertContainsで「こういう内容が表示されているか」を調べていくことでチェックできます。作成したUser、Group、Messaegeの内容と、それがどのページでどう表示されているかを考えてチェックしていけばいいでしょう。

これからさきはどうするの？

　というわけで、これでDjangoによるWebアプリケーション作成の超入門は、これでおしまいです。「なんだか全然プログラミングできるようになった気がしない」なんて人もいるかもしれませんね。でも、大丈夫。あなただけでなく、誰だってみんなそうだから。

　プログラミングというのは、「ひたすら書いて慣れる」のが最善の習得方法なんです。基本的な使い方を通り一遍にざっと読んだからって、わかるようになんて絶対になりません。本当に使えるようになるかどうかは、「これから先、どれだけ繰り返しソースコードを書いて動かすか」にかかってきます。本気で覚えたいなら、何よりもまずコードを書きましょう。

　「そうはいっても、どこから手をつけたらいいかわからないよ」という人。そんな人のために、「とりあえず、これから先はこうしよう！」という簡単な道標を用意しておきましょう。

Pythonの入門書を買いに走れ！

　まず、何よりも先にやるべきことは「Pythonという言語をしっかり覚えること」です。しばらく前から始まったA.I.ブームにより日本でも「Pythonブーム」が続いており、今では多くの入門書が出版されています。以前と違い、学ぶための基本的な環境は整っている、といってよいでしょう。こうしたものを活用し、まずはPythonというプログラミング言語を基礎から身につけていきましょう。

　DjangoはPythonの機能をフルに活かしたフレームワークですから、Pythonの理解が深まればそれだけDjangoもしっかり理解できるようになります。Djangoをマスターするには、まずPythonから！

本書をもう一度しっかり読み返そう

　ある程度Pythonも身についてきたら、本書を最初からしっかりと読み返していきましょう。これだけで、Djangoの理解はだいぶ深まるはずですよ。このとき大切なのは、「掲載されたリストを全部書くこと」です。先ほどいいましたね、プログラミングの習得は「どれだけコードを書いたか」で決まる、って。本書に掲載されているリストは、とても優れたサンプル……とはお世辞にもいえませんが、ビギナーでもわかるようには書いたつもりです。ですから、書きながら内容を理解していきましょう。

サンプルを改良しよう

　本書では、最後にミニSNSを作りましたね。これは、それなりに使えるようにしたつもりですが、まだまだ手直しや拡張する部分がたくさんあります。

　例えば、利用者のホームページを用意して、興味のある利用者がどんな人か見られるよう

になっているといいですね。それに、テキストだけでなくイメージファイルを投稿したりできると更にいいでしょう。こんな具合に、便利そうな機能を自分なりに実装して拡張していくのです。

そうやって、さまざまな機能を自分で作っていくと、それだけ自分の中に「テクニックのストック」が増えていきます。自分なりに蓄積したテクニックこそが、プログラマには必要な財産となるんです。

オリジナルアプリケーションに挑戦！

ある程度、テクニックが増えていったら、それらを組み合わせてオリジナルのアプリケーションが作れないか考えてみましょう。アプリケーションの開発は、単に「機能を実装する」ことの集まりではありません。アプリケーションを作り公開するには、それなりの知識が必要となるのです。実際に自分だけのアプリケーションを作ることで、開発に必要なさまざまな経験を得ることができるはずです。

ここまでくれば、あなたはもう立派なプログラマ。それなりのものを作れるだけの知識と経験を身につけているはずです。「そんなところまでいくかな？」って思っている人。千里の道も一歩から、ですよ。とにかく今から始めましょう、PythonとDjangoの学習を！

2020.5 掌田津耶乃

Addendum

Python超入門！

Djangoを使うには、プログラミング言語「Python」がわかっていないといけません。ということで、ここでPython言語の必要最小限の知識を身につけておきましょう。これさえ読めばPythonは完璧！ には全然なりませんが、とりあえずDjangoを使える程度の知識は身につくはずですよ。

Addendum　Python超入門！

A-1　Pythonの基本を覚えよう

Pythonの2つの動かし方

　さて、これを読んでいるということは、おそらく1章でPythonをインストールして動かすぐらいまではできていますね。それなら話は簡単です。すぐにでもPythonを使い始められますから。

　Pythonはとてもわかりやすい言語ですが、何の予備知識もなくいきなり「さぁ、Djangoをプログラミングしましょう」となってもついていけるほど簡単ではありません。やっぱり、Pythonという言語の基本的な文法などを頭に入れて、スクリプトの書き方の基本がわかっていないと説明も理解できないでしょう。

　そのためには、とにかく「実際に書いて動かす」のが一番です。ということで、ここではPythonのプログラムを実際に書いて動かしながら、その基本的な文法を覚えていくことにしましょう。

インタラクティブモードとファイル実行

　Pythonのプログラムは、実は2通りの実行の仕方ができるようになっています。まずはそれを頭に入れておきましょう。2通りというのは以下のものです。

●インタラクティブモード

　Pythonには、ユーザーに文を入力してもらい、逐次実行しながら使う「インタラクティブモード」と呼ばれるものがあります。これは、長いスクリプトをすべて記述して動かすのではなく、1行ずつ「書いては動かし、書いては動かし」というように実行していくやり方です。

　あまり複雑なものになってくると考えるほうも大変でしょうが、ちょっとしたスクリプトを書いてその場で実行できるのは、アプローチとしては圧倒的に「楽」です。

●ファイル実行

　Pythonのスクリプトをテキストファイルに書いて、それをコマンドで実行させることもできます。こちらが、一般的なPythonの実行法でしょう。ある程度、複雑な処理になったら、インタラクティブモードよりファイルを使ったほうが逆に簡単かもしれません。

　これは、どっちかだけ覚えておけばいい、というものではありません。最初のうちは、インタラクティブモードを使ったほうが便利ですし、ある程度進んだらファイルによる実行のほうが楽です。
　ということで、インタラクティブモードを使いながら説明をしていき、ある程度進んだところでファイル実行方式に切り替える、という形で考えましょう。

IDLEを実行しよう

　では、実際にPythonを動かしてみましょう。最初のうちは、インタラクティブモードを使って少しずつ使っていきます。
　インタラクティブモードは、Pythonのコマンドを使って利用できます。コマンドプロンプトやターミナルから「python」と実行すれば、使うことができます。
　が、ここでは「IDLE」というツールを利用してみることにしましょう。これは、Pythonに標準で用意されているアプリケーションです。インタラクティブモードで実行できるだけでなく、入力したスクリプトが文法に応じて色分け表示やインデントしてわかりやすく表示されたり、専用のテキストエディタを開いてファイル編集したり、いろいろと便利な機能が用意されています。
　Windowsであれば、スタートボタンの「Python 3.x」(xは任意のバージョン)というグループ内に「IDLE(xx)」(xxは32bit/64bitの表示)といった項目が追加されています。これを選びましょう。macOSの場合は、「アプリケーション」フォルダ内の「Python 3.x」フォルダ内に「IDLE」というアプリケーションがあるのでこれを起動します。

図A-1　WindowsとmacOSのIDLE。

| Addendum | Python超入門！

図A-2　macOSのIDLE。

IDLEは、インタラクティブモードのコンソール

　起動したIDLEは、ウインドウ1枚だけのシンプルなアプリケーションです。これは、インタラクティブモードでPythonを実行するための専用アプリケーションなのです。

　起動すると、Pythonのバージョンなどが表示された後に、>>>と表示があり、その後にカーソルが点滅しています。ここにPythonの文を書いてEnterまたはReturnキーを押すと、書いた文が実行されるのです。

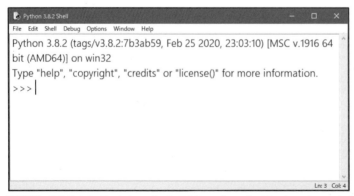

図A-3　IDLEのウインドウ。インタラクティブモードでPythonのコードが実行できる。

試してみよう！

では、実際にどんな具合に動くのか、試してみましょう。>>>の後にカーソルが表示されていますね。ここに以下のように文を書いてみましょう。

```
print('hello python!')
```

書いたら、そのままEnterまたはReturnキーを押して下さい。すると、その次の行に、「hello python!」とテキストが表示されます。これが、今実行した文の実行結果です。

その下には、また>>>が表れています。こんな具合に、文を書いてはEnter/Returnして実行、というのを繰り返しながら処理を行なっていけるんですね。

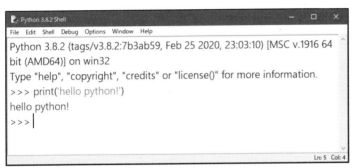

図A-4　print('hello python!')と書いてEnter/Returnすると、下に「hello python!」と表示される。

スクリプトの書き方のポイント

ひょっとしたら、今の簡単な文を実行しただけでなにかエラーのようなものが表示されてしまった人もいるかもしれませんね。それは多分、文の書き方の基本ルールを知らなかったためです。

Pythonのスクリプトは、「こういう点に注意して書く」という基本的な決まりがあります。簡単にまとめると以下のようになります。

●半角文字で書く！

Pythonのプログラムは、基本的に半角文字で書きます。英単語も数字も記号も、すべて半角文字を使います。全角文字は使いません。

●大文字と小文字は別の文字！

Pythonでは、さまざまな単語を書きます。これらは「大文字小文字まで正確に書く」必要があります。Pythonでは、大文字と小文字は別の文字として扱われます。

| Addendum | Python超入門！

●文は改行で終わり！

Pythonの文は、改行で終わります。つまり、改行すれば、自動的にそこでその文は終わりだ、と判断されます。「見かけの改行（見た目は改行しているけど実は続いている）」といったものもあるんですが、基本的に「改行したら文は終わり」と考えましょう。

●インデントは重要だ！

これはもう少し先の話になりますが……。

Pythonで長いプログラムを書くようになると、「構文」というものを使うようになります。この構文は、1つ1つの文の開始位置をずらして書きます。これは「インデント」というもので、半角スペースをいくつかつけて、文の始まり位置を右にずらして書くのです。

Pythonでは、この「インデント」は非常に重要です。なぜなら、このインデントを使って、構文の構造を記すようになっているからです。構文については後ほど説明しますので、今は「インデントがとても重要だ」ということだけ覚えておきましょう。

値には種類がある！

基本的な書き方がわかったところで、いよいよ文法の話に進みましょう。まずはプログラミングのもっとも基本的な要素である「値」についてです。

プログラミングというのは、一言でいってしまえば「値を使っていろいろな計算をするもの」といえます。値は、最初に頭に入れておかないといけないものなのです。

「値」と一口にいっても、さまざまなものがあります。まずは、どんな値があるのか、ざっと見ておきましょう。

●数値

値といえば、普通誰もが思い浮かぶのは「数字」でしょう。123といった整数や、0.01といった小数（実数）ですね。

Pythonでも、もちろん数字は使えます。書き方も、そのまま普通に数値を書くだけです。特別なことは何もありません。

例）123　　　　1000　　　　0.123

●テキスト

意外と思い浮かばない人も多いかもしれませんが、「テキスト」だって値です。テキストは、書き方が2通りあります。"記号を使ったものと、'記号を使ったものです。どちらの書き方でも同じようにテキストを値として用意できます。どっちを使っても、基本的には同じです。違いはありません。また、日本語もちゃんと使えます。

Pythonの基本を覚えよう | A-1

例）"Hello"　　　　'ok'　　　　"あいう"　　　　'こんにちは'

●真偽値

これはコンピュータ特有の値ですね。日常で使うことはまずない値でしょう。これは、「真か、偽か」という二者択一の状態の値です。正しいか、正しくないか。○か×か。そういった「2つに1つ」の状態を表すための専用の値です。

二者択一ですから、値は2つしかありません。「True」と「False」です。これらはPythonの予約語なので、テキストのように "True" なんて書いてはいけません。

例）True　　　　False

他にもたくさんある！

とりあえず、一番基本となる値はこれだけです。「数値(整数と実数)」「テキスト」「真偽値」の3つだけです。

が、これがすべてというわけではありません。この他にもたくさんの値があります。が、それらはこういうシンプルな値ではなく、もうちょっと複雑な構造をした値です。それらについては、改めて取り上げる予定です。

ということで、今の段階では、「値は3つの種類を覚えておけばOK」と考えて下さい。

計算しよう！

値がどういうものかわかったら、次に頭に入れておくのは「計算」です。まずは、一般的な「数値の計算」から。

Pythonには、一般的な四則演算のための記号がちゃんと揃っています。+-*/といったものですね。テンキーのところにある記号ですから、皆さんも見たことあるでしょう。これらを使って計算ができます。

この他、割り算では「%」という記号で、割り算の余りを計算できます。また「//」という記号で、割り算の整数部分だけを計算することもできます。

計算を試してみよう

では、実際にIDLEでやってみましょう。こんな具合に文を書いてEnter/Returnしてみましょう。

407

```
10 + 20 * 3 / 4
```

　実行すると、その次の行に、「25.0」と表示されます。こんな具合に、ただ式を書くだけでその結果が表示されるようになっているんですね。
　実際にいろいろな式を書いて実行してみましょう。ちゃんと答えが表示されるのが確認できますよ。

図A-5　10 + 20 * 3 / 4を実行すると、「25.0」と結果が表示される。

コラム なんで「.0」がつくの？　Column

　今、簡単な式を実行してみましたが、その答えが「25.0」というのに、ちょっと違和感を覚えた人もいるかもしれませんね。「25じゃないの？ なんで、25.0なの？」って。
　25の後に「.0」がついている理由は、答えが「整数」ではなくて「実数」だからです。実数の場合は、こんな具合に小数点の付いた形になります。
　どうして実数になったのかというと、わかりやすくいえば「割り算をしたから」です。Pythonでは、「計算式の中に実数が混じっている場合」「割り算した場合」には、他の数字が整数でも答えは実数になります。
　ですから、例えば割り算の/記号を//に変えると、答えは「25」になります。//記号は、割り算の整数の部分だけを計算するものなので、答えは整数になるんですよ。

図A-6　10 + 20 * 3 // 4 を計算すると、答えは25.0ではなく「25」になる。

テキストも計算できる！

計算に使える値は、数値だけではありません。実はテキストも計算をすることができます。それは以下の2つです。

●テキストをつなげる

テキストは、+記号を使ってつなげることができます。これは、'記号と"記号どちらを使ったテキストでも同じです。

例）`'abc' + "xyz"`

↓

`'abcxyz'`

●同じテキストをつなげる

テキストは、*記号で掛け算することもできます。これは「テキスト * 整数」という形で書いて、整数の数だけテキストをつなげます。

例）`'A' * 3`

↓

`'AAA'`

この2つの計算がわかれば、テキストを計算で作っていくことも簡単にできるようになります。では、実際にやってみましょう。IDLEから以下のように実行してみて下さい。

`('Ok' + 'Ng') * 3 + 'End'`

Enter/Returnすると、下には'OkNgOkNgOkNgEnd'とテキストが表示されます。特にこういう繰り返しのテキストなどは簡単に作ることができますね。

図A-7 実行すると、'OkNgOkNgOkNgEnd'と表示される。

| Addendum | Python超入門！ |

真偽値も計算できる？！

残る真偽値も、実は計算に使えます。これは、四則演算を全部使えるんです。では、どんな結果が得られるのか？ それは「数値」です。

真偽値は、計算で使うと「整数の値」に変換されるんです。Trueは1，Falseはゼロに。つまり、単純に「整数の計算」として扱われるようになるんですよ。整数ですから、計算はごく普通に行なえます。ただし、結果も整数なので、「真偽値を使った計算」を行なう意味をよく考えないと、「なんでこんな答え？」と思うような結果になるかもしれません。

これも実際に試してみましょう。

```
(True + True) * True
```

これを実行すると、結果は「2」になります。これ、整数に直すと、(1 + 1) * 1 ということになりますね。そう考えると答えはすぐにわかるでしょう。

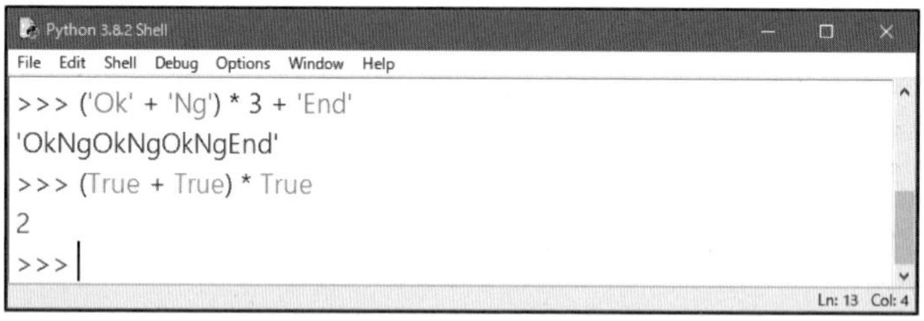

図A-8 (True + True) * Trueを実行すると「2」になった。

値のキャストについて

計算を行なうようになってくると、考えないといけないのが「値の種類」についてです。例えば、計算の結果として整数の値がほしいのに、得られる値は実数になってしまう、というようなこと、よくあるんです。こんなとき、どうしたらいいのか？

答えは「値をキャストする」のです。「キャスト」というのは、日本語で「型変換」と呼ばれます。ある値を別の種類の値に変換する作業のことです。

例えば、こんな計算を実行してみましょう。

```
123.45 + 67.89
```

答えは、「191.34」になります。この答えの整数部分だけをほしい（つまり、「191」という答え）場合はどうするか。それは、以下のように実行するのです。

```
int(123.45 + 67.89)
```

　これで、「191」という整数の数字が表示されます。こんな具合に、int(○○)というようにして、()の中に値や式などを入れると、整数にキャストしたものが得られるのです。

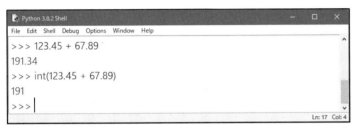

図A-9　int()を使うと整数にキャストできる。

主な値のキャスト

　このintのようなものは、整数だけでなくて他の種類の値も用意されています。主な値について整理しておきましょう。

●整数にキャスト
```
int( 値 )
```

●実数にキャスト
```
float( 値 )
```

●テキストにキャスト
```
str( 値 )
```

●真偽値にキャスト
```
bool( 値 )
```

キャストしてみよう

　では、実際にキャストを行なってみましょう。まずは、さまざまな値が混じった式を実行してみます。

```
'123' + 456 + True
```

Addendum | Python超入門！

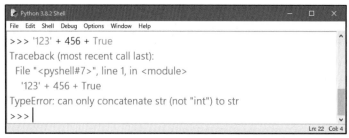

図A-10 実行すると、TypeErrorというエラーが表示される。

これを実行すると、TypeErrorというエラーメッセージが表示されます。このままでは計算ができないのです。

では、これらをキャストして実行してみましょう。まずは、整数に揃えてみます。

```
int('123') + 456 + True
```

これを実行すると、580という数値が表示されます。すべてが整数（または整数にキャストできる値）なので、「整数の計算」として実行できたのですね。

では、今度はテキストに揃えてみるとどうなるかやってみましょう。

```
'123' + str(456) + str(True)
```

これを実行すると、今度は'123456True'というテキストが表示されます。どういう種類にキャストするかによって値も変化することがわかるでしょう。

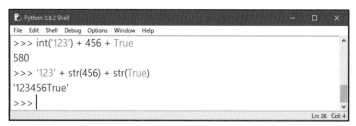

図A-11 式の値を、整数とテキストにそれぞれキャストしてみる。けっこう細かいところで結果が変わってくる。

比較演算

演算には、「答えが真偽値」というものもあります。その代表的なものが「比較演算」と呼ばれる計算です。

これは、<>=といった、2つの値を比較するための記号を使った式です。この記号には、以下のようなものがあります。

A == B	AとBは等しい
A != B	AとBは等しくない
A < B	AはBより小さい
A <= B	AはBと等しいか小さい
A > B	AはBより大きい
A >= B	AはBと等しいか大きい

例えば、「100 > 50」と実行すれば、Trueの値になります。このように、2つの値を比較して、それが正しければTrue、正しくなければFalseの値になります。

「こんなもの、どこで使うんだ？」と思うかもしれませんが、実は使うんです。これは、この後の「制御構文」というところで利用するので、頭の片隅に入れておいて下さい。

変数ってなに？

これで、「値」と「計算」の基本がわかりました。では、次に覚える必要があるのは？ それは「変数」です。

変数は、値を一時的に保管しておくための入れ物です。これは、こんな具合に使います。

```
変数名 = 値
```

これで変数が作られ、値がその変数に入れられます。値を入れた変数は、その値と同じように計算式などで使うことができます。

この変数は、プログラミングをやったことがないと、具体的にどういうものかピンとこないかもしれませんね。そういうときは、とにかく実際に文を書いて動かしてみるのが一番です。

変数を使ってみる

では、IDLEで順に実行していきましょう。以下の文を1つずつ順に実行していって下さい。

```
x = 100
```

```
y = 200
x + y
```

図A-12 x＋yの後に「300」と結果が表示される。

　これを実行すると、x = 100、y = 200の後には何も表示されませんが、x + yの後には「300」という数字が表示されます。
　ここでは、まずxとyという変数を用意していますね。この部分です。

```
x = 100
y = 200
```

　Pythonのインタラクティブモードでは、こんな具合に変数を作成すると、その変数はインタラクティブモードを終了するまでずっとメモリの中に保管されるようになっています。つまり、これで変数xとyが用意できたわけですね。

```
x + y
```

　これで、変数を使った計算をしています。xは100、yは200が入っていますから、この式は「100 + 200」という式と同じものと考えていいでしょう。それで、「300」という答えが返ってきたのです。
　こんな具合に、変数を使うと、さまざまな値を保管して再利用することができます。

もうプログラムは作れるぞ！

　値・計算・変数がわかれば、ごく単純なプログラムは作れるようになります。先ほど、変数xとyを使った文を書いて実行しましたが、これは短いけれど、プログラムです。皆さんは、いろいろと複雑な計算などを行なわせることができるようになっているんです。
　もうちょっと、まともに役に立ちそうなプログラムを考えてみましょう。例えば、スーパーで買い物したときの計算をプログラムでしてみましょう。

キャベツ	235円
ニンジン	178円
玉ねぎ	98円
豚肉	497円
カレーのルー	298円

これだけ買い物をします。これらは全部、税込価格です。このうち、消費税はいくらになるのか計算してみましょう。

プログラムは、ざっとこんな感じになります。

リストA-1
```
price = 235
price += 178
price += 98
price += 497
price += 298
value = price // 1.08
tax = price - value
'本体価格：' + str(value) + ' 消費税額：' + str(tax)
```

これらを順に書いて実行してみましょう。買い物した金額を合計して、そこから本体価格と消費税額を割り出して表示してくれます。まぁ、このぐらいの計算なら電卓でもできますけど、ちゃんとプログラムが動いている感じはするでしょう？

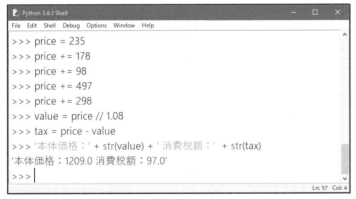

図A-13　リストA-1を実行すると、合計金額から本体価格と消費税額を計算して表示する。

| Addendum | Python超入門！|

代入演算はすごい！

　ここでは、変数priceに数字をどんどん足していっています。これは、こんな具合に計算を行なっていますね。

```
price += 178
```

　この「+=」ってなんだ？　と思った人。これは「代入演算子」っていう記号なんです。これは、わかりやすくいえば、「＝と＋を一緒にしたもの」です。つまり、こういうこと。

```
price += 178
```
↓
```
price = price + 178
```

　priceと178を足したものをまたpriceに収める、ということをやっていたんです。つまり、「priceに178を足す」ということになるわけですね。
　この代入演算子という記号は、四則演算の記号すべてに用意されています。こういうものですね。

| += | -= | *= | /= | //= | %= |

　この代入演算が使えると、計算の式がすっきりわかりやすくなります。余力があればぜひ覚えておきましょう！

Addendum Python超入門！

A-2 制御構文を使おう

条件分岐「if」

値・計算・変数といった基本的な要素が頭に入ったら、これらの要素を使ってプログラムを組み立てていくために必要となる「構文」を覚えることにしましょう。

構文にはさまざまなものがありますが、一番重要なのは「制御構文」というものです。これはプログラムを制御するためのものです。制御構文を使って処理の流れを制御することで複雑な処理ができるようになります。

ifは構文の基本！

最初に覚えるのは、「if」という構文です。これは「条件分岐」という制御を行なうためのものです。

条件分岐というのは、「条件によって、処理を実行させるかどうか決めるもの」です。あらかじめ用意された条件をチェックし、その結果によって処理を実行するかどうか決める、あるいはAの処理にするかBの処理にするか決める、といったものです。

このif文の書き方をまとめておきましょう。

● **if文の書き方（1）**

```
if 条件 :
    ……条件がTrueのときの処理……
```

● **if文の書き方（2）**

```
if 条件 :
    ……条件がTrueのときの処理……
else :
    ……条件がFalseのときの処理……
```

Addendum | Python超入門！

●if文の書き方（3）

```
if 条件1 :
        ……実行する処理……
elif 条件2 :
        ……実行する処理……

……必要なだけelifを用意……

else:
        ……それ以外の場合の処理……
```

　たくさんありますが、基本は（1）と（2）です。（3）のelifは次々と条件をチェックしていくことで3つ以上の分岐を行なうのに使います。これは、いわば「ifの応用」なので、今すぐ理解する必要はないでしょう。「そういうのがある」ぐらいに覚えておいて下さい。

条件は真偽値！

　このif文では、ifの後に条件となるものを用意します。この条件は、結果が真偽値になる値や変数、式などを使います。そして、この条件の結果がTrueならば、そのすぐ下にある処理を実行していきます。そうでない場合は、何もしないか、else:の後にある処理を実行します。

インデントが重要！

　このif文の書き方で一番重要なのは、実行する文の前にあるスペースです。よく見て下さい。こうなっていますね？

```
if 条件 :
    ○○○○
```

　実行する処理の前に半角スペースがいくつかついているのがわかるでしょう。これは、例えばこう書くと動きません。

```
if 条件 :
○○○○
```

　実行する文（○○○○）の前にあるいくつかの半角スペースが、とても重要なんです。これは「インデント」と呼ばれるものです。

　このインデントは、その文が、前にあるifで実行する文であることを表します。例えば、

こんな具合にスクリプトが書いてあったとしましょう。

```
if 条件 :
    ○○○○
    ○○○○
△△△△
```

この条件がTrueのときに実行するのはどの部分なのか？　それは、○○○○の2行です。その後の△△△△は、if構文とは関係ない文になります。インデントで右側に開始位置が移動している部分だけが、このif構文で実行する部分なのです。

このように、Pythonのスクリプトは、「インデントがどうなっているか」で構造がわかるようになっています。正しくインデントをつけないと思ったように動いてくれません。くれぐれも「インデントの位置」に注意しましょう。

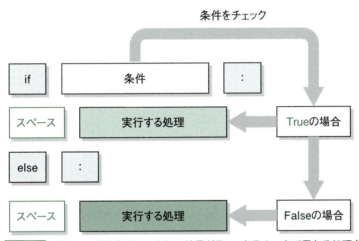

図A-14　if文は、条件をチェックし、結果がTrueかFalseかで異なる処理を実行する。

Addendum Python超入門！

> ### コラム インデントはどうやってつける？ **Column**
>
> 　インデントは重要ですが、これってどうやってつけるんだ？　と疑問に思ってる人もいるでしょう。
>
> 　これは、「Tabキーを使う方法」と「半角スペースを使う方法」があります。どちらでもスクリプトはちゃんと動きます。が、Pythonでは、半角スペースを使うのが一般的です。だいたい「半角スペース4つ」をつけてインデントするのが基本、と考えていいでしょう。
>
> 　もちろん、半角スペース2個でも6個でも、Tabキーでインデントをしても問題はありません。重要なのは、「すべて同じやり方で統一する」ということ。自分なりの書き方を決め、すべて統一して書くようにしましょう。

if文を使ってみよう

　では、実際にif文を使ってみましょう。今回も順に文を書いていきますが、ちょっと書き方に注意が必要です。

リストA-2

```
x = 123
if x % 2 == 0:
    res = '偶数です。'
else:
    res = '奇数です。'

str(x) + 'は、' + res
```

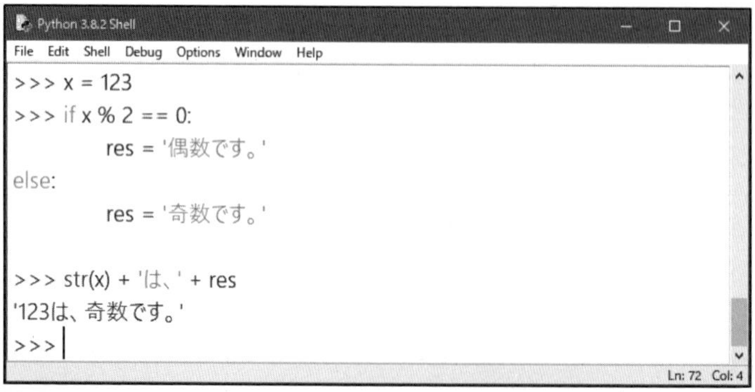

図A-15　実行すると、'123は、奇数です。'と表示される。

制御構文を使おう A-2

if x % 2 == 0: を入力し Enter/Return すると、次の行の冒頭に >>> は表示されず、タブが1つ自動挿入された状態になります。これは、「まだ構文が終わってない」ことを表します。このまま res = '偶数です。' を記入し、Enter/Return します。

次の else: は、自動挿入されているタブを delete キーで削除して左端の位置に戻してから記入します。そして Enter/Return して、res = '奇数です。'。

これで if 構文はすべて記入したので、タブを削除し、何も書いてない状態で Enter/Return すると、if 構文が実行され、再び >>> が表示されます。そうしたら、最後の str(x) + 'は、' + res を記入し実行すれば、結果が表示されます。

こんな具合に、IDLE では構文の最初の文を実行すると、>>> が表示されず、構文の続きを入力する状態になります。そのまま続きを記入していき、最後に何も書かずに改行すれば構文の入力が終わります。このとき注意したいのは、「タブによるインデントの位置」です。構文内の文はタブ1つ右にインデントされた状態で書きますが、else: はタブを削除して元の位置に戻してやる必要があります。「正しくインデントを指定して書く」のがポイントです。

条件は、比較演算が基本！

では、if 文がどうなっているか見てみましょう。ここでは、if の条件のところにこんな式を設定していますね。

```
if x % 2 == 0:
```

条件は、「x % 2 == 0」という文ですね。これは、「x % 2」と「0」を比べて同じかどうかをチェックしている式です。そう、前に触れた「比較演算」というものですね！ 2つの値を比べて、等しいかどうか、どっちが大きいか、といったことを調べるものです。

if の条件は、このように「比較演算の式」を使うのが一番です。その他のものでも、真偽値の値で結果が得られるものならばなんでも使えますが、慣れないうちは「if の条件は比較演算を使う」と覚えておきましょう。

繰り返し「while」

制御構文には、条件分岐の他に「繰り返し」があります。この繰り返しの基本となるのが「while」という構文です。これは以下のように記述します。

```
while 条件 :
    ……繰り返す処理……
```

非常にシンプルですね。この条件は、ifの条件などと同じで、真偽値として扱えるものなら、値や変数、式などなんでも指定できます。が、慣れないうちは、「比較演算の式を使う」と覚えておきましょう。

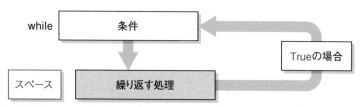

図A-16　whileは、条件がTrueである間、その後にある処理を繰り返し実行し続ける。

whileを使ってみよう

では、実際にwhileを使ってみることにしましょう。また例によって、構文が終わったら何も書かずに改行し、インデントを削除してから書いて下さい。

リストA-3

```
end = 100
total = 0
count = 1
while count <= end:
    total += count
    count+= 1
'1から' + str(end) + 'までの合計は、' + str(total) + 'です。'
```

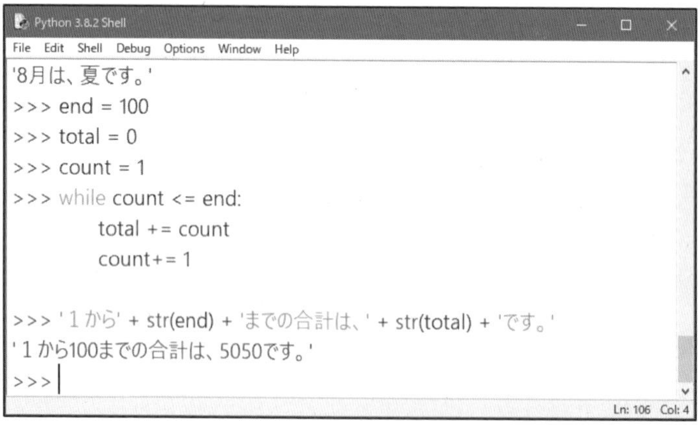

図A-17　実行すると、「1から100までの合計は、5050です」と表示される。

制御構文を使おう | A-2

実行すると、'1から100までの合計は、5050です。'とメッセージが表示されます。これは1から、変数endまでの整数の合計を計算するものです。動作を確認したら、endの値をいろいろと変更して確かめてみましょう。

ここでは、whileをこんな具合に使っていますね。

```
while count <= end:
```

変数countの値が、変数endより小さいか同じである間、繰り返し続けます。countの値は、count+= 1により、繰り返すごとに1ずつ増えていきますから、totalには1，2，3……と順に値が足されていくわけですね。そして、endより大きくなったら繰り返しを抜けて結果を表示する、というわけです。

繰り返しはもう1つある！

これで、条件分岐と繰り返しの構文がわかりました。が、実をいえば、制御構文はこれだけではありません。もう1つ、とても重要な繰り返し（「for」というものです）が残っています。

が、これはたくさんの値を扱うための特別な値を利用するためのものなので、今は説明しません。このforについては、また改めて説明をする予定です（といっても、すぐこの後ですが）。今はifとwhileだけ覚えておけばいいでしょう。

A-3 多数の値をまとめて扱う

たくさんの値を保管する「リスト」

さて、構文の基礎が頭に入ったところで、もう一度、値と変数に話を戻しましょう。Pythonという言語は、割と理数系の分野で広く用いられています。これは、そのためのライブラリなどがとても豊富なためですが、こうした処理を行なうには、「たくさんのデータを扱う」方法を知っておかないといけません。

変数に値を入れて計算する方法は頭に入っていますが、変数は基本的に1つの値しか保管できません。もし、「1万個のデータを処理する」というときには、1万個の変数を用意しないといけません。これ、かなり大変ですね。

でも、こういう「大量のデータを処理する」ということは、プログラムの開発ではよくあるんです。そういうとき、1つ1つ変数を用意するのではやってられません。たくさんのデータをひとまとめに扱えるような仕組みが必要です。

Pythonには、こうした仕組みがいろいろと用意されているのです。それらについて、ここで説明しておきましょう。

まず最初に登場するのは「リスト (list)」です。

0	1	2
"One"	"Two"	"Three"

図A-18　リストは、通し番号を割り振った保管場所に値を保管するもの。

リストは、番号で値を管理する

リストは、値を保管するたくさんの場所を持った特別な値です。1つ1つの保管場所には、ゼロから順番に通し番号が付けられていて、この番号を使って特定の値を取り出したり変更したりできます。

多数の値をまとめて扱う | A-3

では、基本的な使い方をまとめておきましょう。

●リストを作る（1）

```
[ 値1，値2，値3，……]
```

　リストを値として書くときは、[]の中に、1つ1つの値をカンマで区切って記述していきます。リストを扱うとき、注意したいのは「保管場所」です。リストの保管場所は、最初にリストを作ったときに用意されます。用意されていない番号を指定するとエラーになるのです。従って、最初のうちは必要な値をすべて用意してリストを作るようにしましょう。

●リストを作る（2）

```
list( 値1，値2，値3，……)
```

　もう1つ、listの後に()をつけて、この中に値をカンマで区切って記述していく、という書き方もできます。

●リストを値に代入する

```
変数 = リスト
```

　リストは、変数に入れて利用するのが基本です。変数に入れた後、この後の説明のように値を出し入れして利用します。

●リストから値を取り出す

```
リスト [ 番号 ]
```

　リストにある値には、ゼロから順に番号が割り振られています。値を取り出すときは、[]という記号を使って、取り出したい値の番号を指定します。

●リストに値を保管する

```
リスト [ 番号 ] = 値
```

　リストに値を保管する場合も、やはり番号を使います。保管する場所の番号を[]で指定して、そこに値を代入します。

| Addendum | Python超入門！ |

リストを使ってみる

　では、実際にリストを使ってみることにしましょう。ごく簡単なリストの値の操作を行なってみます。

リストA-4

```
data = [0, 100, 200, 300, 400]
data[0] = data[1] + data[2] + data[3] + data[4]
data
```

```
Python 3.8.2 Shell                                    ─   □   ×
File  Edit  Shell  Debug  Options  Window  Help
>>> data = [0, 100, 200, 300, 400]
>>> data[0] = data[1] + data[2] + data[3] + data[4]
>>> data
[1000, 100, 200, 300, 400]
>>>
                                                    Ln: 110  Col: 4
```

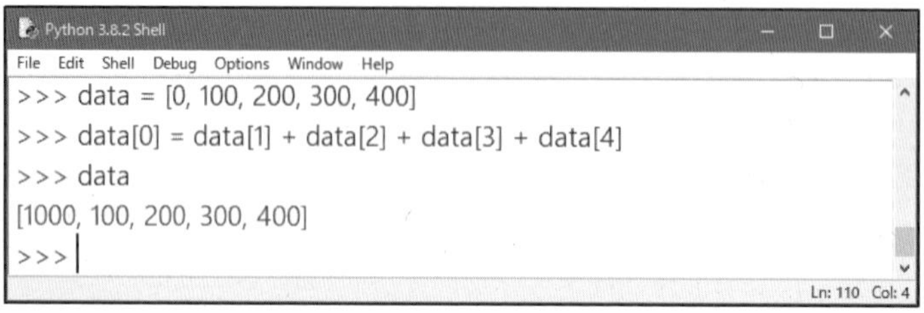

図A-19　実行すると、dataの内容が[1000, 100, 200, 300, 400]と表示される。

　これは、5つの値を持つリストを変数dataに代入し、その値を操作する例です。実行すると、最後に [1000, 100, 200, 300, 400] とリストの内容が表示されます。

　ここでは、最初のdata[0]に、残りのdata[1] 〜 data[4]を足した合計を代入しています。[]を使って、取り出す値を指定しているのがわかりますね。

　このリストには、最初に[0, 100, 200, 300, 400]と値が用意されていました。[0]には0、[1]には100、[2]には200……というように、最初の値がゼロ、次が1，その次が2という具合に、番号付けされた保管場所に値が収められているんですね。

　この「順番に値を保管する」というのが、リストの特徴です。入れた順番に値を並べて管理しているんですね。

リストも計算できる！

　このリストは、ただ値を保管するだけでなく、テキストなどと同じ感覚で計算を行なうこともできます。どんな計算ができるか簡単にまとめておきましょう。足し算と掛け算の働きは、テキストの計算とそっくりですよ。

●リストの足し算

　リストどうしは、足し算することで1つのリストにまとめることができます。これは、両

多数の値をまとめて扱う │ A-3

方共にリストでないといけません。片方が普通の値(数値やテキストなど)だとうまくいきません。

例) [1, 2, 3] + [4, 5, 6]

⬇

[1, 2, 3, 4, 5, 6]

●リストと整数の掛け算

リストは、整数と掛け算することで、同じリストをいくつもつなげたものを作ることができます。

例) [1, 2, 3] * 4

⬇

[1, 2, 3, 1, 2, 3, 1, 2, 3, 1, 2, 3]

リストと繰り返し構文「for」

リストのように多数の値をまとめて扱うためのものは、Pythonには他にもいろいろと用意されています。それらは、「保管している値をすべて順番に取り出して処理する」という作業を行なうための専用の構文を持っています。それが「for」構文です。

このfor文は以下のような形をしています。

```
for 変数 in リスト :
    ……実行する処理……
```

inの後にあるリストから順に値を取り出し、その前の変数に入れて処理を実行します。すべての値を取り出し終わったら、構文を抜けて次に進みます。ここではリストを例として説明していますが、その他の「複数の値をまとめて扱う値」でも同様に使えます。

forを使ってみる

では、実際にforを使ってみることにしましょう。また例によって構文の後は何も書かずに改行して書きましょう。

リストA-5
```
data = [1234, 567, 89]
```

427

| Addendum | Python超入門！ |

```
total = 0
for item in data:
    total += item


'合計：' + str(total)
```

```
Python 3.8.2 Shell                                        —    □    ×
File  Edit  Shell  Debug  Options  Window  Help
>>> data = [1234, 567, 89]
>>> total = 0
>>> for item in data:
        total += item

>>> '合計：' + str(total)
'合計：1890'
>>>
                                                    Ln: 123  Col: 4
```

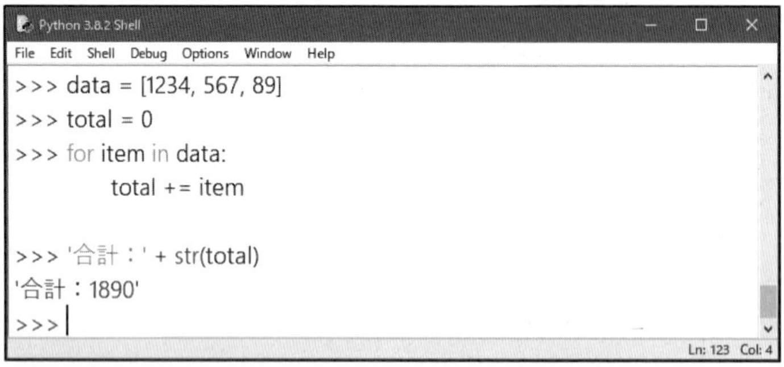

図A-20　リストdataに保管されている値の合計を計算する。

　ここでは、変数dataにリストを用意しています。このリストの中にある値をすべて合計した値を計算しています。ここでは、こんな具合にforを使っていますね。

```
for item in data:
```

　これで、dataから毎回1つずつ値を取り出して変数itemに入れる、ということを繰り返していきます。その後にあるtotal += itemで、取り出したitemを順に変数totalに足していく、つまりdataにある値をすべてtotalに足すことができる、というわけです。
　どういう働きをするかさえきちんと理解できれば、forを使うのは割と簡単なんです。

値を変更できない「タプル」

　リストと似たようなものに「タプル(tuple)」というものもあります。リストは[]記号で値をまとめましたが、タプルは()を使って値をまとめます。

●タプルを作る(1)

```
( 値1, 値2, 値3, ……)
```

●タプルを作る(2)

```
tuple( 値1, 値2, 値3, ……)
```

多数の値をまとめて扱う A-3

タプルに保管されている値を取り出す場合は、リストと同様に[]を使ってインデックスの番号を指定して取り出します。

●タプルの足し算

タプル ＋ タプル

●タプルの掛け算

タプル ＊ 整数

タプルどうしの足し算と、タプルと整数の掛け算もサポートしています。どちらもリストの計算とまったく同じですね。

違いは「書き換え不可」

まぁ、[]と()という違いはありますが、リストとタプルはどちらも多数の値をまとめて管理するものです。そして[]を使いインデックスで値を取り出すのも同じです。「だったら、どっちか1つでいいのに。なんで2つあるんだ？」と思うかもしれません。

実は、リストとタプルには、小さいけれど決定的な違いがあるのです。それはこういうこと。

「タプルは、変更できない」

リストは、作成した後で、保管してある値を入れ替えたりして操作できます。が、タプルは、作ったものは後で変更できないのです。

タプルのように、「作った後で値の変更ができない」というものを、Pythonの世界では「イミュータブル」と呼びます。反対に、後で値を変更できるものを「ミュータブル」と呼びます。リストはミュータブル、タプルはイミュータブル、というわけですね。

タプルを使ってみる

では、タプルを実際に使ってみましょう。といっても、値の変更ができないだけで、使い方はリストとほとんど違いありません。リストの復習のつもりで見て下さい。

リストA-6

```
data = (98, 75, 61, 83, 79)
total = 0
for item in data:
```

|Addendum|Python超入門！|

```
    total += item

ave = total // 5
'合計：' + str(total) + ' 平均：' + str(ave)
```

```
Python 3.8.2 Shell                                     □  ×
File  Edit  Shell  Debug  Options  Window  Help
>>> data = (98, 75, 61, 83, 79)
>>> total = 0
>>> for item in data:
        total += item

>>> ave = total // 5
>>> '合計：' + str(total) + ' 平均：' + str(ave)
'合計：396 平均：79'
>>>
                                            Ln: 137  Col: 4
```

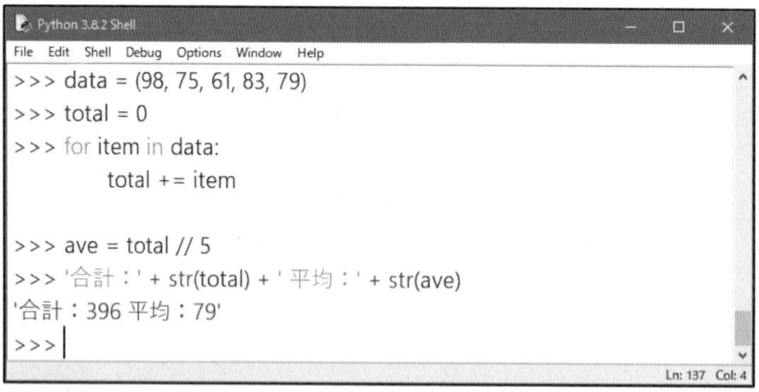

図A-21　dataに保管されている値の合計と平均を計算する。

　値をまとめたdataから順に値を取り出していき、合計totalを作成しています。また、その値をdataの個数で割って平均も求めてみました。

　こんな具合に、基本的な使い方はリストもタプルもほとんど違いはありません。まぁ、細かな機能を見ていくとだいぶ違いはあるのですが(なにしろタプルでは値を変更するたぐいの機能がまったくないのですから)、「どっちも使い方は同じ」と覚えておいていいでしょう。

意外と使う「レンジ」

　タプルのように、多数の値をまとめて扱い、かつイミュータブル(書き換え不可)である、というものが実は他にもあります。それは「レンジ(range)」というものです。

　このレンジは、「連続する数列」を扱うためのものです。数列なんていうとなんだか難しそうですが、要するに「数字が順番に並んだもの」ですね。

　このレンジは、以下のようにして作ります。

●レンジを作る(1)

```
range( 数字 )
```

●レンジを作る(2)

```
range( 開始値 , 終了値 )
```

多数の値をまとめて扱う ┃ A-3

●**レンジを作る（3）**

```
range( 開始値 , 終了値 , 間隔 )
```

単純に、range(○○)とすると、ゼロからその数字未満の数列(数字が並んだもの)を作ります。例えば、こんな具合です。

```
range(5)
```

⬇

0，1，2，3，4 の数列

2つの数字を引数に指定すると、「ここからここまで」というように範囲を指定してレンジを作れます。例えば、こんな具合です。

```
range(3, 7)
```

⬇

3，4，5，6 の数列

┃ レンジを使ってみる

レンジが大活躍するのは、forを使った繰り返し処理を行なうときです。では、実際にレンジを利用してみましょう。

リストA-7

```
total = 0
for n in range(1, 1000+1):
    total += n

'合計は、' + str(total) + 'です。'
```

```
Python 3.8.2 Shell                                          ─   □   ×
File  Edit  Shell  Debug  Options  Window  Help
>>> total = 0
>>> for n in range(1, 1000+1):
        total += n

>>> '合計は、' + str(total) + 'です。'
'合計は、500500です。'
>>>
                                                        Ln: 143  Col: 4
```

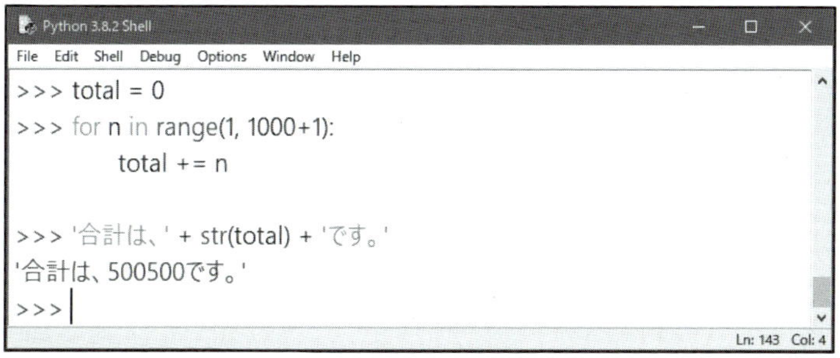

図A-22　実行すると、1から1000までの合計を計算する。

431

| Addendum | Python超入門！|

これを実行すると、'合計は、500500です。'とメッセージが表示されます。1から1000までの合計を計算しているんですね。forを見ると、こうなっています。

```
for n in range(1, 1000+1):
```

inの後に、レンジを使って1〜1000までの数列を用意しています。こうすれば、1から1000までの数字を簡単に合計できるんですね。

注意してほしいのは、range(1, 1000) ではダメ！ という点です。レンジは、指定した数字「未満」の数列を作ります。range(1, 1000)だと、1から999までの数列になってしまうんです。それで、ここではrange(1, 1000+1)というように1足してあるんですね！

名前で値を管理する「辞書」

ここまで紹介したものは、みんな「インデックス」という番号で値を管理していました。が、Pythonには、数字以外のもので値を管理するものもあります。それが「辞書(dict)」です。

辞書は、「キー」と呼ばれる名前をつけて値を管理します。これは、以下のような形で作成します。

●辞書を作る（1）

```
{ キー1 : 値1 , キー2 : 値2 , ……}
```

●辞書を作る（2）

```
dict( キー1 = 値1 , キー2 = 値2 , ……)
```

値1つ1つに、キーを指定して作ります。作成した辞書は、リストなどと同じように[]を使って必要な値を取り出したり変更したりできます。ただ、[]に指定するのがインデックス番号ではなく、キーという名前だ、というだけの違いです。

'one'	'two'	'three'
123	456	789

図A-23　辞書は、インデックス番号の代りに「キー」という名前をつけて値を保管する。

辞書とfor文

たくさんの値を扱うものでは、forを使ってすべての値を処理することができます。辞書もこの点は同じです。ただし注意したいのは、繰り返しで取り出されるのが、値ではなく「キー」だ、という点です。

```
for 変数 in 辞書 :
    ……辞書［変数］ から値を取り出し処理……
```

辞書から、順にキーを変数に取り出していくので、繰り返し実行する部分では、そのキーを使って辞書から値を取り出して処理します。

では、辞書でforを利用した例をあげておきましょう。

リストA-8
```
data = {'国語':98, '数学':73, '英語':85, '社会':61, '理科':79, '合計':0}
total = 0
for key in data:
    total += data[key]

'合計：' + str(total)
```

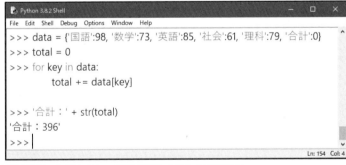

図A-24　実行すると、辞書の値を合計して表示する。

ここでは、dataに5教科の点数がまとめてあります。実行すると、dataから順に値を取り出してtotalに足していき、合計を計算して表示します。

ここでは、こんな具合にforを使っていますね。

```
for key in data:
    total += data[key]
```

| Addendum | Python超入門！|

for文では、dataからキーを取り出しkeyに設定しています。そしてdata[key]として値を取り出すと、それをtotalに足していきます。こうやって、辞書のすべての値を処理することができました！

A-4 関数からクラスへ

決まった処理をいつでも実行！

　ある程度、ちゃんとした処理が行なえるようになってくると、そろそろ「プログラムを効率的に組み立てる」ということを考える必要が出てきます。例えば、同じような処理を何度も行なうような場合を考えてみましょう。こんなとき、「あらかじめ用意した処理をいつでもどこでも実行できる」ような仕組みがあれば、一度書くだけで何度でも実行できるようになりますね。

　そこで登場するのが、「関数」というものです。

関数はスクリプトの小さなかたまり

　関数は、メインのスクリプトから切り離して書いておける、小さなプログラムのかたまりです。

　これまで書いたスクリプトは、どれも「最初から最後まで実行しておしまい」というものでした。まぁ、ifやwhile、forを使ったサンプルもありましたが、それらも「順番に最後まで実行して終わり」というのは同じですね。

　関数は、スクリプトの中から、特定の処理の部分をメインプログラムから切り離し、いつでも呼び出せるようにしたものです。関数として切り離した部分は、スクリプトを実行しても実行されません。その部分は無視されるんです。その代わり、メインプログラムの中から「この関数を実行して」と呼び出されると、いつでも何回でもその処理を実行させることができます。

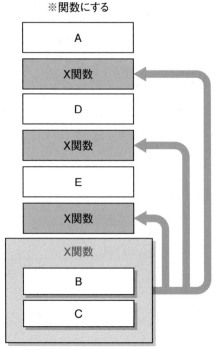

図A-25 よく使う処理を関数として切り離すと、いつでも呼び出して使えるようになる。

「組み込み関数」ってなに？

　この関数は、実はPythonにたくさん組み込まれています。よく使われるような処理は、あらかじめPythonに標準で用意しておいて、いつでも使えるようにしているのです。

　この「Python超入門」の最初のところで、こんな文を書いて実行したのを覚えていますか。

```
print('hello python!')
```

　これ、実は関数を利用した文なのです。ここでは、「print」という関数を使っています。この関数は、コンソールに値を出力する働きをするものです。printの後の()に値を書いておくと、それが書き出されるようになっているんですね。

　こういう便利な機能を実現する関数が、Pythonにはたくさんあるのです。

関数からクラスへ | A-4

関数の呼び出し方

では、この関数はどのようにして呼び出して利用すればいいんでしょうか。呼び出し方を整理すると以下のようになるでしょう。

関数名（　引数　）

関数の名前の後に()をつけます。この()の中には、「引数」といって、関数が必要としている値を用意してやります。例えば、print関数は「値を表示する」ためのものですから、使うためには表示する値が必要ですね。これを用意するのに使われるのが引数なんです。

関数の中には、引数がないものもあります。こうしたものでも、()だけはつけておかないといけません。

スクリプトファイルを用意しよう

関数の説明に入る前に、そろそろ「IDLEで文を書いて実行」というやり方からもっと効率的なやり方にスクリプトの実行方法を変えることにしましょう。それは「スクリプトファイル」を使ったやり方です。

これまでは、IDLEで複数行入力の機能を使って実行してきました。が、スクリプトが長く複雑になって来ると、このやり方では限界があります。より複雑な処理を行なうには、「テキストファイルにスクリプトを書いて実行する」というやり方が基本なのです。

まず、テキストエディタを起動して、スクリプトを記述します。これは、どんなものでも構いません。Windowsならメモ帳でいいですし、macOSならテキストエディットでいいですね。でも、実をいえばIDLEにも簡単なテキストエディット機能が用意されているのです。今回はこれを使ってみましょう。

「File」メニューから「New File」というメニュー項目を選んで下さい。すると、画面に新しいウインドウが現れます。これは、IDLEのように>>>は表示されません。ごく普通のテキストエディタのウインドウなのです。ここにスクリプトを書いて保存し、実行すればいいのですね。

| Addendum | Python超入門！

図A-26 「New File」メニューで新しいテキストエディタを開く。

input関数で入力しよう

では、スクリプトを書いて動かしていきましょう。まずは、ごく簡単な「組み込み関数」を使ってみることにします。

Pythonにはたくさんの関数が組み込まれていますが、その中でも覚えておくととても便利なものがあります。それは「input」というものです。

```
変数 = input( テキスト )
```

こんな具合に使います。()の引数には、表示するメッセージをテキストで指定します。

このinputは、「値を返す関数」です。ただなにかを実行するだけでなく、実行した結果を値として返します。ですから、こんな具合にinputを変数に代入すると、返ってきた値を変数に入れて利用することができるのです。

こういう「関数から返ってくる値」のことを「戻り値」といいます。

inputを使ってみる

では、input関数を実際に使ってみましょう。例として、整数を入力すると、1からその数字までの合計を計算して表示する、というものを考えてみます。

先ほどIDLEの「New File」で開いたテキストエディタのウインドウに、以下のスクリプトを記述しましょう。

リストA-9

```python
in_str = input('type a number:')
num = int(in_str)
total = 0
```

```
for n in range(num + 1):
    total += n
print(in_str + 'までの合計は、' + str(total) + 'です。')
```

記述したら、「File」メニューの「Save」メニューを選びます。そして、デスクトップに「python_sample.py」というファイル名で保存をしましょう。Pythonのスクリプトは、「○○.py」というように、py拡張子をつけて保存をします。

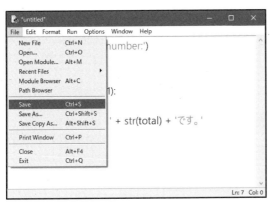

図A-27 「Save」メニューを選び、ファイルを保存する。

スクリプトを実行しよう

では、スクリプトを実行しましょう。テキストエディタの「Run」メニューから、「Run Module」というメニュー項目を選んで下さい。これが、現在編集中のスクリプトを実行するメニューです。

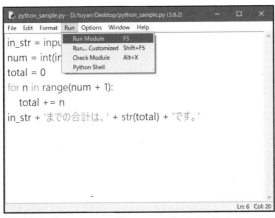

図A-28 「Run Module」メニューでスクリプトを実行する。

このメニューを選ぶと、IDLEのウインドウに切り替わり、「RESTART: ……略……python_sample.py」と表示されてスクリプトが実行されます。実行されると、そこに、

```
type a number:
```

と表示され、入力待ちになります。これは、既にスクリプトが実行されているのです。ここで整数の値を入力し、EnterまたはReturnを押して下さい。すると、1からその数字までの合計を計算して表示します。

スクリプトをファイルに保存すると、このようにいつでもメニューを呼び出すだけで実行できるようになります。これなら、どんなに長くて複雑な処理でも、きちんと書いて保存しておけばいつでも実行できますね！

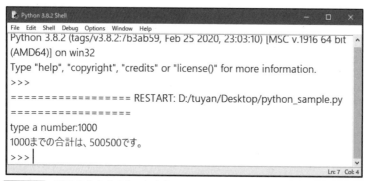

図A-29　整数を入力すると、1からその数までの合計を計算する。

ターミナルから実行するには？

IDLEのテキストエディタを利用すると、このようにメニューを選ぶだけで簡単にスクリプトを実行できます。けれど、「実行しようと思ったらIDLEを起動してスクリプトファイルを開いて……」というのはちょっと面倒ですね。それに、ときにはIDLEがない環境だってあるかもしれません。そんなときのために、Pythonのプログラムで直接実行する方法も覚えておきましょう。

コマンドプロンプトまたはターミナルのアプリケーションを起動して下さい。そして、cdコマンドを実行して、スクリプトファイルのある場所に移動をします。ここではデスクトップに保存しましたから、このように実行すればいいでしょう。

```
cd Desktop
```

これでスクリプトファイルがある場所に移動したら、Pythonコマンドでスクリプトファイルを実行します。これは、「python ファイル名」という形で実行をします。以下のようにコマンドを実行して下さい。

```
python python_sample.py
```

これでスクリプトが実行されます。スクリプトファイルは、このようにPythonコマンドを使っても簡単に実行できるのです。

図A-30　python python_sample.pyでスクリプトファイルを実行する。

input関数について

さて、スクリプトファイルを使った実行方法がわかったら、作成したスクリプトの内容に話を戻しましょう。ここでは、最初にこんな具合にしてユーザーからの入力を受け取っていますね。

```
in_str = input('type a number:')
```

これで、入力した値が変数in_strに収められます。inputで入力した値は、すべてテキストの値になります。ですから、これを整数の値に変換してから利用します。

```
num = int(in_str)
```

後は、これまでやってきたことの復習になりますから説明しなくても大丈夫ですね。テキストの入力ができると、数字をいちいち書き直して実行しなくても済みます。プログラムの幅もいろいろと広がりそうですね。

| Addendum | Python超入門！ |

モジュールと関数

このinputのような組み込み関数以外にも、Pythonには膨大な関数が用意されています。それらは、「モジュール」と呼ばれる形で組み込まれています。

モジュールというのは、よく使う関数などのスクリプトを1つにまとめたものです。モジュールとして用意されたものは、普通は使うことができません。使う必要ができたら、モジュールを組み込んでやると、その中にある関数などが使えるようになるのです。

モジュールを利用するには、「import」という予約語を使います。

●モジュールを組み込む（1）

```
import モジュール
```

こんな具合に、importの後にモジュールを指定すれば、そのモジュールが組み込まれます。後は、そのモジュールの中にある関数などを「モジュール.関数(○○)」という形で呼び出してやればいいんです。

あるいは、モジュールの中から特定の関数などを組み込みたい場合は、こんな具合に書くこともできます。

●モジュールを組み込む（2）

```
from モジュール import 関数など
```

fromでモジュール名を指定し、importで使いたい関数などを指定します。こうすると、その関数を直接呼び出して使えるようになります。「モジュール.関数(○○)」みたいな形でなく、ただ「関数(○○)」として使えます。

mathモジュールで合計しよう

まぁ、ざっと説明しましたが、「なんだかよくわからない」という人が大半でしょう。モジュールというのは、実際に使ってみないとよくわからないものです。そこで、実際にいくつかモジュールを利用してみることにしましょう。

先ほど作成した「python_sample.py」ファイルはIDLEのテキストエディタで開いたままになっていますか。もし閉じてしまった人は、IDLEの「File」メニューから「Open...」メニューを選び、ファイルを開いておきましょう。そしてテキストエディタで開いたpython_sample.pyの内容を以下のように書き換えて下さい。

関数からクラスへ | A-4

リストA-10

```
from math import fsum

data = [123, 45, 678, 90, 98, 76, 543, 21]
total = fsum(data)
print('合計：' + str(total))
```

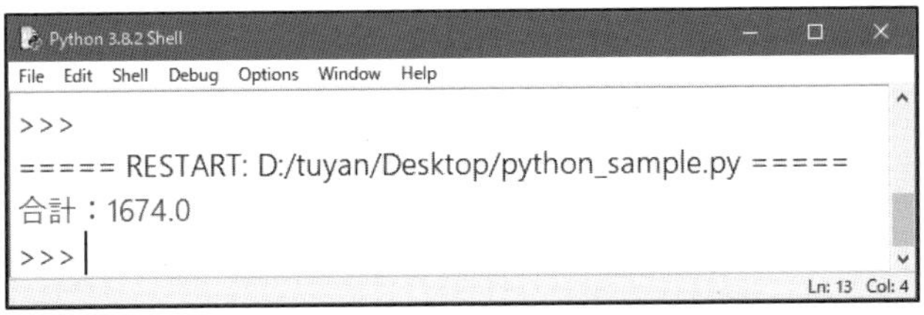

```
Python 3.8.2 Shell                                      —  □  ×
File  Edit  Shell  Debug  Options  Window  Help
>>>
===== RESTART: D:/tuyan/Desktop/python_sample.py =====
合計：1674.0
>>>|
                                              Ln: 13  Col: 4
```

図A-31 実行すると、'合計 1674.0'と表示される。

　記述したらファイルを保存し、「Run」メニューの「Run Module」メニューで実行してみましょう。すると、「合計：1674.0」といったメッセージが表示されます。

fsum関数で合計する

　ここで作成したのは、dataにまとめたリストの値を合計するサンプルです。が、リストを合計するのに、forなどの繰り返しはありません。ただ、これだけで合計が計算できてしまってます。

```
total = fsum(data)
```

　このfsumというのは、引数に指定したリストなどの中身(実数値)を合計する関数です。これは、mathというモジュールに入っています。これを利用するため、最初にこんな文が書いてありますね。

```
from math import fsum
```

　これで、mathパッケージの中からfsum関数が組み込まれ、使えるようになったのです。実に便利ですね！

　こんな具合に、たくさんあるモジュールの中から必要なものをimportで組み込んでいけば、さまざまな機能が使えるようになるんです。

　(※実をいえば、Pythonには値を合計する「sum」という関数もあり、こちらはimportしなくとも使えます。fsumは、float値を誤差なく合計するためのものです)

443

| Addendum | Python超入門！|

関数を作る

　この関数は、Pythonに組み込まれているものを利用するだけでなく、自分で作って使うこともできます。
　では、関数はどのようにして作るのでしょうか。これは、決まった書き方があります。整理すると以下のようになるでしょう。

```
def 関数名( 引数 ):
    ……実行する処理……
```

　defという予約後の後に関数の名前を指定します。その後に()で引数の指定をします。引数は、不要なら用意する必要はありません。ただし、()だけはつけておきます。また複数の引数を使いたい場合は、それぞれの引数をカンマで区切って記述します。
　その次の行から、この関数で実行する処理を書いていきます。これは、最初の「def 関数名」の行よりも右にインデントしていないといけません。defの後にある、インデントされた文はすべてその関数で実行される処理と判断されます。「ここで関数の処理は終わり！」となったら、その後に書く文は、インデントせずdefと同じ位置から書き始めます。
　インデントをよく見ながら、どこからどこまでが関数の処理なのかをよく考えましょう。

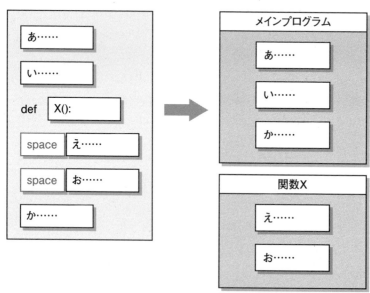

図A-32　関数は、defの次行からインデントされている部分が実行する処理部分となる。この部分はメインプログラムから切り離されている。

関数からクラスへ | A-4 |

関数を作ってみよう

では、簡単な関数を作って利用してみましょう。python_sample.pyの内容を以下のように書き換えて下さい。

リストA-11

```python
def check(num):
    if int(num) % 2 == 0:
        print(str(num) + 'は偶数です。')
    else:
        print(str(num) + 'は奇数です。')


n = input('整数を入力:')
check(n)
```

```
Python 3.8.2 Shell                                      —    □    ×
File  Edit  Shell  Debug  Options  Window  Help
===== RESTART: D:/tuyan/Desktop/python_sample.py =====
整数を入力:12345
12345は奇数です。
>>>                                                    Ln: 17  Col: 4
```

図A-33　整数を入力すると、偶数か奇数か調べて表示する。

実行すると、整数を尋ねてくるので適当に入力して下さい。それが偶数か奇数かを調べて表示します。いろいろな数字を入力して、正しく判断できるか試してみましょう。

check関数について

ここでは、checkという関数を作っています。このcheck関数では、その中でif文を使い、引数numの値を使った式によって異なるメッセージを表示しています。ぱっと見て、どこまでがcheck関数で実行する部分かわかりますか？ n = input……の前までです。

関数の中で更に構文を使っていると、そこで更にインデントがかかります。が、「更に右に移動」ということはあっても、「左に移動」ということはありません。関数の最初の文(def～の文)と同じインデントの位置に戻ったら、その手前で関数の処理は終わっていると考えればいいのです。

これは関数に限らず、あらゆる構文でいえることです。「その構文の開始位置と同じ位置にインデントが戻ったら、その手前で構文は終わっている」ということをしっかり理解しておきましょう。

445

| Addendum | Python超入門！ |

戻り値はどうする？

　check関数は、引数も利用していますが、1つだけ使っていないものがあります。それは、「戻り値」です。

　戻り値は、関数を呼び出したときに返される値です。これは、「return」というものを使って作れます。returnは、現在の構文から抜けるための予約語です。関数の処理を実行後、

```
return 値
```

　このように実行すると、指定した値が戻り値として返されるようになります。

　これも、実際の利用例を見て動作を確認しましょう。先ほどのスクリプトで、check関数を戻り値利用の形に書き直してみます。

リストA-12

```
def check(num):
    if int(num) % 2 == 0:
        return '偶数'
    else:
        return '奇数'


n = input('整数を入力:')
print(str(n) + 'は、' + check(n) + '！')
```

```
Python 3.8.2 Shell                                    —  □  ×
File  Edit  Shell  Debug  Options  Window  Help
===== RESTART: D:/tuyan/Desktop/python_sample.py =====
整数を入力:1234
1234は、偶数！
>>>
                                              Ln: 24  Col: 4
```

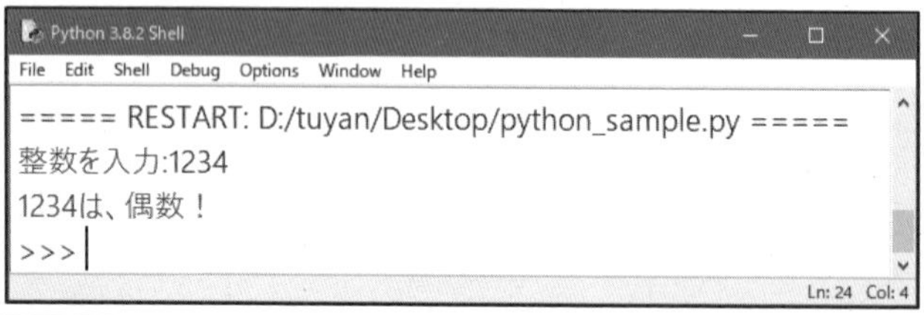

図A-34　実行すると整数を尋ねてくるので、入力すると偶数か奇数か表示する。

　先ほどとプログラムの内容自体は同じですが、関数とのやり取りの部分が変わっています。ここでは、check関数は、returnでテキストを返す仕組みになっています。そして、check関数を呼び出している部分はこんな文になっています。

```
str(n) + 'は、' + check(n) + '！'
```

　テキストをまとめる式の中にcheck関数が組み込まれていますね。戻り値のある関数は、こんな具合に「値」として扱うことができます。check関数はテキストをreturnしますから、これは「テキストの値」と考えて式などに組み込めばいいんですね！

クラスってなに？

　関数が使えるようになって、プログラムもだいぶ整理できるようになりました。これで、ある程度の長さのプログラムもきれいにまとめられるようになるでしょう。けれどプログラムが予想を遥かに超えるほどに複雑になったらどうでしょうか。関数を使えばスクリプトを整理できますが、その関数が数百にもなったら？ 流石に全部把握するのは難しくなりますね。

関数からクラスへ！

　そこで、「関数などを更にまとめる仕組みを用意すれば、そんな巨大プログラムでもちゃんと管理できるんじゃないか？」と考えた人がいるのです。関数が100個、1000個となったとして、それらが全部まるで関係ないものばかりというわけではないでしょう。例えば、パソコンのアプリケーションなら、「ウインドウの表示や操作に関する関数が50個」「ボタンの表示や操作に関するものが30個」というように、ある機能を実現するのに必要なものがいろいろ用意されているものです。

　そこで、特定の機能に関する関数をすべてひとまとめにして扱える仕組みを考えるのです。どうせなら関数だけでなく、それで必要になる「値」も、全部ひとまとめにしてしまう。その機能についての処理や値は、全部この中に入ってる、そういうものを作るんです。

　こういう考え方から誕生したのが「クラス」というものです。

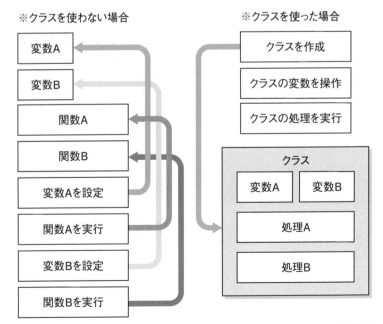

図A-35　値や処理をクラスにまとめると、クラスを作って、後はそれを操作するだけ。

| Addendum | Python超入門！ |

クラスは「処理」と「値」のかたまり

　クラスは、「処理と値をひとまとめにしたプログラムのかたまり」です。そのクラスで必要になる値や処理はすべてそのクラスの中に入っている、そういうプログラムです。

　例えば、「ウインドウのクラス」なら、ウインドウの表示、移動などの操作、位置や大きさの情報といったものが全部クラスに入っている。ウインドウのクラスを用意したら、後はウインドウを操作するときはそのクラスの中を見るだけでいい。そこにある変数を変更したり、処理を呼び出したりすれば、ウインドウを操作できる。ウインドウでできることは、そのクラスをチェックするだけ。そこにあれば使えるし、なければできない。クラス以外のところに、ウインドウを利用するための関数も変数も存在しない。――どうです、随分とわかりやすくなるでしょう？

クラスはどう作るの？

　では、クラスはどうやって作るんでしょうか。これは、何か特別なものが必要なわけではありません。クラスも、関数などと同じように、Pythonに用意されている予約語を使って決まった形でスクリプトを書けば作れます。書き方をまとめておきましょう。

●クラスの作り方（1）

```
class クラス名
    ……クラスの内容……
```

　意外と簡単ですね。classの後にクラスの名前をつけ、次の行から右にインデントしてクラスの中身を書いていけばいいんです。

　「クラスの中身って、なんだ？」と思った人。それは「値と処理」です。わかりやすくいえば、「変数」と「関数」ですよ。クラスに用意するのは、この2つだけです。

クラスを作ってみよう

　では、実際にクラスを作ってみることにしましょう。最初は、ごく簡単な機能しか持たないものを考えてみましょう。

リストA-13

```
class Member:
    name = 'no name'
```

関数からクラスへ | A-4 |

```
    age = 0
    mail = 'no address'

    def print(self):
        println(self.name + '(' + str(self.age) \
                + ' old. ' + self.mail + ')')
```

ここでは、Memberというクラスを考えてみました。このクラスには、3つの変数と1つの関数があります。なお、printlnというのは、printの後に改行する関数です。

変数「name」「age」「mail」は、メンバーの名前、年齢、メールアドレスを保管しておくものです。関数「print」は、メンバーの情報を表示するものです。そんなに複雑なものはありませんが、これでも立派なクラスです。

メソッドについて

このMemberクラスは決して複雑なものではありませんが、それでもクラスを書く上で重要なポイントがいくつかあります。それは、print関数の部分です。

クラスでは、そのクラスに用意されている処理(関数)のことを「メソッド」といいます。ここでは、printメソッドが用意されているわけですね。このprintメソッドを見てみましょう。

```
def print(self):
```

こんな具合に書かれています。引数のところに「self」というものがありますね。これは、実は非常に重要です。これは何かというと、操作するこのMemberの部品そのものを示す値なのです。

このMemberクラスには、name、age、mailといった変数が用意されています。が、これらは、ただ「name」と指定しても使えません。「この部品の中にあるname」というように指定しないといけないのです。「この部品」を示すのがselfという変数です。クラスのメソッドでは、いつも一番最初にこのselfという引数を用意します。

変数やメソッドはself内から呼び出す

printメソッドでは、Memberの部品の中にあるnameやage、mailといった変数を利用しています。これらは、「self.name」「self.age」「self.mail」というように、selfの後にドットを付けて、変数名を書いています。これが、クラスに用意してある変数を使うときの基本的な書き方です。

Addendum | Python超入門！|

これは変数だけでなく、メソッドも同じです。ここではprintメソッドしかありませんが、もしいくつものメソッドがあって、あるメソッドから別のメソッドを呼び出したいようなときには、「self.メソッド()」というように、self.の後にメソッド名と引数を書いて呼び出します。

クラスはインスタンスで利用する

では、こうして作ったクラスはどうやって利用するのでしょうか。それは、「インスタンス」というものを作って利用するのです。

インスタンスは、クラスをメモリ内にコピーして実際に使えるようにしたものです。クラスというのは、基本的に「プログラムの設計図」となるものなんです。これ自体を直接操作することは(そういう使い方もできるんですが)普通はしません。

ではどうやるのかというと、クラスを元にインスタンスという部品を作って、それを操作するんです。

●インスタンスを作る

```
変数 = クラス()
```

インスタンスは、クラスを関数のように()をつけて実行して作ります。これで、作成したインスタンスが変数に収められます。後は、この変数を使ってインスタンスを操作します。

例えば、先ほどのMemberクラスのインスタンスを作って操作する処理を考えてみましょう。先ほどのMemberクラスはスクリプトファイルに書いてありますか？ では、その後に、以下のように追記して下さい。

リストA-14

```
# インスタンスを作る
taro = Member()
# 変数に値を設定する
taro.name = 'Taro-Yamada'
taro.age = 39
taro.mail = 'taro@yamada.kun'
# メソッドを実行する
taro.print()
```

| 関数からクラスへ | A-4 |

図A-36 実行すると、「Taro-Yamada(39 old. taro@yamada.kun)」と表示される。

これを実行すると、「Taro-Yamada(39 old. taro@yamada.kun)」とメッセージが表示されます。ここでは、まずMemberクラスのインスタンスを作成しています。

```
taro = Member()
```

これでMemberのインスタンスが変数taroに代入されました。後は、taroに必要な値を設定していきます。

```
taro.name = 'Taro-Yamada'
taro.age = 39
taro.mail = 'taro@yamada.kun'
```

これで値の用意ができました。後は、printメソッドを呼び出してMemberの内容を出力するだけです。

```
taro.print()
```

いかがですか。「インスタンス作成」「変数の設定」「メソッド呼び出し」と、クラス利用の基本的な流れがこれでわかったことでしょう。

初期化メソッドを利用しよう

これでクラスの基本部分はわかりました。が、作成したスクリプトを見ると、今ひとつ便利な感じがしないかもしれませんね。

インスタンスを作って、1つ1つの変数に値を設定して、それからメソッドを呼び出す。たしかに面倒です。これなら、クラスなんか作らず、直接変数に値を入れて関数を呼び出したほうが便利です。

もう少し便利にするために、クラスの初期化メソッドというものを使ってみましょう。これは、インスタンスを作成する際に自動的に実行されるメソッドです。この初期化メソッド

は以下のように定義します。

```
def __init__(self):
    ……処理……
```

　__init__ というのが、初期化メソッドの名前です。これに、お決まりのselfを引数に指定して作ります。これだけなら、ただ「最初になにか実行するだけ」ですが、この初期化メソッドの便利なところは、「引数を追加できる」という点です。

　どういうことか、先ほどの例を書き換えてみましょう。

リストA-15

```python
class Member:
    name = 'no name'
    age = 0
    mail = 'no address'
    
    def __init__(self, name, age, mail):
        self.name = name
        self.age = age
        self.mail = mail
    
    def print(self):
        println(self.name + '(' + str(self.age) \
            + ' old. ' + self.mail + ')')

taro = Member('Taro-Yamada', 39, 'taro@yamada.kun')
taro.print()
hanako = Member('Hanako-Tanaka', 28, 'hanako@flower.san')
hanako.print()
```

図A-37　実行すると、2人のMemberを作って表示する。

　実行すると、2つのMemberを作って内容を表示します。ここでは、初期化処理の部分を見るとこんな形になっていますね。

関数からクラスへ A-4

```python
def __init__(self, name, age, mail):
```

selfの後に、3つの引数があります。初期化メソッドに引数を用意しておくと、インスタンスを作るときに、これらの引数を使うようになるんですね。

インスタンスを作る部分を見ると、こんな具合に書かれているのがわかるでしょう。

```python
taro = Member('Taro-Yamada', 39, 'taro@yamada.kun')
```

名前、年齢、メールアドレスが引数に指定されています。これらが、そのまま__init__メソッドのname, age, mail引数に渡されて処理されるわけです。こうすると、インスタンスを作った後で1つ1つ変数を設定しないで済むので、かなり作業も楽になりますね。

名前付きの引数を使おう

初期化メソッドに引数を指定するのはとても便利ですが、あまり引数が増えてくると、「この引数って何の値だっけ？」ということがわかりにくくなってしまいます。そんなとき、役立つのが「名前付き引数」です。

これは、引数にそれぞれ名前を設定しておくもので、引数にただ変数を用意しておくのではなく、「名前＝初期値」というような形で値を用意します。これで、引数の名前を使った値を用意できるようになります。

名前付き引数を使ってみる

これも、実際にどう利用するのか、見たほうが早いでしょう。python_sample.pyを開いて、以下のように内容を修正して下さい。

リストA-16

```python
class Member:
    name = 'no name'
    age = 0
    mail = 'no address'

    def __init__(self, name='noname', age=0, mail='no address'):
        self.name = name
        self.age = age
        self.mail = mail
```

Addendum |Python超入門！|

```python
    def print(self):
        println(self.name + '(' + str(self.age) \
                + ' old. ' + self.mail + ')')


taro = Member('Taro-Yamada', 39, 'taro@yamada')
taro.print()
hanako = Member(name='Hanako-Tanaka', mail='hanako@flower')
hanako.print()
who = Member()
who.print()
```

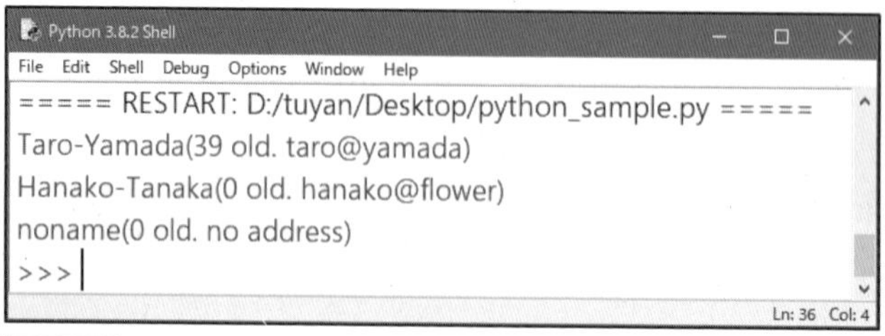

```
Python 3.8.2 Shell                                    —    □    ×
File  Edit  Shell  Debug  Options  Window  Help
===== RESTART: D:/tuyan/Desktop/python_sample.py =====
Taro-Yamada(39 old. taro@yamada)
Hanako-Tanaka(0 old. hanako@flower)
noname(0 old. no address)
>>> |
                                                  Ln: 36  Col: 4
```

図A-38 3つのインスタンスを作って内容を表示する。

　これでターミナルから「python python_sample.py」を実行すると、3つのインスタンスを作って内容を表示します。

　ここでは、3つのインスタンスをそれぞれのやり方で作っています。作成の引数について見てみましょう。

●従来通りの作り方

```python
taro = Member('Taro-Yamada', 39, 'taro@yamada')
```

　これは、今までと同じですね。引数の値を順番に並べています。こうすると、Member関数の引数の最初から順に値が割り振られます。

●名前を指定する

```python
hanako = Member(name='Hanako-Tanaka', mail='hanako@flower')
```

　次にあるのは、名前を指定して引数に値を設定するやり方です。ここでは、name と mail の値を用意しておきました。名前を指定する場合、引数の順番は重要ではなくなります。名前で値を渡すので、それが何番目にあるかはどうでもいいんです。

●引数を省略する

```
who = Member()
```

　名前付き引数では、初期値を用意しています。これは、引数が省略された場合に自動的に設定されます。ということは？　そう、「引数は省略できる」ようになるんです。ここでは、引数なしでインスタンスを作っていますが、ちゃんとprintで内容が表示されます。名前付きの引数にすることで、「引数は必要なものだけ用意すればいい」ようになるのです。

継承は超便利！

　ある程度、複雑なクラスになってくると、「同じようなクラスをいくつも作る」ということが出てきます。

　例えば、パソコンのアプリケーションを作るとき、ウインドウのクラスを用意することになります。このとき、そのアプリケーションで使われるさまざまなダイアログやアラートも、すべてクラスで定義していくことになるでしょう。

　このとき、全部のクラスを一から書いていくより、「ウインドウの基本的な機能を持ったクラス」に必要な機能を追加して新しいクラスが作れると大変便利ですね。

　このように、既にあるクラスを元に新しいクラスを作る機能がPythonにはちゃんと用意されています。それが「継承」というものです。

　継承は、あるクラスに用意されている変数やメソッドをすべて受け継いで新しいクラスを定義します。これは、こんな形で定義します。

●クラスの作り方（2）

```
class クラス名 ( 継承するクラス ):
    ……クラスの内容……
```

　クラス名の後に()をつけて、そこに継承するクラスを指定します。これで、そのクラスの機能をすべて受け継いだ新しいクラスを作ることができます。

　Pythonでは、継承する元になるクラスを「基底クラス」、継承して作った新しいクラスを「派生クラス」と呼びます。派生クラスは、基底クラスの機能を受け継いで作られる、ということですね。

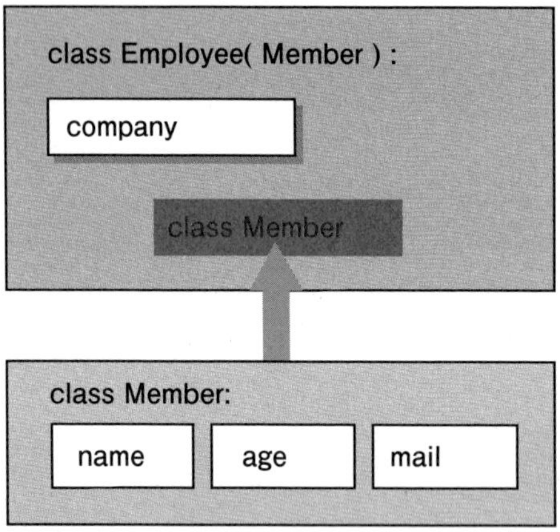

Addendum│Python超入門！│

図A-39 クラスを継承すると、元になっているクラスの機能をまるごと持ったクラスが作られる。

継承を使ってみよう

では、実際に継承を利用してみましょう。先ほどのMemberクラスを継承する「Employee」クラスを作って利用してみます。python_sample.pyを以下のように修正して下さい。

リストA-17

```
class Member:
    name = 'no name'
    age = 0
    mail = 'no address'

    def __init__(self, name='noname', age=0, mail='no address'):
        self.name = name
        self.age = age
        self.mail = mail

    def print(self):
        println(self.name + '(' + str(self.age) \
            + ' old. ' + self.mail + ')')

class Employee(Member):
    company = 'unemployed'

    def __init__(self, company='', name='noname', \
            age=0, mail='no address'):
        self.company = company
        super().__init__(name, age, mail)

    def print(self):
```

関数からクラスへ A-4

```
        println(self.name + '(' + str(self.age) \
            + ' old. ' + self.mail + ' [' \
            + self.company + '])')

taro = Member('Taro-Yamada', 39, 'taro@yamada')
taro.print()
hanako = Employee(name='Hanako-Tanaka', company='shuwa System')
hanako.print()
```

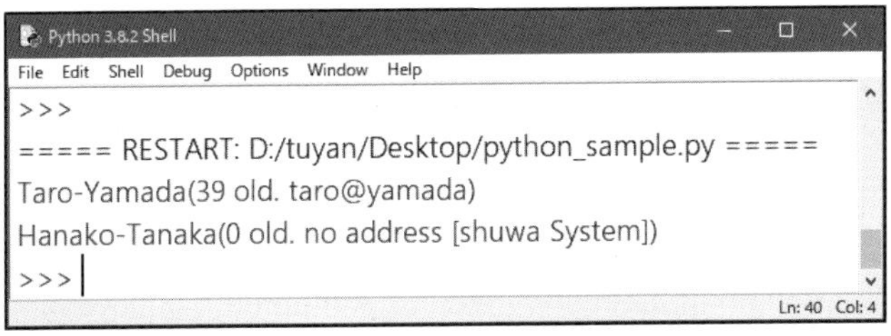

```
Python 3.8.2 Shell                                    □   ×
File  Edit  Shell  Debug  Options  Window  Help
>>>
===== RESTART: D:/tuyan/Desktop/python_sample.py =====
Taro-Yamada(39 old. taro@yamada)
Hanako-Tanaka(0 old. no address [shuwa System])
>>>
                                              Ln: 40  Col: 4
```

図A-40 実行すると、MemberとEmployeeをそれぞれ作って表示する。

　ターミナルから「python python_sample.py」を実行して動作を確認しましょう。ここでは、Memberと、これを継承するEmployeeの2つのクラスを用意してあります。そしてそれぞれのインスタンスを作り出力をしています。

　Memberインスタンスを作って出力すると、name, age, mailが表示されます。これはもうわかりますね。

　Employeeインスタンスを作って出力すると、company, name, age, mailの4つの値が出力されます。が、Employeeクラスには、nameもageもmailもありません。companyがあるだけです。けれど、Memberを継承しているため、ちゃんとname, age, mailの値も表示することができるというわけです。

クラスメソッドについて

　クラスに用意されるメソッドは、基本的にインスタンスから呼び出されます。けれど、場合によっては「別にインスタンスなんて作る必要ない」といったこともあります。

　例えば、消費税の計算を行なうクラスを考えてみましょう。税率を変数に持ち、金額を引数にしてメソッドを呼び出すと税込価格を表示する、そんなものですね。これ、インスタンスを作る必要あるでしょうか？ これは、いくつもインスタンスを作って利用することなんてないでしょう。ただ税率と計算処理だけあればいいんですから。

　こういう場合は、メソッドを「クラスメソッド」として用意することができます。クラスメ

Addendum │ Python超入門！│

ソッドは、クラスから直接呼び出して実行できるメソッドです。これは、こんな具合に定義
します。

```
@classmethod
def メソッド名(cls):
    ……処理……
```

メソッドの手前に「@classmethod」というものを付けておきます。これは「アノテーショ
ン」と呼ばれるもので、メソッドなどの性質を示すのに使います。この@classmethodをつ
けることで、このメソッドがクラスメソッドであることを知らせるのです。

ここでは、clsという引数が1つ用意されていますね。これは、普通のメソッドにあるself
に相当するものです。が、selfがインスタンス自身を示すものだったのに対し、このclsは「ク
ラス自身」を示す値になります。

後は、基本的な使い方は通常のメソッドと同じです。ただ、クラスにある変数を使う場合
は、それはインスタンスに保管されているものではなく、「クラスで常に共有される値」であ
ることをよく理解しましょう。クラスメソッドはクラスからしか呼び出されず、インスタン
スからは呼び出されない、ということをよく理解して使わないといけません。

クラスメソッドを使おう

では、実際にクラスメソッドを使ったサンプルをあげておきましょう。python_sample.
pyを書き換えて試してみて下さい。

リストA-18

```python
class Calc:
    tax = 0.1

    @classmethod
    def calc(cls, price):
        res = price * (1.0 + cls.tax) // 1.0
        print(str(price) + '円の税込価格は、' + str(res) + '円。')

Calc.calc(12300)
Calc.tax = 0.08
Calc.calc(12300)
```

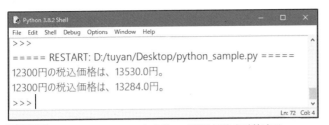

図A-41 calcクラスメソッドを使って税込価格を計算する。

　これを実行すると、Calc関数のcalcメソッドを使って税込価格を計算し表示します。ここでは、Calc.calc(12300)というようにCalcクラスから直接calcメソッドを呼び出していますね。クラスメソッドは、こんな具合に使うのです。

　また、Calc.tax = 0.08でtaxの値を変更し、再度Calc.calc(12300)を呼び出しています。こうすると、税率が0.08で計算が行なわれます。Calc.taxとすれば、Calc関数の変数が設定されます。calcメソッドで使われているcls.taxは、Calcクラスにあるtax変数ですから、こんな具合に「クラスのtax」の値を設定するんですね。

Pythonの基本はこれでおしまい！

　ということで、クラスメソッドの使い方まで説明したところで、Python超入門は終わりです。「たったこれだけ？ Pythonってそんなに単純な言語なの？」と思った人。いえいえ、Pythonにはまだまだたくさんの機能が盛り込まれていますよ。ここで説明したのは、その必要最小限の部分だけです。

　これだけわかれば、Pythonのスクリプトをバリバリ書けるようになる！ なんてことは全然ありません。まぁ、Pythonの基本的なスクリプトがなんとか書けるぐらいにはなってる、というところでしょう。が、とりあえずこれで十分です。

　ここで説明した程度の知識があれば、Djangoの説明はなんとか理解できるでしょう。皆さんは、「Djangoを使ってなにかを作る」ことが目的でこの本を買ったのでしょう？ Pythonについてもっと深く学習するのも大切ですが、「とりあえず覚えた知識を使ってなにかを作ってみる」というのも大切な学習です。

　言語の学習というのは、「ここまでできたら、はい！ おしまい」というものではありません。その言語を使っている限り、ずっと学び続けるものです。ですから、Pythonについてはこの先もそれぞれで自分なりに学び続けていって下さい。

　それとは別に、Djangoについても学習を開始する。別に「Pythonを完璧にマスターしないとDjangoは使っちゃダメ」なんて決まりがあるわけないんですから、両方やればいいんです。そうでしょう？

　ということで、本書の第2章に戻って、Djangoの学習を再開しましょう！

おわりに

誰もが当たり前のようにプログラミングする時代へ！

……さて。ここまで無事にたどり着いた皆さん。いかがでしたか、PythonとDjangoの学習は。なんとか自分なりに使えるようになったでしょうか。「まだまだ全然ダメ。とても使えないよ」なんて思っている人、いませんか。よく考えてみて下さい。そんなはずはありませんよ。ただ、「あなたが自分で思っているほど、高度なプログラミング能力はまだ身についてない」だけで、もうあなたはPythonとDjangoを使えているはずですよ。

プログラミング言語は、道具です。「こういう面倒なこと自動で処理できないかな？」と思ったとき、ささっと簡単にコードを書いて実現できる、そういうものであるはずです。

長い間、プログラミング言語は、「誰もが簡単にささっとコードを書ける」というものではありませんでした。が、時代は移り変わり、今では多くの「ビギナーでも比較的簡単に覚えて書ける」プログラミング言語が出てきています。誰もが、どこでも使える簡単なプログラミング言語。それにもっとも近いところにいるのが、Pythonなのです。

現在、PythonはA.I.の分野など最先端の世界でもてはやされています。それはそれで素晴らしいことですが、Pythonの素晴らしさは、そういう「我々とは無縁な高度な世界」でのみ活きるものではありません。もっと身近なところで活きるもののはずです。

Excelで表やグラフを作るように、グラフィックソフトで図を描くように、プログラミング言語で処理を書くのが当たり前になる。Pythonは多分、そこに一番近いところにいる言語です。Pythonがどんなものか知った今、どうか多くの人に「Pythonってこんなに簡単で便利なんだよ」ということを伝えて下さい。そして、より多くの人に「プログラミングすることの楽しさと便利さ」を伝えて下さい。

それが、いつの日かやってくる「誰もが当たり前のようにプログラミングする」時代を引き寄せることになるのですから。

2020.5　掌田津耶乃

Index

索引

記号

@classmethod	389,458
@login_required	361
__contains	215
__endswith	216
__gt	219
__gte	219
__icontains	217
__iendswith	217
__iexact	217
__in	225
__init__	348,452
__initi__.py	36
__istartswith	217
__lt	219
__lte	219
__startswith	216
__str__	145
{% %}	80
{{}}	75

A

A.I.	2
admin.site.register	151
aggregate	237
all	166
Anaconda	13
AND検索	220
as_p	102
as_table	102
as_ul	102
asgi.py	36
assertContains	398
assertGreater	385
assertIn	385
AssertionError	388
assertIsNone	385
assertIsNotNone	390
assertTrue	385
Avg	237

B

BASE_DIR	139
block	374
bool	411
BooleanField	118
Bootstrap	84

C

CDN	86
CharField	96,113
ChoiceField	122
class	448
Client	395
Content Delivery Network	86
Controller（コントローラー）	44
count	180
Count	237
CPython	5
Create	185
Cross-Site Request Forgerie	90
CRUD	184
CSRF	90
csrf_token	90

D

DATABASES	137
DateField	116
DateTimeField	116
def	444
Delete	199
DetailView	204
dict	432
django-admin startproject	34

E

elif	418
else	417
EmailField	114
EmailValidator	271
empty_value	256
'ENGINE'	138
errors	279

F

extends	377
filter	211
first	180
float	411
FloatField	115
for	427
force_login	398
ForeignKey	296
Form	94
form.Form	96
from	243,442
fsum	443

G

get	173,395
get_page	285
getlist	130

H

has_next	291
has_previous	290
HTTP メソッド	98
HttpRequest	51
HttpResponse	50

I

IDLE	403
if	417
import	442
import文	49
include	57
input	438
input_formats	260
INSTALLED_APPS	70
instance	194
int	411
IntegerField	97,115
IronPython	5
is_valid	251,265

Chapter 1
Chapter 2
Chapter 3
Chapter 4
Chapter 5
Addendum

索 引

J

Japanese Language Pack for
Visual Studio 21
JPython 5

L

last 180
like 245
limit 247
list 425
ListView 204
load static 84

M

manage.py 37
Manager 174
ManyToManyField 299
match 276
math 443
Max 237
max_length 113,256
max_value 115,258
MaxLengthValidator 270
MaxValueValidator 270
messages 366
Meta 192
Min 237
min_length 113,256
min_value 115,258
MinLengthValidator 270
MinValueValidator 270
Model 144
Model（モデル）................. 44
ModelForm 191
MultipleChoiceField 128
MultiValueDictKeyError 61
MVC アーキテクチャー 44
MVC フレームワーク 3
MVT 67
MySQL 136,139

N

'NAME' 138
next_page_number 291
NullBooleanField 121
num_pages 291

O

objects 166
offset 247
OneToOneField 298
order by 230,247
ordering 335
OR検索 223
os.path.join 139

P

Paginator 284
path 53
PATHへの追加 19
Permissions 161,341
pip install 32
pip install -U 33
PostgreSQL 136,140
previous_page_number 290
ProhibitNullCharactersValidator
.... 273
python manage.py
createsuperuser 150
python manage.py
makemigrations 147
python manage.py migrate .. 148
python manage.py runserver
.... 38
python manage.py startapp .. 46
python manage.py test 385

Q

Q 223
QueryDict 63
QuerySet 176

R

RadioSelect 125
raise 262
range 430
raw 240
re 276
redirect 190
RegexValidator 273
RelatedManager 318
render 49,75

R

request 51
request.GET 60
request.POST 91
required 113,251,256
return 446
reverse 232,397

S

safe 100
save 185
Select 126
select 243
SelectMultiple 128
settings.py 36,69,137
setUpClass 389
split 222
SQLite 136,137
Staff status 343
static 84
status_code 397
str 411
Sum 237
sum 443
System Installer 17

T

tearDownClass 389
TemplateResponse 75
TemplateView 107
TestCase 384
tests.py 384
TimeField 116
tuple 428

U

Update 195
Update Shell Profile.command
.... 12
url 80
URLField 116
urlpatterns 52
urls.py 36,51
URLValidator 271
User Installer 17

V

ValidationError	262
validators	269
values	176
values_list	179
View（ビュー）	44
views.py	49
Visual Studio Code	15

W

where	244
while	421
widge	103
widgets	280
wsgi.py	36

あ行

アウトライン	26
アノテーション	362,458
アプリケーション	45
イミュータブル	429
インスタンス	450
インタラクティブモード	402
インデント	418
エクスプローラー	25

か行

外部キー	297
型変換	410
関数	435
基底クラス	455
キャスト	410
クエリーパラメーター	58
クラス	447
クラスメソッド	457
継承	372,455

さ行

ジェネリックビュー	204
辞書	432
新規ウインドウ	24
新規ファイル	24
真偽値	407
制御構文	417
正規表現	273

た行

代入演算子	416
ターミナル	30
タプル	428
単体テスト	384
チェックボックス	118
ディストリビューション	13
データベース	140
テーブル	141
テーマ	22

な行

名前付き引数	453

は行

配色テーマ	22
派生クラス	455
パッケージ管理ツール	32
バリデーション	249
ファイルを開く	24
プライマリキー	168
プルダウンメニュー	122
フレームワーク	3
プロジェクト	34
ブロック	372
ページネーション	283
変数	413

ま行

マイグレーション	145
ミュータブル	429
メソッドチェーン	178
メタクラス	192
モジュール	442
戻り値	446

や行

ユニットテスト	384

ら行

ラジオボタン	124
リクエスト	61
リスト	424
リスト内包表記	349
リレーションシップ	293
レコード	141

レスポンス	50,61
レンジ	430
論理積	220
論理和	223

著者紹介

掌田 津耶乃(しょうだ つやの)

　日本初のMac専門月刊誌「Mac+」の頃から主にMac系雑誌に寄稿する。ハイパーカードの登場により「ビギナーのためのプログラミング」に開眼。以後、Mac、Windows、Web、Android、iPhoneとあらゆるプラットフォームのプログラミングビギナーに向けた書籍を執筆し続ける。

■最近の著作
「iOS/macOS UIフレームワーク SwiftUIプログラミング」(秀和システム)
「Ruby on Rails 6超入門」(秀和システム)
「作りながら学ぶWebプログラミング実践入門」(マイナビ)
「PHPフレームワーク Laravel入門 第2版」(秀和システム)
「C#フレームワーク ASP.NET Core3入門」(秀和システム)
「つくってマスター Python」(技術評論社)
「PythonではじめるiOSプログラミング」(ラトルズ)

●著書一覧
http://www.amazon.co.jp/-/e/B004L5AED8/

●筆者運営のWebサイト
https://www.tuyano.com

●ご意見・ご感想の送り先
syoda@tuyano.com

Python Django 3 超入門
(パイソン ジャンゴ スリー ちょうにゅうもん)

発行日	2020年 6月20日	第1版第1刷
	2021年 8月10日	第1版第2刷

著　者　掌田 津耶乃(しょうだ つやの)

発行者　斉藤　和邦
発行所　株式会社 秀和システム
　　　　〒135-0016
　　　　東京都江東区東陽2-4-2　新宮ビル2F
　　　　Tel 03-6264-3105（販売）　Fax 03-6264-3094
印刷所　図書印刷株式会社

©2020 SYODA Tuyano　　　　　　　　　Printed in Japan
ISBN978-4-7980-6192-4 C3055

定価はカバーに表示してあります。
乱丁本・落丁本はお取りかえいたします。
本書に関するご質問については、ご質問の内容と住所、氏名、電話番号を明記のうえ、当社編集部宛FAXまたは書面にてお送りください。お電話によるご質問は受け付けておりませんのであらかじめご了承ください。